ÉLEMENTS DE PÉDOLOGIE GÉNÉRALE ET INTERTROPICALE

Notes de cours

Dirigée par Benjamin Mulamba Mbuyi

L'objet de la collection est de susciter les publications dont la vocation est double : d'une part offrir aux professeurs d'universités l'opportunité de publier leurs notes de cours, utilisées tout au long de leur carrière, et d'autre part offrir aux étudiants et chercheurs les outils de travail dont ils ont grandement besoin.

La collection s'adresse principalement aux étudiants et se propose d'envisager toutes les questions qui touchent tous les aspects de droit, de science politique et de relations internationales qui font l'objet d'un enseignement universitaire autonome.

Nous privilégierons la publication de manuels de grande qualité scientifique qui seront mis à la disposition des étudiants, régulièrement révisés comme des outils pédagogiques et utilisés dans un grand nombre d'institutions universitaires à travers le monde.

Déjà parus

Alphonse Ngoyi Kasanji, *La responsabilité civile des entités territoriales décentralisées*, août 2019.

Emile Ngoy Kasongo, L*a clé de l'émergence de l'économie congolaise, Analyse critique et nouvelles orientations de politique économique*, décembre 2018.

Rémy Musungayi Bampale, *Apport des groupes pré-politiques à l'émancipation politique du Congo ex-belge, (RDC), Cas de l'association Lulua-Frères*, mars 2018.

Jean Kiluila Ntambue, *Récupérer sa dignité humaine, vers l'actionnalisme auto-dynamisant*, février 2018.

Hubert Mukendi Mpinga, *Éléments de psychologie médicale*, février 2018.

Jean-Pierre Lotoy Ilango-Banga, *Apprendre la science politique pour comprendre la politique*, février 2018.

Berthold Oyangandji Dimandja, *Essentiel de la géopolitique*, novembre 2017.

Georges MUYAYABANTU MUPALA

ÉLEMENTS DE PÉDOLOGIE GÉNÉRALE ET INTERTROPICALE

L'Harmattan

5-7, rue de l'École-Polytechnique ; 75005 Paris

http://www.librairieharmattan.com

ISBN: 978-2-343-18398-5
EAN: 9782343183985

Avant-propos

L'ouvrage que nous présentons ici constitue une compilation dans laquelle sont intégrées des données classiques anciennes et idées nouvelles relatives aux sciences des sols, gage d'une analyse critique en vue des nouvelles orientations de politique économique. Si celles-ci ont pu prendre naissance, c'est par la juxtaposition de résultats acquis en des domaines en apparence fort distincts : Géologie, Géomorphologie, Minéralogies, climatologie, écologie, Physique, Chimie, Biologie, etc.
Ainsi, si les éléments contenus dans cet ouvrage ont pu être réuni de façon à constituer des arguments en faveur de connaissance de sciences des sols, c'est en partie grâce aux moyens de travail mis à notre disposition par l'Université Officielle de Mbujimayi pour l'encouragement de la recherche scientifique en agronomie. C'est aussi grâce à l'Institut National pour l'Etude et la Recherche Agronomique (INERA)/Centre de Ngandajika où nous prestons en qualité de Chercheur, dirigeant multiples travaux dans le domaine du sol et recevant toujours l'aide importante et pleine de cordialité. C'est enfin, et surtout, grâce à la collaboration étroite avec mes pères et pairs scientifiques dont KABWE NKONGOLO Constant, KALONJI Adrien, KADIATA Bakach Dikand, KOMBELE Bishosa Fernand, LUMPUNGU Kabamba, MAFUKA Paul, TSHIMANGA Muamba Raphaël, KIZUNGU Vumilia Roger et MBUYA Kankolongo Aman, tous professeurs d'universités dont nous avons le bénéfice d'exprimer à leur endroit notre profonde gratitude.

PREMIERE PARTIE

PEDOLOGIE GENERALE

CHAPITRE 1.

NOTIONS INTRODUCTIVES

La pédologie est une conception relativement nouvelle de la science du sol, qui a vu le jour sous l'impulsion de l'école Russe à la fin du siècle dernier. Dans cette conception, le sol n'est plus considéré comme un milieu inerte reflétant uniquement la composition de la roche sous-jacente ; il naît, évolue sous l'action des facteurs du milieu dits actifs, climat et végétation, aux dépens d'un matériau minéral. Le sol passe donc par des phases successives de jeunesse puis de maturité, aboutissant ainsi à un état d'équilibre stable avec la végétation naturelle. Cette dernière incorpore au sol une certaine quantité de matière organique dont les propriétés reflètent et intègrent l'ensemble des facteurs du milieu : climat, végétation, matériau.

La matière organique oriente la formation du sol dans une direction déterminée. Au cours de cette évolution, appelée souvent pédogenèse, le sol d'abord superficiel s'approfondit progressivement ; peu à peu se différencient des strates successives de couleur, de texture et de structure différentes appelées horizons ; l'ensemble des horizons constitue le profil.

L'étude approfondie du profil permet, compte tenu de l'action des divers facteurs du milieu, de reconstituer l'histoire du sol. Les caractères des horizons traduisent l'action de certains processus biochimiques ou physicochimiques ; ces processus à leur tour, s'expliquent par les facteurs écologiques. Ceci peut s'expliquer par la trilogie : Ecologie → processus pédogénétiques → caractère du profil.

La plupart des classifications modernes, dites génétiques, s'appuient sur cette conception dynamique de la science du sol. Cet ouvrage de pédologie, diffusant les notions des bases requises dans la formation des Ingénieurs Agronomes, comprend deux paties. La première consacrés aux notions fondamentales de la pédologie générale est subdivisée en 7 chapitres qui présentent successivement (1) le constituant minéralogique du sol, (2) le constituant organique du sol, (3) la physique du sol (le profil pédologique, les propriétés physiques du sol, formation du complexe argilohumique, l'eau du sol est mécanismes y afférents, etc.) (4) La chimie du sol, (5) La biologie du sol, (6) Genèse et évolution du sol, (7) classification générale des sols. La deuxième partie retrace les notions de bases relatives aux mecanismes de formation et évolution des sols dans les milieux intertropicales et comprend 4 chapitres dont (8) Notions introductives en pédologie intertropicale ; (9) Les sols acides de régions intertropicales ; (10) Les sols ferralitiques et (11) Etat de lieu des ressources en sols en République Démocratique du Congo.

1.1. DEFINITION DES CONCEPTS

1.1.1. PEDOLOGIE

Etymologiquement, la pédologie derive de deux mos composés : Pédo = pedon c'est-à-dire ce qui se trouve en dessous de nos pieds ou couche superficielle du globe terrestre et Logos = discipline, science etc.

Ainsi, ethymologiquement, la pédologie est la science du sol qui étudie la genèse et l'évolution des sols considérés comme corps naturels.

L'objectif de cette science est la couche superficielle de la terre ; le « sol ». On peut donc donner au sol la définition générale suivante : « le sol est la formation naturelle de surface, de structure meuble et d'épaisseur variable, résultant de la transformation de la roche-mère sous-jacente, sous l'influence de divers processus physiques, chimiques et biologiques ».

Avec cette définition du sol, la Pédologie sera définie comme Science qui étudit la formation et l'évolution des sols sous l'action naturelle : climat, activité biologique, végétation dans un paysage donné (plaine, vallée, versant, etc.).

1.1.2. SOL ET PROFIL PEDOLOGIQUE

A) SOL

Il est superflu de rappeler que tous les processus pédolgénétiques ont pour siège le sol. On remarquera que les différentes définitions considèrent le sol soit comme un continuum au même titre que le couvert végétal, soit comme un corps naturel limité, une unité qui, ensemble avec des corps naturels analogues et attenants (adjacent) forment le continuum sol.

1°. Définitions historiques de sol

a) En 1813, HUMPRER DAVY décrit le sol comme résultant de l'altération des roches et de la décomposition des matières organiques ;

b) En 1876 BRAUNCART considère les sols comme les produits d'altération des roches anciennes en voie de se transformer en roches nouvelles.

2°. Conceptions modernes

a) En 1879 DOKUCHAEV et l'école russe considèrent un sol comme un corps naturel indépendant, avec une morphologie unique, résultant d'une combinaison unique du climat, de végétation et temps. La morphologie de chaque profil reflète les effets de l'ensemble particulier de facteurs génétiques responsables de sa formation.

b) En 1911, RAMANN (Allemagne) décrit le sol comme étant la couche d'altération superficielle de la croûte terrestre.

c) En 1914, HILGARD (USA) considère le sol comme un matériel plus ou moins meuble dans lequel les plantes trouvent leurs conditions de croissance.

d) En 1936, JOFFE (Russe-USA) : un sol est un corps naturel différencié en horizons formés de constituants minéraux et organiques généralement meubles, d'épaisseurs variable et qui diffère de matériau originel sous-jacent par leur morphologie, leurs propriétés et leurs constituants chimiques, physiques et biologiques.

e) En 1951 : soil survey Manual (USA, Département de l'agriculture) : le sol est l'ensemble des corps naturels qui occupent les parties de la surface terrestre recouverte par des végétaux et dont les propriétés sont dues aux effets intégrés du climat et des êtres vivants, conditionnés par le relief, les matériaux originels et pendant une période de temps déterminé assez longue.

f) En 1961 : 7th Approximation USDA : Le sol est une couche détritique plus ou moins meuble, contenant des organismes vivants, portant une végétation ou pouvant en porter une.

Considérant toutes ces définitions, il faudra remarquer qu'il y a une intersection du fait que le sol se situe entièrement dans la biosphère.

D'où une définition pouvant intégrer tous les élements et faire une synthèse de toutes ces définitions serait la meilleure.

Ainsi, en tennant compt de cet aspect le sol peut être défini comme : « *la Formation naturelle de surface à structure meuble d'épaisseur variable résultant de la transformation de la roche mère du sous-sol sous l'influence de facteurs physiques, biologique et chimiques (les facteurs principaux étant le climat, la nature de la roche mère, la végétation et le temps et les secondaires correspondant au relief, à l'hydrologie et à l'Homme*) ».

3°. Pellicule de sol

L'image moderne du sol est celle d'une pellicule presque continue, couvrant la surface exondée du globe terrestre. Elle est interrompue par des taches de non-sols tels que les surfaces libres d'eau, les roches nues, les plages salines, les déserts, les neiges et les glaces éternelles. La pellicule du sol a une épaisseur de quelques mètres comparés aux 6300 km du rayon du globe. Le sol, pellicule à trois dimensions, est limité de la manière suivante :

- Vers le haut : l'atmosphère, le couvert végétal (appareil aérien) et la litière non décomposée ;
- Latéralement : les non-sols et les eaux libres ; on admet une profondeur d'eau qui permet à la lumière d'atteindre le fond ;
- Vers le bas : cette limite semble assez difficile à établir. Le plus logique est de choisir la profondeur à laquelle les facteurs pédogénétiques externes n'exercent plus d'effets sensibles.

B) PROFIL PEDOLOGIQUE

Il est d'abord difficile à établir avec certitude, ensuite dans les régions tropicales humides, on a de très grandes profondeurs dus à l'effet de ferralitisation massive. La pédogenèse se confond avec l'altération des roches dans des profils profonds. On a tendance à limiter un profil pédologique à la profondeur à laquelle les facteurs biologiques et plus particulièrement la végétation naturelle exercent encore un influence notable ; en réalité 2 à 3 m. Ceci est souvent vrai pour beaucoup des sols tropicaux.

La pellicule de sol est constituée des couches plus ou moins parallèles à la surface, on parle d'horizons du sol. La composition, les propriétés et la succession des horizons du sol peuvent être décrites. Ces caractéristiques et ces descriptions forment une large part de la science pédologique.

I. Principaux horizons d'un sol

On définit un horizon par une couche qui se différencie par certains caractères ou critères des couches sus- et sous-jacentes. Pour les identifier, on crée des fosses pédologiques d'environ 1m^3. La succession verticale de couches que l'on obtient est le profil pédologique. D'ordinaire, le sol est divisé en trois horizons : le A, le B et le C.

Horizon A ou Horizon de surface : contenant plus de 25% de matière organique et comprend :

- Horizon A00 = Litière qui contient des débris organiques partiellement ou non décomposés et donc reconnaissables (feuille, branche, brandille, excréments...)
- Horizon A0 – F = Couche de fermentation dont les débris sont en cours d'altération mais ils restent reconnaissables. On observe très souvent des filaments mycéliens qui parcourent la surface des débris blancs et participent à la décomposition.
- H = Couche d'humidification dont les débris sont entièrement décomposés et forment l'humus.
- Horizon de lessivage ou d'éluviation : modifiée à cause de l'invasion de l'eau.
- Horizon organominéral A1=AH contient moins de 25% de matière végétale, qui vient de la couche H. On l'appelle aussi l'horizon AP car, une fois labouré, il permet la répartition des ressources minérales.
- Horizon A2 = E perd des colloïdes et des hydroxydes à cause d'un lessivage maximal. Il possède un aspect gris clair et présente une importante fertilité.
- Horizon A2 est dégradé par la podzolisation ou processus d'appauvrissement.

II. Profil pédologique proprentdit

Le profil pédologique est une coupe verticale qui permet d'observer et de décrire les horizons du sol. C'est une section verticale du sol jusqu'à son substrat géologique, il est constitué par une succession d'horizons ou strates de propriétés différentes (couleur, composition, texture, consistance). Il existe deux groupes d'horizons :

- Les horizons supérieurs dits lessivés ou éluviaux, groupés sous le dénominatif A et,
- Les horizons inférieurs dits illuviaux ou d'accumulations, groupées sous le dénominatif B.

L'ensemble A et B est subdivisé en plusieurs couches suivant le cas : (exemple : A1, A2, A3, B1, B2, …) et constitue le « Solum ». Au-dessous se trouve la roche mère altérée désignée par la lettre C (éventuellement subdivisable en C1, C2).

Les horizons peuvent se définir brièvement comme des couches plus ou moins parallèles à la surface du sol dont les propriétés, dues à des processus pédogénétiques sont différentes de celles des couches sus et sous-jacentes.

CHAPITRE 2 :

LES CONSTITUANTS MINERALOGIQUES

Un magma en voie de refroidissement donne lieu à la formation successive d'un grand nombre de combinaisons chimiques, chacune d'elles se solidifiant sous une forme bien déterminée: ce sont les minéraux primaires qui sont habituellement encastrés les uns dans les autres en formant un ensemble hétérogène communément appelé: Roches. De la décomposition de celles-ci proviennent les formations meubles qu'on trouve à la surface de la terre.

Les minéraux primaires peuvent se transformer sous l'action combinée de différents facteurs d'altération en divers minéraux secondaires. Le groupe de minéraux secondaires existant dans les sols comprend principalement les minéraux argileux, les oxydes et hydroxydes de Fer et d'Aluminium, les carbonates et les sulfates.

Le complexe d'altération des roches, sous l'action de la gravité de l'eau ou du vent, peut être transporté plus loin: ces formations allochtones constituent également des minéraux originels des sols.

Ce deuxième chapitre du cours comprend les sections suivantes :

1. Les roches et les minéraux;
2. L'altération des roches et des minéraux;
3. L'origine géologique de matériau originel.

2.1. LES ROCHES ET LES MINERAUX

A. Composition chimique de l'écorce terrestre.

La composition moyenne (Tableau 1) de la croûte supérieure (10-20 km) de l'écorce terrestre est à peu près la même que celle des roches ignées, puisque les roches sédimentaires et les roches métamorphiques en forment seulement une petite partie. On y trouve tous les éléments connus, bien que huit éléments seulement sont présent, en quantité plus grande que 1% et forment 99% de l'écorce terrestre, quatre autres (Ti, H, P, Mn) sont présents en quantité comprise entre 0,1 et 1% alors que tous les éléments restant forment seulement 0,5%.

L'oxygène est donc absolument prédominant et occupe plus ou moins 94% du volume de la croute terrestre. Ainsi, l'oxygène, le silicium et l'aluminium constituent ensemble 90% des atomes. Il apparait évident que les minéraux dominants soient : le quartz, les silicates et les aluminosilicates de fer, magnésium, calcium, sodium et potassium. Cependant, les éléments les plus importants du point de vue agricole sont le K et le P, viennent ensuite le Fe, le Mg et le Ca.

Tableau 1. Huit éléments majeurs de l'écorce terrestre

Symbole élément	% poids	% atome	rayon ionique	% volume
O	46,60	62,55	1,40	93,77
Si	27,72	21,22	0,42	0,86
Al	8,13	6,47	0,51	0,47
Fe	5,00	1,92	0,74	0,43
Ca	3,63	1,94	0,99	1,03
Na	2,83	2,64	0,97	1,32
K	2,59	1,42	1,33	1,83
Mg	2,09	1,84	0,66	0,29

Ainsi, ce sont des roches à haute teneur en ces éléments les plus importants du point de vue agricole qui offriront le plus d'intérêt pour l'agriculture. Il faut en outre que la forme sous laquelle ils existent dans les roches permette leur libération rapide sous l'action des facteurs d'altération. C'est en partant de ces observations que nous développons les considérations suivantes, se rapportant aux minéraux et aux roches.

B. Les minéraux

B.1. Les silicates

Le motif élémentaire de la structure des silicates est un tétraèdre dont le centre est occupé par un atome de silicium et dont chaque sommet porte un atome d'oxygène. Le motif SiO_4 possède 4 valences libres. En s'associant entre eux, ces tétraèdres peuvent donner naissance à différents types de silicates.

1. **Nésosilicates:** silicates à tétraèdres isolés $(SiO_4)^{4-}$
Ex : Olivine : (Mg,Fe) SiO_4
Zircon : $ZrSiO_4$
2. **Sorosilicates :** silicates à 2 tétraèdres liés en groupes. Pour la plupart des silicates, le groupe se limite à deux : $(Si_2O_7)^{6-}$
Ex : Hémimorphite: $Zn_4 (OH)_2Si_2O_7H_2O$
3. **Cyclosilicates ou silicates à tétraèdres en anneaux :** Soit en triangle $(Si_3O_9)^{6-}$ soit en
Ex. : hexagone $(Si_6O_{18})^{12-}$ soit en carré $(Si_4O_{12})^{8-}$.

4. **Inosilicates ou silicates à tétraèdres en chaines**

✓ **Chaine simple.**

Ex : Pyroxènes (Si_2O_6) Al Ca Mg

- Chaine à période simple : (SiO3)2-
- Chaine à période double : $(Si_2O_6)^{4-}$

✓ **Chaine double :** $(Si_4O_{11})^{6-}$

- Chaine à période simple : $(Si_2O_5)^{2-}$
- Chaine à période double

Ex : Amphiboles.'(Si_4O_{11}) $(OH)_2$(Mg,Fe)

5. **Phyllosilicates ou silicates à tétraèdres en feuillets**

Les tétraèdres sont liés par trois de leurs sommets de façon à former un réseau plan à maille hexagonale $(Si_2O_5)^{2-}$.

Ex:

- Kaolinite : Si_4O_{10} (OH) $_2Al_4$ $(OH)_4$
- Illite : $(Si_{4-x}\,Al_x)O_{10}(H_2O)K_xAl_2$ (x varie de 0,5 à 0,75)
- Montmorillonite : $Si_4O_{10}(OH_2)$ $(Al_{2-x}Mg_x)$ B.E.$4H_2O$

(B.E = Bases échangeables)

6. **Tectosilicates ou tétraèdres soudés les uns aux autres par leurs 4 sommets SiO_2**

Ex :

- Quartz (SiO_2)
- Feldspaths : - orthoses (Si_3AlO_8), - Albite (Si_3AlO_8) Na.
- Anorthite ($Si_2Al_2O_8$) Ca, - Plagioclases
- Feldspathoïdes (déficit en Si) :
  - Nephélite ($SiAlO_4$)Na_3K
  - Leucite (Si_2AlO_6)K

B.2. Les minéraux secondaires autres que les silicates

1°. Les carbonates: Calcite $CaCO_3$ (aragonite)
Dolomite CaMg $(CO_3)_2$, Sidérite ($FeCO_3$).

2°. Les sulfates: Gypse $CaSO_4.2H_2O$; Anhydrite $CaSO_4$

3°. Les phosphates: Apatite $3(PO_4)2Ca_3$, CaF_2

4° Les chlorures: Sel gemme ou halite (NaCl) ; Sylvine (KCl)

5° Les fluorures: Fluorine (CaF_2) ; Vuillamite (NaF)

6° Les sulfures: Pyrite (FeS)

7° Les oxydes:

- Gibbsite $Al(OH)_3$;
- Boehmite AlOOH;
- Hématite (Fe_2O_3) ;
- Goethite (FeOOH);

- Magnétite Fe_2O_4;
- Anatase TiO_2;
- Cassitérite SnO_2.

B.3. Altérabilité des minéraux

Tous les minéraux ne s'altérant pas avec la même rapidité. Une double séquence a été établie par Goldich dans l'ordre des vulnérabilités décroissantes de haut vers le bas.

Olivine	Plagioclases Ca
Augite	Plagioclases Ca Na
Hornblende	Plagioclases Na Ca
Biotite	Plagioclases Na

Feldspaths potassique
Muscovite
Quartz

Ces mêmes suites sont données pour la cristallisation des silicates au cours du refroidissement du magma. Les premiers minéraux formés sont pauvres en silice et riches en Magnésium et Calcium, les derniers sont riches en silice. Les minéraux basiques ($<50\%$ SiO_2) sont plus altérables que les minéraux acides ($> 50\%$ SiO_2). En règle générale, la série des silicates: Neso, soro, Cyclo, Ino, Phyllo et Tecto, constitue également une suite dans l'altérabilité. Selon le cation présent on peut les écrire dans l'ordre suivant : silicates avec Fe>Ca, Mg>Na>K (des silicates les moins résistants (à gauche) aux silicates les plus résistants (à droite)).

C. Les roches

L'appellation de Roche s'adresse à tout matériau constitutif de l'écorce terrestre, quelles qu'en soient les propriétés, voire même l'aspect physique. On distingue deux grands groupes de roches:

- Les roches exogènes ou d'origine externe, elles sont formées à la surface du globe.
- Les roches endogènes, elles sont au contraire formées en partie au moins à l'intérieur du globe.

C.1. Roches exogènes

Elles se subdivisent en deux classes : les roches résiduelles et les roches sédimentaires. Les caractéristiques générales de ces roches sont qu'elles sont disposées en couches superposées ou strates. Elles emprisonnent souvent au moment de leur formation des êtres vivants ou morts qui restent dans les roches à l'état de fossiles.

1° Roches résiduelles

Ce sont des roches qui se forment par évolution sur place des formations plus anciennes. Ces roches procèdent par départ de matière à partir des roches mères dont elles dérivent.

2 ° Roches sédimentaires

Elles sont construites avec des matériaux qui ont été transportés puis déposés ultérieurement (phénomène de sédimentation). La naissance des roches sédimentaires peut être résumée comme repris ci-après (Figure 1):

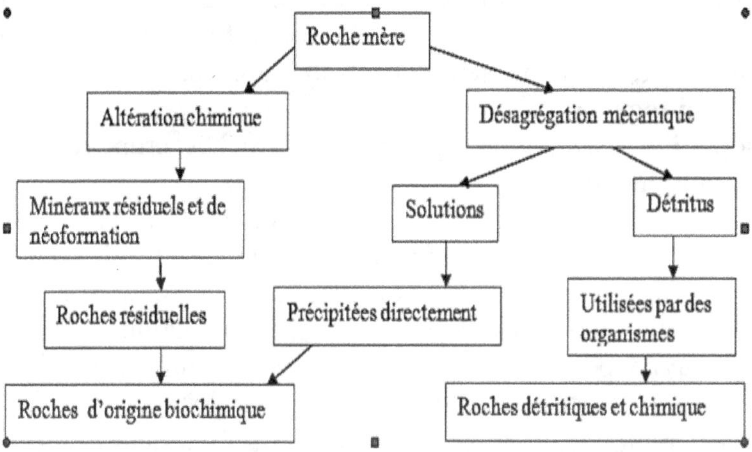

Figure 1. Formation des roches sedimentaires

La classification des roches sédimentaires peut être faite selon l'origine des matériaux et de la manière suivante:

a)Les matériaux d'origine détritique: Cendres volcaniques, sables, cailloux, boues, limons.

b) Les matériaux d'origine biologique:

- Constitués par des débris animaux ou végétaux ;
- Calcaire: fixés par les plantes aquatiques ou par les vertébrés ;
- De la silice: fixée directement ou par décompositions des silicates par certaines plantes (graminées) ;
- Des phosphates : dans des vertébrées.

c) Les minéraux d'origine chimique:

- Constitués par des précipités de sels dissous, après saturation par évaporation de l'eau (chlorures et sulfates) ou transformation en sels insolubles par réactions chimiques ;

- $CaCO_3$: par précipitation du bicarbonate soluble (%CO_2) ;
- Dolomie : dans les lacunes, le $CaCO_3$ des rivières affluentes décompose les sulfates et chlorures de magnésium en donnant de la dolomie et du sulfate ou chlorure de Ca ;
- Les phosphates ;
- Le soufre: S est forme par les bactéries à partir de H_2S, FeS_2, (pyrite : par la présence de fer et dû à la variation du potentiel d'oxydoréduction surtout dans les rizières) ;
- Les limonites: les diatomées (Bactéries et algues bleues) décomposent par oxydation des carbonates et humâtes de fer en donnant de la limonite ;
- Les argiles de néoformation: La présence des ions A1, Si, Mg, Ca en solution et suivant le pH du milieu favorable a la genèse d'argile magnésienne, sépiolites et attapulgites.

C.2. Roches endogènes

Elles sont divisées en deux groupes: les roches éruptives et les roches métamorphiques.

1° Roches éruptives; Ce sont des gisements qui apparaissent brusquement au sein des formations sédimentaires; elles se forment par cristallisation d'un magma (mélange de gaz, de liquide et de solide plus ou moins visqueux). On parle encore de roches magmatiques ou roches ignées. Le magma peut s'arrêter et cristalliser en une zone plus ou moins profonde de l'écorce terrestre. On distingue alors :

- Roches plutoniques: lorsqu'elles restent à l'intérieur de l'écorce terrestre.
- Roches volcaniques: lorsqu'elles surgissent à la surface du sol.

a) Caractères pétrographiques des roches éruptives

Elles sont massives et homogènes, et elles ont une texture aquante: c'est-a-dire qu'elles conservent à peu près la même composition dans toutes les directions de l'espace du réseau cristallographique.

b) Classification des roches éruptives

Comme signalé plus haut, le degré d'altération des roches dépend du nombre de liaisons Si-O-Si et du % en Silice. On peut classifier les roches éruptives de la manière suivante (au point de vue de la Pédogenèse) : ,

b.1. Roches très acides (65 - 75% SiO_2)

Composition: orthoclases + Plagioclases + Quartz. Structure grenue : caractérise une roche entièrement cristallisée dont les éléments sont de mêmes dimensions.

Structure fine (Microgrenue) montre deux temps de cristallisation : - Formation de cristaux bien visibles à l'œil nu, - Formation de microcristaux visibles seulement au microscope.

b.2. Roches acides: (60 - 65% SiO_2)
Ex. : Orthoclase + Hornblende + Quartz
b.3. Roches neutres: (50 - 60% SiO_2)
Ex: Plagioclases acides + Hornblende + peu de Quartz.
b.4. Roches basiques: (40 - 55 % SiO_2)
Ex: Plagioclases + Augite (inosilicates)
b.5. Roches ultrabasiques ou hyperbasiques (SiO_2 <44 %)
Ex: Silicates de Mg, Ca, Fe+ SiO_2 + 0-20% Al_2O_3
2° Roches métamorphiques ou Roches Cristallophylliennes
Ce sont des roches qui résultent de la transformation sur place de roches plus anciennes, sous l'influence d'agents d'origine interne.
Caractères pétrographiques
Caractères hérités des roches sédimentaires : elles conservent la stratification et contiennent de fossiles.
Caractères hérités des roches métamorphiques:
Feuillet : d'ou l'appellation de roche cristallophyllienne.
Le feuilletage se remarque par la disposition des minéraux micacés en couches.
Litage: par l'alternance de lits de minéraux différents.
Caractères hérités des roches éruptives: cristaux de grande taille, visibles à l'œil nu.

2.2. ALTERATION DES ROCHES ET DE MINERAUX

A. Les mécanismes de l'altération

Il est de coutume de distinguer parmi les agents de l'altération, les mécanismes physiques (action gel-dégel, température, hydratation, effet de cristallisation des sels) et les mécanismes chimiques (dissolution, oxydo - réduction, hydrolyse). Cependant, il est difficile aujourd'hui de distinguer des mécanismes uniquement physiques et mécanismes uniquement chimiques; ils sont souvent de nature physico-chimique. Bien plus, ces agents travaillent ensemble, s'entraident et additionnent leurs effets. En outre, les matières organiques interviennent aussi, elles ajoutent les effets biologiques aux effets physico-chimiques.

C'est ainsi que les mécanismes de l'altération seront décrits, l'un après l'autre, sans distinction en catégories, mais en les classant selon leur caractère physique décroissant et leur caractères chimiques croissant.

A.1. Le gel et le dégel (la Cryoclastie ou Gélifraction)

L'effet du gel et du dégel sur la fragmentation et la désagrégation des roches est très important. C'est le principal facteur de l'altération dans les pays froids et en haute montagne. L'eau pénètre dans les fissures ou les pores de la roche. Son augmentation de volume, au cours du gel, fait bailler les joints et désagrège les cristaux. Le phénomène a été étudié expérimentalement et il a permis de découvrir un optimum de porosité et une augmentation de la désagrégation avec la rapidité des alternances gel-dégel.

A. 2. Les variations des températures. (Thermoclastie)

Les différences de températures dans les déserts peuvent être considérables avec une ampllitude termique élevée, aussi bien entre le jour et la nuit, et entre l'exposition au soleil et celle à la chute de pluie. La faible conductivité thermique des roches peut faire naitre des tensions entre le cœur et l'extérieur des blocs, ou entre une partie à l'abri et une partie exposée. On parle parfois de « Thermoclastie ».

Il est plus difficile d'apprécier si ces variations de température peuvent intervenir dans la désagrégation granulaire des roches. Les uns font intervenir la différence d'absorption de la chaleur par les minéraux de couleurs différentes. Un autre chemin consiste à faire intervenir les différents coefficients de dilatation des minéraux variables selon l'orientation de leurs axes. Mais le rôle capital de la température est ailleurs; c'est un rôle indirect qui régie des diverses manières tous les phénomènes d'altération. Les variations de température règlent l'humidité des pores, mais aussi la solubilité des gaz ou des sels. En outre, la vitesse des réactions chimiques, en particulier la vitesse de l'hydrolyse, double approximativement, pour une élévation de température de 10°C. Ainsi, tous les mécanismes sont soumis aux variations de température. Les divers types d'altération à travers le monde sont en grande partie réglés par ce facteur.

A.3. Humidité, Hydratation et effet de cristallisation des sels.

1°. Humidité et Dessiccation

La variation de la température de l'eau, à l'intérieur des pores d'une roche, provoque une certaine désagrégation, parce que le coefficient de dilatation de l'eau est très supérieur à celui des roches. D'autre part, les variations d'humidité ont, à elles seules, le pouvoir de disjoindre les cristaux par transformation du film d'eau intergranulaire en gouttelettes, ce qui modifie les tensions superficielles. Mais, le maximum d'effet destructeur sur les roches est obtenu par la combinaison des deux effets de la variation de la température et de l'humidité.

2°. Hydratation et Cristallisation

Il existe plusieurs cas possibles:

a) Formation des cristaux hydratés. Le meilleur exemple est celui de la cristallisation du gypse à partir de l'anhydrite $CaSO_4.2H_2O$. Cette transformation nécessite deux molécules d'eau et se fait avec l'augmentation de volume, et en développant une pression de 1.100 atm.

b) Cristallisation d'un sel à partir de sa solution saturée. Il est nécessaire que le volume du cristal formé et celui de la solution résiduelle saturée soient supérieurs à celui de la solution saturée originelle. Il est nécessaire également que l'espace intergranulaire ou la cristallisation se produit soit fermé, et, il peut être par cristallisation débutante.

c) La croissance des cristaux peut développer des pressions importantes, mais il est nécessaire que la tension superficielle de la solution permette à cette dernière de se glisser entre cristal et paroi. On comprend dès lors que de tels mécanismes vont nécessiter, soit un assèchement pour saturer la solution, soit une humidité pour provoquer l'hydratation, soit une variation de la température pour abaisser la solubilité. C'est ici que revient l'action de la température par son rôle sur les solutions internes aux roches en voie de désagrégation.

A.4. Oxydation et Réduction

Pour l'altération, le phénomène le plus important est celui du fer. Celui-ci se trouve fréquemment dans les silicates (et dans les carbonates) sous forme réduite Fe^{2+} (rayon ionique 0,83Å). Parvenu à l'hydrosphère oxygénée, il prend sa forme oxydée Fe^{3+} (rayon ionique 0,67 Å). L'équilibre du réseau cristallin s'en trouve alors rompu et, les observations ont montré que les silicates ferromagnésiens sont les plus vulnérables à l'altération météorique.

Le fer doit alors être transporté. Il peut l'être en milieu très acide, ce qui ne correspond que très rarement aux conditions naturelles. Cependant, les eaux riches en matières organiques sont réductrices et transporte le fer à l'état ferreux. Arrivée en milieu oxydant, la matière organique est détruite et le fer précipite à l'état ferrique. De plus, le fer donne aisément des complexes, soit avec les anions organiques au premier rang desquels viennent les matières humiques, soit avec la silice. Ces complexes ferrohumiques et ferro ou ferrisiliciques sont très importants dans la géochimie du fer dans l'hydrosphère.

A. 5. L'Hydrolyse et ses variations

L'hydrolyse ou décomposition des minéraux par l'eau: c'est le mécanisme chimique fondamental de l'altération des silicates, surtout sous le climat chaud et humide. On peut considérer les silicates comme des sels d'acides faibles et de bases fortes, par conséquent l'hydrolyse est une réaction alcaline. L'intensité de l'hydrolyse dépend de la température du lessivage et des cations présents, du pH et de la présence d'anions acides.

1°. La température

Elle augmente l'agitation thermique et accélère les migrations dans les deux sens. Il est connu que l'altération est beaucoup plus puissante dans les régions tropicales et intertropicales que dans les régions froides et tempérées. Le facteur qui accélère l'altération en pays tropicaux est la température.

En effet, suivant la loi d'altération des roches (Van t'Hoff) : pour une élévation de température de 10°C, la dissociation de l'eau et la vitesse des réactions sont approximativement doublées. Si la vitesse des réactions est égale à V à 10°C, elle sera 2V à 20°C, 3V à 25°C, 4V à 30°C. En se rappelant que les pluies tropicales tombent pendant la saison chaude et que les températures moyennes peuvent dépasser 30°C, on comprend dès lors que l'hydrolyse soit accélérée.

2°. Le lessivage

Le lessivage renouvelle l'eau libre qui entoure les cristaux, mais aussi les couches les plus externes qui sont orientées sur le cristal. Ainsi la sortie des cations libérés est entretenue. Par contre, si le lessivage est arrêté, la réaction s'arrête également et le minéral silicate se couvre d'une mince couche H^+ qui subsiste indéfiniment. De la même manière, on constate que la présence des cations dans des solutions intérieures gêne l'évacuation des ions libérés et, pour une certaine concentration des cations, l'évacuation des ions est stoppée. C'est ainsi que dans les milieux mal lessives ou riches en cations, les feldspaths subsistent, tandis qu'ils sont détruits dans de bonnes conditions de lessivage naturel.

3°. Le pH et la présence des ions acides

La libération des cations par échange avec les ions H^+ du milieu est facilitée par l'acidité des solutions. La présence d'anions acides augmente l'efficacité de l'hydrolyse. C'est ici qu'interviennent : le gaz carbonique (CO_2), les anions minéraux, les anions organiques et les argiles acides.

N.B.: Les régions tropicales sont généralement des régions d'altération chimique. En effet, dans un pays chaud ou la température oscille autour de 30°C pendant la saison des pluies, la vitesse des hydrolyses est 4 fois plus élevée en comparaison avec les régions tempérées ou la température moyenne n'est que de 10°C. Le lessivage en saison humide peut aisément provoquer des percolations 5 fois plus intenses qu'en régions tempérées.

Enfin, une unité de pH due à l'acide nitrique de la pluie ou à des matières humiques acides multiplie la concentration en hydrogène par 10. On parvient donc à démontrer, en supposant des proportionnalités simples, que la vitesse des hydrolyses est multipliée par 200 en région tropicale. D'ou la nature de la coïncidence qui fait que les régions tropicales soient des régions d'altération chimique.

A. 6. Les altérations biochimiques

Les altérations physico-chimiques sont souvent liées à des actions biologiques, car la colonisation est très rapide dans les zones d'altération par les sols.

En outre, les matières biochimiques produites dans les sols peuvent percoler dans la zone d'altération des roches. Quand la matière organique se minéralise, elle engendre des produits solubles actifs tels que l'ammoniaque, l'acide carbonique, l'acide nitrique, les ions PO_4^{3-} et SO_4^{2-}. Si la matière organique se minéralise très lentement on obtient des composés humiques et des produits de décomposition organique, solubles ou insolubles dans la solution du sol. Les produits insolubles s'associent aux argiles et les fixent. Les produits solubles, au contraire, dispersent les argiles, complexent le fer et l'évacuent, et très probablement, jouent un rôle dans les néosynthèses.

B. Altération des principaux minéraux

B.1. Le Quartz

Il est pratiquement inattaquable sous climat tempéré. Sous climat tropical et en milieu alcalin, il subit une légère corrosion.

B .2. Les Feldspaths

Ils s'altèrent d'autant plus vite qu'ils sont plus pauvres en silice. Les feldspaths alcalins (orthose, microcline (tectosilicates de formule idéale $KAlSi_3O_8$)) s'altèrent très lentement par opposition aux plagioclases qui s'altèrent d'autant plus vite qu'ils sont riches en calcium.

En climat tempéré les feldspaths (potassiques) se transforment en séricite puis en illite. En climat tropical, il y a formation de la Kaolinite, ou en milieu très lessivé, des oxydes se forment.

$2KAlSi_3O_8 + 3H_2O$ ------- > $Si_2O_5Al_2(OH)_4$ + $4SiO_2 + 2KOH$

Orthose Kaolinite

ou $2KAlSi_3O_8 + 4H_2O$ ------ > $2Al(OH)_3$ + $6SiO_2$ + $2KOH$

Gibbsite Oxyde silicique

B.3. Les Feldspathoïdes s'altèrent plus facilement que les feldspaths

B.4. Les Micas

Muscovite: il s'altère très lentement par fractionnement des cristaux qui donne naissance à la Sericite.

Biotite: elle s'altère plus rapidement. Sous le climat tempéré, elle donne naissance à la Chlorite qui évolue ensuite vers la vermiculite ou les interstratifiés. Sous climat tropical, la biotite donne de la Kaolinite ou des sesquioxydes.

B .5. Pyroxènes et Amphiboles

- Hyperstène: $(Mg,Fe)SiO_3$ s'altère en limonite avec lessivage de la silice et du magnésium, avec comme stade intermédiaire de la serpentine.
- Augite (Ca,Mg, Fe, Al) $(Al,Si_2)_2O_6$ s'altère en chlorite qui évolue vers la vermiculite.

B.6. Oxydes de fer (Hématite et Magnétite)

Par hydratation l'hématite donne la Goethite

ou $Fe_2O_3 + H_2O$ ------- > $2FeOOH$

ou $Fe_2O_3 + 4H_2O$ - ----- > $Fe_2O_3.4H_2O$

La réaction est réversible sous climat tropical.

C. Séquence d'altération des minéraux

Comme signalé plus haut, tous les minéraux ne s'altèrent pas avec la même rapidité. Une séquence d'aptitude à l'hydrolyse a été établie et peut se résumer comme repris ci-après:

La stabilité et la résistance à l'altération des minéraux est d'autant plus faible que :

- ✓ la teneur en cations monovalents et bivalents est élevée;
- ✓ la teneur en Fe^{2+} est élevée (qui s'oxyde facilement et désorganise le réseau) ;
- ✓ le nombre de liaison Si-O-Si est bas (faible % en SiO_2).

En général, l'altérabilité des minéraux suit l'ordre décroissant des silicates :

- ✓ Neso > Soro > Cyclo > Ino > Phyllo > Tecto
- ✓ Selon les cations présents dans les silicates:
- ✓ Silicates Fe > Silicates Ca = Silicates Mg > silicates Na > Silicates K.
- ✓ Les minéraux basiques (< 50% SiO_2) sont plus altérables que les roches acides (> 50% SiO_2).

D. Altération des principales roches

D.1. Calcaires

Les calcaires s'altèrent de deux façons suivant le type de roche mère.

- Calcaires durs : Ils subissent une dissolution dans laquelle intervient le CO_2 dissout. $CaCO_3 + CO_2 + H_2O$ -- ----- > $Ca(CO_3H)_2$ soluble.

Bicarbonate de Ca

La roche s'use par corrosion superficielle; seuls les résidus insolubles s'accumulent en surface, on a des argiles de décalcification qui sont entièrement décarbonatées.

- Les calcaires marneux tendres : Ils subissent un gonflement par hydratation des argiles. C'est un phénomène mécanique qui aboutit à un ameublement de la roche. Le calcaire n'est pas dissout, il ne disparait pas; mais il est sous forme "active" très fine. Le sol qui y prend naissance est très différent de celui qui se forme dans le cas précédent.

D.2. Grès

C'est par simple dissolution du ciment et la mise en liberté des grains de quartz. Lorsque le grès est poreux ou lorsque son ciment est calcaire ou ferrugineux, la décomposition est rapide. Par contre, les grès à ciment siliceux sont très résistants : cas des quartzites. Les arkoses libèrent en outre des feldspaths et des micas plus ou moins altérés.

D.3. Le Granite et le Gneiss

La désagrégation est facile sur le granite en raison de divers éléments constituants; pour le gneiss, c'est en raison de sa structure schisteuse. Quant à la décomposition de divers minéraux de la famille, elle procède avec une rapidité très inégale. Les plagioclases perdent d'abord rapidement leur chaux (CaO); l'oxyde de fer ferrique apparait aux dépens du mica noir (biotite) plus altérable que le mica blanc (Muscovite). Il y a formation concomitante d'éléments fins cristallins de caractère argileux et accumulation du quartz. Le transport à distance de la fraction fine laissera sur place une arène de sables grossiers riches en orthose et en muscovite peu altéré, dans lesquels se trouve la potasse sous forme inassimilable.

D.4. Roches basiques

Basaltes, diorites, cendres volcaniques sont très facilement altérables à cause de leur structure, leur clivage et enfin leur richesse en bases. C'est ainsi que l'Augite type pyroxènes, riche en CaO et MgO disparait complètement dans les sols évolués. Il en est de même des minéraux ferromagnésiens tels que l'olivine et l'hornblende qui sont complètement altérés dans les sols. Ces roches donnent naissance à des sols limoneux fertiles contenant une grande quantité d'oxyde de fer et un peu de quartz. Sous climat tropical, les processus d'altération sont assez rapides.

E. Facteur influençant l'altération

Nous signalerons l'influence du climat général qui oriente la tendance de l'altération, tandis que celle de la station conditionnée par « le milieu local » modifie plus ou moins cette tendance. En outre, l'évolution pédologique joue un rôle négligeable dans les processus d'altération.

E.1. Influence du climat général

Les différentes altérations climatiques s'opposent surtout par la quantité de sesquioxydes libérés (Fe_2O_3 et Al_2O_3) et par le type d'argile formée. Schématiquement l'illite domine en climat tempéré, la Kaolinite en climat équatorial humide, et un mélange des deux caractérisant les régions intermédiaires : climat tropical sec et subtropical.

E.2. Influence de la station

Il s'agit essentiellement du milieu « local » c'est-à-dire des conditions locales de la roche mère et de drainage liées à la topographie. Il y a lieu de souligner le rôle du calcium présent dans la roche mère; s'il est abondant, il favorise la conservation en climat tempéré et la synthèse en climat tropical, de montmorillonite, a condition qu'il subsiste dans les solutions du sol. Cependant, sous climat chaud et humide, cela ne se produit qu'en stations non drainées. C'est ainsi que les sols noirs tropicaux à montmorillonite sont des sols a la fois calcimorphes hydromorphes.

E.3. L’évolution pédologique

Elle est liée au type d’humus et résulte tantôt de l’action du climat général et de la végétation, tantôt des conditions de stations. Le rôle de la matière organique et du type d’humus primordial; les feuillets cristallins des argiles s’ouvrent sous l’action des composés organiques solubles et acides, la silice l’aluminium sont ainsi libérés.

CHAPITRE 3.

LES CONSTITUANTS ORGANIQUES

3.1. MATIERE ORGANIQUE ORIGINELLE

A. Composition de la matière organique

Les substances qui fournissent la matière première de l'humus sont généralement d'origine végétale pour leur plus grande partie, bien qu'elles comportent toujours une proportion variable de déchets d'origine animale. Toutes ces substances sont dites organiques parce qu'elles sont constitués par la combinaison de 3 ou 4 éléments principaux: C, H, O et N ainsi que 2 éléments secondaires: S et P.

- Les matières organiques d'origine végétale: Elles sont constituées - soit par des résidus ou des détritus végétaux (feuilles mortes, fragments de branches ou troncs etc.), - soit par des cadavres de microorganismes (bactéries et champignons).
- Les matières organiques d'origine animale : Elles sont formées par les cadavres et les déjections d'animaux supérieurs (mammifères, oiseaux, reptiles ...) ou de la microfaune (insectes, arthropodes, vers . . .).

B. Décomposition ou Minéralisation de la matière organique

Cette décomposition résulte de processus essentiellement biologique, à la différence de l'humification qui peut être purement chimique. Seule la décomposition de 3 hydrates de carbone suivant sera traitée : la cellulose et l'hémicellulose, la lignine, et enfin des protides.

B.1. La Cellulolyse

Elle est très sensible à la richesse en azote et en calcium du milieu. La cellulolyse est très rapide en milieu bien pourvu en ces éléments, elle résulte de l'activité bactérienne (notamment les Mycobactéries et de certains champignons). Une grande partie du carbone est perdue sous forme de CO_2 et le reste est transformé en carbone cellulaire et en polyuronides de synthèse.

- En milieu très acide, inactif, pauvre en azote, la cellulolyse est très lente, seuls certains champignons acidophiles interviennent dans ces conditions,
- En milieu anaérobique, la celullolyse peut être encore assez rapide, grâce à l'action de certaines bactéries anaérobies telles que *Clostridium*, *Plectridium*, mais les résultats sont entièrement différents; il se forme des produits solubles ou

gazeux: CO_2, éthanol, acides organiques; ces derniers peuvent être repris par d'autres fermentations et être transformes à leur tour en gaz (méthane).

- En aérobiose, les hydrates de carbone disparaissent entièrement sans contribuer à l'édification des molécules humiques.

B.2. La ligninolyse

Ce type de dégradation semble être lié à l'activité des champignons, notamment ceux qui provoquent les pourritures blanches.

- En milieu aéré et actif, ce sont surtout les basidiomycètes qui interviennent, et semblent provoquer une transformation rapide de la lignine en acides humiques.
- En milieu acide, les champignons lignivores acidophiles exercent une action toute différente; ils fragmentent la molécule de lignine en "monomères" solubles à noyaux aromatiques: ces composés peuvent être repris dans certains processus de polymérisation.
- Dans les milieux mal aérés, la ligninolyse devient très lente alors que les hydrates de carbone disparaissent assez rapidement.

Dans les tourbes, des composés intermédiaires encore proches de la lignine s'accumulent par départ des autres composés.

B.3. Protéolyse

Dans les milieux actifs, peu acides et bien aérés, la protéolyse passe par trois étapes: - la protéolyse proprement dite, libérant des acides aminés; - l'Ammonification, libérant l'ammoniac gazeux au dépens de ces acides aminés; - la Nitrification, transformant ainsi l'ammoniac en nitrites et en nitrates, c'est le rôle de Nitrosomonas et de Nitrobacters. La protéolyse est rapide dans ces milieux biologiquement favorables, alors qu'elle est ralentie en milieu acide, par la présence de polyphénols solubles qui fixent les protéines. Au pH élevé et en présence d'une grande quantité d'azote protéique, les Bactéries et Actinomycètes sont des agents d'une ammonification rapide. Par contre, en conditions défavorables, les champignons acidophiles ne provoquent qu'une ammonification relativement lente. Il y a lieu de signaler à ce sujet que pour certaines espèces ligneuses, le rôle des mycorhizes est efficace.

En général le rapport C/N des débris végétaux est un bon indice de l'activité protéolytique et ammonifiante :

- ✓ Si le rapport C/N est bas, ces deux processus sont rapides et libèrent le NH_3 gazeux, souvent repris par la nitrification.

- ✓ Si le rapport C/N est élevé (supérieur à 25), les processus son ralentis et ne libèrent qu'une quantité infime d'azote ammoniacal, la totalité de l'azote disponible étant réutilisée par les synthèses microbiennes.

En ce qui concerne l'aération, il faut noter qu'une anaérobiose relative favorise une forte ammonification à l'inverse de la nitrification.

B.4. Facteurs influençant la décomposition de la matière organique du sol

La décomposition de ma matière organique est essentiellement influencée par un couple de facteurs :

1. la quantité de la matière organique
2. les conditions climatiques

Dans les conditions éco-climatiques de la RDC et surtout dans la région équatoriale, la décomposition et la minéralisation des matières organiques se font très rapidement. La décomposition atteint souvent 50 % déjà au bout de 30 semaines (BARTSOLOMEW). Dans la pratique, l'établissement du bilan de la matière organique se fait à l'aide de 2 coefficients, K_1 ou coefficient d'humification et K_2 ou coefficient de minéralisation.

Le premier indique la quantité de matières organiques (d'humus stable) qui reste dans le sol après humification de la matière organique, c'est le coefficient d'humification (= $\mathbf{K_1}$) ou Isohumique. Il est lié essentiellement à la nature de la matière organique apportée.

Le deuxième, le coefficient $\mathbf{K_2}$ dépend, par contre, essentiellement des conditions du milieu. Il représente annuellement le % d'humus stable minéralisé (= Taux annuel de minéralisation de l'humus stable).

Ainsi la quantité d'humus formé par un apport de matières organique est égale au produit de cette quantité par le coefficient d'humification (K_1). Par exemple 5 T de matières organiques dont K_1 est égal à 0,2 donneront 5 x 0,2 = 1 T d'humus. La valeur de ce coefficient varie entre 0 et 1. Il est possible de déterminer à l'aide de ces 2 coefficients :

1. la quantité d'humus formé
2. la durée probable de l'humus dans un sol donné.

Dans les conditions climatiques sous les tropiques ces deux coefficients sont très élevés, notamment, à cause de :

1°. Pluies abondantes et régulières;

2°. Humidité relative de l'air au niveau du sol presque toujours au point de saturation;

3°. Température, toujours élevée, en moyenne 25° C;

4°. Abondance d'insectes dans et sur le sol. La décomposition du bois est accélérée par les insectes qui y creusent des galeries, augmentant ainsi la surface d'attaque par les microorganismes spécialisés.

Compte tenu de cette rapide décomposition, la matière organique dans les sols tropicaux exige une attention particulière, surtout en agriculture intensive.

Les apports doivent être plus réguliers.

B.5. Résultats généraux des processus de décomposition

Ces processus dépendent de l'activité biologique générale du milieu qui est liée surtout au pH et aux conditions relatives d'aérobiose et d'anaérobiose.

- En milieu très actif, la minéralisation de la matière organique fraiche est rapide; celle de la cellulose progresse plus vite que celle de la lignine, qui se transforme en acide humique. La protéolyse et l'ammonification libèrent de l'azote minéral dont une partie reste disponible, l'autre partie étant intégrée dans le processus d'humification.
- En milieu peu actif, la minéralisation est lente (il y accumulation de matière organique en surface, formant l'horizon A de certains sols) et libère très peu d'azote minéral. La lignine disparait en premier lieu sous l'action des lignivores; elle libère des "monomères" polyphénols solubles qui s'ajoutent aux composés tanniques souvent abondants dans ces milieux. Ces polyphénols forment avec les protéines des complexes polyphénols-protéines ; ceux-ci imprègnent souvent les membranes cellulosiques des tissus vivants dont ils retardent la décomposition.
- En anaérobiose permanente, il y a ralentissement de l'ensemble des processus de minéralisation, surtout de la lignine par rapport aux hydrates de carbone, de sorte que la matière organique mal décomposée s'accumule en épaisseur assez grandes (tourbes, certains anmoors). Les alternances saisonnières microclimatiques: aérobiose et anaérobiose relative, dessiccation et humectation consécutive, accélèrent les processus de minéralisation, et les processus d'humification.

C. Humification

L'humification peut être définie comme l'ensemble des processus de synthèse aboutissant à la formation de composés humiques colloïdaux de néoformation, aux dépens des produits plus ou moins solubles résultant de la décomposition de la matière organique fraiche. L'humification aboutit à la formation des molécules organiques complexes, le plus souvent insolubles qui sont les acides humiques et les acides fulviques. De même nature que les acides humiques, les acides fulviques sont moins polymérisés, on passe de l'un à l'autre par une augmentation de la masse du noyau aromatique. L'humification résulte d'une part de processus purement physico-chimiques : - Oxydation et polymérisation sous l'influence de l'aération et de la dessiccation, - Fixation de NH_3 puis NH_2 par les radicaux COOH; d'autre part, de processus biologiques qui activent les premiers. Ces deux types de processus interviennent à des degrés très variables suivant les cas.

C.1. Humification abiologique

Ce type d'humification intervient en milieu biologiquement très peu actif, soit très acides, soit mal aéré (cas de certaines tourbes acides). L'insuffisance des bases et d'oxygène ralentit considérablement l'activité des microorganismes: celle-ci se limite aux processus de décomposition de la matière organique fraiche alors que les processus de synthèse sont presque inexistants; l'humification lente et incomplète aboutit a des composés peu polymérisés, facilement dispersés, souvent solubles.

La lignine, sous l'action des "lignivores" acidophiles, se fragmente et donne des "monomères" peu polymérisés. Dans ces conditions, on note une accumulation des polyphénols solubles formés des tanins et des produits de dégradation de la lignine. La polymérisation étant faible, il se forme surtout des acides fulviques et des acides humiques bruns dont une partie au moins est susceptible de migrer en acides humiques de profondeur. Dans l'horizon B des podzols, la polymérisation se produit sous l'influence de l'oxydation et de la dessiccation; elle n'atteint jamais la formation d'acides humiques gris caractéristiques.

C.2. Humification biochimique.

Elle se déroule dans les milieux biologiquement actifs. On y distingue deux cas, selon que la matière première de l'humus est surtout constituée de lignine, ou au contraire de cellulose et hémicellulose.

1° Humification a base de lignine

Dans les mull forestiers à forte activité biologique, la lignine se transforme par oxydation et perte des groupements méthoxyles et donne des composés humiques avant d'avoir atteint le stade de "monomères" solubles. Les microorganismes du sol accélèrent considérablement cette évolution de la lignine en secrétant des polyphénol-oxydases.

Sous l'influence des processus d'oxydation de la lignine, les groupements carboxyles COOH se multiplient; les protéines subissent une protéolyse qui libère des acides aminés, et NH_4OH. Ces derniers se fixent sur les noyaux cycliques de la lignine transformée et des tanins polymérisés: c'est l'origine des acides humiques bruns et d'une partie de l'humine, des humus forestiers peu acides.

L'humification est d'autant plus rapide et plus poussée que le milieu est moins acide et plus riche en calcium. La fixation de groupements amines et la polymérisation des polyphénols sont favorisés par l'abondance des ions calcium et la richesse en azote du milieu. En outre, le pH agit indirectement sur la transformation de la lignine, par l'intermédiaire de l'activité des microorganismes, origine des polyphénols-oxydases.

2° Humification à base des produits cellulosiques et autres hydrates de carbone.

C'est l'humification d'origine essentiellement biologique qui caractériserait les mull très actifs et saturés en calcium. Dans ces humus, les deux processus se déroulent de façon concurrents, lignine et hydrates de carbone participant l'une et les autres à l'édification des acides humiques.

C.3. Conclusion

Le milieu exerce une influence considérable sur les processus d'humification, quatre facteurs paraissent essentiels: le microclimat du sol; la teneur en calcium et azote; les stabilisateurs d'humus ; l'activité biologique.

1°. Le microclimat du sol.

L'aération est indispensable à une bonne humification ; elle favorise l'activité biologique et l'oxydation des polyphénols. L'humification est nulle ou faible dans les milieux où l'anaérobiose est permanente (tourbes). Inversement, l'humification est médiocre si le milieu est constamment aéré. En effet, une certaine humidité du sol est favorable à l'humification, mais certaines phases de dessiccation sont indispensables au processus de polymérisation.

Les alternances microclimatiques marquées, saturation par l'eau et dessiccation complète du sol favorisent l'humification. Les composés organiques solubles prennent alors naissance en période humide (les précurseurs) ; ils se polymérisent et s'insolubilisent en période sèche.
Ainsi, les humus bien humiliés sont ceux qui sont soumis à ces contrastes; climat alpin et continental.

Au contraire, les humus formés en climat peu contrastés, sans période sèche marquée, sont caractérisés par une faible humification, cas des sols **ferralitiques** équatoriaux.

2°. La teneur en calcium et en azote.

En milieu très acide et pauvre en azote, l'humification est lente et peu poussée. Une forte teneur en azote et en calcium du milieu où évolue la matière organique favorise au contraire une humification rapide, aboutissant à la formation d'acides humiques gris très polymérisés, ou d'humine par oxydation directe de la lignine.

Ainsi les mull forestiers, encore acides, sont peu humifiés et caractérisés par la formation exclusive d'acides humiques bruns. Les mull calciques des rendzines présentent à ce point de vue des caractères intermédiaires entre les mull forestiers et les mull calciques de steppe (chernozens), très riches en acides humiques gris; l'humification de ces derniers est en effet favorisée par la conjonction de trois facteurs favorables: richesse en azote, richesse en calcium (débris de graminées), fortes variations microclimatiques.

3°. Les stabilisateurs d'humus

Les éléments minéraux qui favorisent l'accumulation d'humus dans le sol sont: les argiles (surtout les argiles gonflantes), et dans une certaine mesure les oxydes de fer et d'aluminium, qui, formant des complexes stables avec les composés organiques retardent leur minéralisation et favorisent au contraire leur polymérisation. C'est ainsi que dans les sols sableux l'humification reste toujours faible, alors que l'abondance des composés organiques solubles y favorise le lessivage des éléments minéraux.

4°. L'activité biologique

L'activité biologique est stimulée par les facteurs précédents. Toutefois, le rôle important que joue la faune du sol dans l'activation des processus d'humification ne doit pas être négligé. Ainsi, les lombrics favorisent la formation précoce d'un complexe argilo-humique très stable; la formation d'acides humiques est souvent ralentie par la liaison étroite contractée par la matière organique incomplètement décomposée avec les argiles du sol. A l'inverse, les arthropodes caractéristiques de certains Moder ne favorisent pas la formation des agrégats argilo-humiques, mais ils provoquent cependant une humification souvent très poussée.

D. Facteurs agissant sur l'évolution de la matière organique

Tout facteur qui modifie l'activité biologique dans un sens ou dans l'autre, provoque l'accélération ou le ralentissement du cycle biologique défini antérieurement et influence l'évolution de l'humus dans une direction donnée. Pour l'étude de ces facteurs, nous les regroupons en deux catégories: les facteurs externes (le milieu) et les facteurs internes (la nature de la matière première donnant naissance à l'humus).

D.1. Le milieu

1° Facteurs climatiques.

La décomposition rapide de la matière organique est conditionnée par une température élevée, une humidité suffisante, mais non excessive, de façon que l'aération reste favorable.

- En climat équatorial et en climat méditerranéen, on n'observe pas de formation de Mor en milieu aéré. Au contraire, les climats boréal, alpins, et, à un degré moindre, certains climats atlantiques à forte nébulosité favorisent la formation des humus bruts à décomposition lente.
- En climat équatorial humide les processus d'humification et de polymérisation sont peu pousses; les acides fulviques l'emportent sur les acides humiques. Le climat local renforce l'action du climat général, dans un sens ou dans l'autre.
- En montagne, aux altitudes inferieures, la décomposition de la matière organique est ralentie par l'excès d'insolation, qui provoque la sécheresse. Aux altitudes élevées, au contraire, l'humus brut se forme de préférence aux expositions froides, par suite de l'insuffisance de la chaleur et de radiations.

L'influence des variations rapides du microclimat dans le temps est également importante: les coupes de forêt, les incendies éclairant brusquement un sol antérieurement ombragé, accélèrent la décomposition des humus. L'alternance de l'ombre et de la lumière provoque aussi une alternance de phases de stockage et de phases de minéralisation.

2°. La station

La station correspond aux conditions écologiques locales qui dépendent essentiellement de la roche-mère et de la topographie. Deux facteurs sont essentiels:

a) **Les conditions de drainage et d'aération**: le milieu local peut modifier les conditions du climat général et contribuer à créer le microclimat interne du sol. Le milieu optimum est un milieu suffisamment aéré mais présentant de courtes phases d'anaérobiose, peu accentuées; certaines phases de dessiccation son également utiles à l'humification. Un milieu trop aéré et trop sec conditionne une mauvaise minéralisation et une mauvaise humification; un milieu mal aéré est à l'origine des humus hydromorphes : la tourbe (Aération et économie de l'eau).

b) **La richesse chimique de la roche mère, notamment en ce qui concerne le calcium. Le calcium joue un rôle essentiel**: il active la minéralisation de la matière organique fraîche, mais en même temps il favorise la polymérisation des polyphénols, don l'humification. D'autre part, les acides humiques à grosse molécules ainsi formés sont floculés en présence de calcium et ils forment des complexes organo-minéraux stables dont la minéralisation est ralentie. Ainsi, en milieu riche en calcium notamment en calcaire, il se forme le plus souvent des Mull calciques, à bonne structure, à horizon A1 épais et très bien humifié.

D.2. La matière première

Il s'agit de la matière organique fraiche qui retourne au sol et qui est liée étroitement à la végétation. Parmi les propriétés de la matière organique fraiche, trois (3) paraissent jouer un rôle essentiel: la teneur en azote, la teneur en matière hydrosoluble et enfin la teneur en bases. Schématiquement, les tissus jeunes, faiblement lignifiés, sont riches en azote, en matière organique soluble et en cendres, ils tendent à se décomposer rapidement. Alors que les tissus âgés, très lignifiés sont pauvres en tous ces éléments et tendent à se décomposer lentement. En réalité les faits sont plus complexes: si la teneur en azote et en matière hydrosoluble des débris végétaux dépend surtout des espèces végétales qui couvrent le sol, par contre leur teneur en calcium et en bases résulte de l'interaction végétation -milieu.

1°. Facteurs dépendant des espèces végétales.

a) La teneur en azote des feuilles

Les espèces végétales dont les feuilles sont caractérisées par un rapport C/N bas, sont dites "**améliorantes**", elles donnent une litière se décomposant rapidement, par opposition aux espèces dont les feuilles sont pauvres en azote (le rapport C/N élevé) qui sont dites "**acidifiantes**" et tendance à former un Moder et un Mor.

b) La teneur globale en matières hydrosolubles

Plus il y a de la matière hydrosoluble, plus florissante est la vie microbienne (la matière hydrosoluble favorise la vie microbienne) donc la vitesse de minéralisation. Les matières hydrosolubles agissent quantitativement et aussi qualitativement en fonction de la teneur en composés tanniques susceptibles de former des complexes polyphénols-protéines, et de la nature de ces complexes, qui sont plus ou moins résistants à la décomposition microbienne.

2°. Facteurs résultant de l'interaction végétale-milieu.

La teneur en cendres et notamment en cations basiques (Calcium, Magnésium, Potassium) des débris végétaux, la litière, joue un rôle important dans l'évolution de l'humus. Ces éléments sont libérés par la minéralisation et ils prennent la forme échangeable. Ils participent au cycle biologique des éléments nutritifs, du sol et de la plante, avec retour au sol par la litière.

La teneur en azote des débris est relativement indépendante des conditions de la nutrition azotée, il n'en est pas de même de la teneur en bases des tissus qui varie très largement en liaison avec la richesse de la roche mère. Il existe cependant une consommation de luxe des bases lorsqu'elles sont présentes dans le sol en grande abondance.

La teneur en bases des débris végétaux dépend en grande partie de l'espèce: les feuilles des arbres feuillus sont plus riches en général que celles des résineux. Les graminées donnent de débris plus riches en bases que les arbres. Et, pour une même espèce, il existe souvent des variations considérables de la teneur en calcium en fonction du **substratum** ou sustrat prental.

La roche-mère agit de deux manières pour saturer les acides organiques et les acides humiques: elle agit directement ou indirectement par le jeu du cycle biologique qui ramène en surface par la litière une quantité plus ou moins grande: en ce qui concerne cet élément important, c'est donc la roche-mère qui joue, dans l'immédiat, le rôle principal.

3°. Conclusion.

Les deux facteurs: la végétation et la station, jouent leur rôle, mais leur importance relative dépend de la durée de l'action de la végétation. Il y a donc lieu de distinguer son action à court terme et de son action à long terme.

a) Action à court terme: le milieu et la station paraissent l'emporter dans une certaine mesure; **les espèces acidifiantes donnent un mull assez actif** lorsqu'on les cultive sur un milieu très favorable à l'activité biologique. Cependant **les espèces riches en azote ne donnent jamais naissance à un Mor**, même si elles poussent sur un milieu très acide, défavorable; c'est le cas des graminées.

b) Action à long terme: l'action de la végétation installée depuis très longtemps joue un rôle décisif. Elle l'emporte sur les conditions locales de la station, notamment sur la richesse en base de la roche-mère: celle-ci ne joue qu'un rôle secondaire dans l'orientation de l'évolution de l'humus vers un mull ou un Mor.

E. Composition et propriétés de l'humus

Les composés humiques plus ou moins polymérisés sont construits aux dépens des unités structurales élémentaires qui sont formées d'un noyau sphérique aromatique (phénolique ou quinonique) et de chaines périphériques aliphatiques (uroniques, saccharides, acides amines).

- Dans les acides fulviques, le noyau aromatique est peu important par rapport aux chaines aliphatiques.
- Dans les acides humiques, c'est l'inverse, la grosseur du noyau aromatique augmente corrélativement des formes les plus mobiles et les moins polymérisées (bruns) vers les plus condensées (gris).

Les acides fluviques sont rendus insolubles dans l'eau par la présence de Fer et d'Aluminium complexés.

Les acides humiques se subdivisent en deux grands groupes:

- Les acides humiques bruns: - couleur claire, peu polymérisée, assez mobiles dans le sol, - faiblement liés aux argiles, - floculent légèrement par le Calcium.

Ces acides sont abondants dans les Moder, les humus peu évolués, les Mull forestiers.

- Les acides humiques gris: - plus foncées, - fortement polymérisés, - liés intimement aux argiles, - floculent très rapidement par le Calcium.

Ces acides forment un complexe argilo-humique très stable; ils dominent dans les rendzines et les chernozens.

3.2. CLASSIFICATION DES HUMUS

A. Bases de la classification

La classification des humus est basée avant tout sur la morphologie des horizons humifères qui est la résultante des deux processus fondamentaux de l'évolution de la matière organique à savoir: **la minéralisation et l'humification**.

La nature des produits formés, le degré de leur liaison avec la matière minérale, conditionnant la structure macroscopique et même microstructure, sont également des éléments importants de cette classification.

Les types fondamentaux d'humus sont: **Mull, Moder, Mor, Anmoor et Tourbe**. On peut les définir d'une part morphologiquement, d'après le degré de mélange de la matière organique et de la matière minérale, d'autre part biologiquement, par l'action des organismes qui président à leur édification.

1°. Humus formés en milieu aéré.

a) Morphologie et degré de mélange avec la matière minérale
- **Mor:** Incorporation nulle ou très faible de la matière organique à la matière minérale. Ao très net et épais.
- **Moder:** Incorporation incomplète: séparation peu nette entre A0 et A1, pas de formation d'un complexe argilo-humique; microstructure à base de micro-agrégats organiques, juxtaposes aux particules minérales.
- **Mull:** Incorporation totale, avec formation d'un complexe argilo-humique. Pas de A0; microstructure à base d'agrégats argilo-humique de 0,1 a 1mm.

b) Biochimie
- **Mor** : Transformation très faible des débris. végétaux, effectuée surtout par les champignons, spécialement les myxomycètes.
- **Moder**: Transformation biologique forte, sous l'influence des arthropodes (associes a des champignons et des bactéries).
- **Mull** : Transformation biologique forte, sous l'influence des lombrics (associes aux bactéries), formation d'un complexe argilo humique.

2° Humus formés en anaérobiose.

a) Morphologie et degré de mélange avec la matière minérale.
- **Tourbe :** Incorporation nulle ou faible de la matière organique à la matière minérale, structure fibreuse.
- **Anmoor :** Incorporation totale, du moins effective sur 10 à 20 cm, structure massive.

b) Biochimie.
- **Tourbe :** Transformation biochimique très faible
- **Anmoor:** Transformation biochimique forte sous l'action alternante d'organismes aérobies et anaérobies: humification très poussée.

B. Types d'Humus
Deux grandes catégories d'humus, suivant qu'ils se forment en milieu aéré (aérobiose) ou en milieu mal aéré par suite d'une saturation par l'eau permanente ou temporaire (anaérobiose).
1° Aérobiose (Sols bien draines)
a) Mull Calcique.
C'est un humus sature en bases, forme en milieu biologiquement très actif : soit en climat tempéré sur roche-mère calcaire, soit en climat subaride, sous une végétation de steppe. La décomposition des débris des végétaux est rapide et l'horizon A0 est presque inexistant; par contre l'horizon Al est très épais (10 cm a 60 cm), et de couleur foncée; la structure aérée en gros grumeau est très stable. Le pH des mull calcique est égal ou supérieur à 7; le rapport C/N est de l'ordre de 10 en A1; l'humification est très variable: elle comporte toujours une proportion plus ou moins importante d'acides humiques gris fortement polymérisés, intimement liés aux argiles, qui protègent l'humus contre la décomposition bactérienne.
b) Mull Forestier.
Il est exclusivement forestier; il diffère du précédent par son taux de saturation plus faible (50 à 60%), son pH acide (voisin de 5,5), son humification moins poussée caractérisée par une dominance presque exclusive d'acides humiques bruns; le rapport C/N est compris entre 10 et 20; la microstructure est constituée par des agrégats de 100μ à 1mm souvent édifiés en grumeaux composés de plus de 1mm.

c) Moder.
A la différence des mull, le moder comporte un horizon A0 mince de 2 à 3 cm, passant sans limite nette à un horizon A1 assez épais, de couleur foncée, à structure particulaire ou massive. La microstructure montre l'absence d'un véritable complexe argilo-humique) de petits excréments d'arthropodes en boulettes (25 à 60 μ) se juxtaposent aux particules minérales; il n'y a jamais de structure composée. L'humification est souvent plus poussée que celle des mull en A1, surtout pour les moder de montagne; mais, ce sont les acides humiques bruns peu polymérisés qui l'emportent de beaucoup. Le rapport C/N de moder est de l'ordre de 15 à 25, le pH étant variable selon les types.
d) Mor (humus brut)
Cet humus, typique des milieux biologiquement actifs, est essentiellement caractérisé par la lenteur de la minéralisation de la matière organique fraiche, qui édifie une couche brune ou noire, à

structure encore organisée au-dessus du sol minéral: c'est l'horizon A0 épais, à la limite inferieure tranchée; cet horizon se subdivise en trois couches : L, F et H. Litière (L), couche de fermentation intermédiaire (F), et couche humifiée d'humus fine non structurée (H). L'importance relative de chacune de ces trois couches est très variable suivant le sous type de mor.

L'humification est aussi très lente: si de nombreux produits organiques solubles (acides organiques, polyphénols) prennent naissance, ils ne se polymérisent pas.

La minéralisation des humus est lente et libère très peu d'azote ammoniacal; le rapport C/N est toujours supérieur à 20 dans l'horizon A0. Suivant la valeur de ce rapport on distingue les mor actifs (C/N<30) et les mor inactifs (C/N>30).

La forte acidité et le faible taux de saturation (inferieure a 10% caractérisent la plupart des mor).

*2°. **Anaérobiose : Les tourbes et les humus hydromorphes***

Les tourbes prennent naissance en milieu mal aéré, saturé d'eau de façon presque permanente, en toute saison. Peu d'organismes peuvent vivre dans ce milieu, de sorte que la décomposition et l'humification de la matière organique sont très lentes: celle-ci s'accumule en couches épaisses constamment imbibées d'eau, et constitués surtout de débris peu transformés et de produits intermédiaires, notamment de la lignine libérée par destruction de la cellulose.

a) Tourbe calcique.

Elle caractérise les bas-fonds à nappe permanente, ne s'abaissant pas en dessous de 50 cm de profondeur environ pendant l'été, sur un substratum calcaire (alluvions récentes surtout); elle se forme dans les tourbières infra-aquatiques à Roseaux. La cellulose et les hémicelluloses, décomposés en produits solubles ou gazeux par les bactéries anaérobies, disparaissent presque entièrement. Par centre, les complexes résiduels à base de lignine inattaquée s'accumulent; la tourbe neutre est constituée pour 70 à 75%, par ces complexes résiduels, presque totalement inertes; ils sont saturés en calcium. Le taux de cendres est très élevé et de l'ordre de 14 à 15%. Ce type de tourbe est assez riche en azote et le rapport C/N est inferieur à 30.

b) Tourbe acide.

Elle se forme dans les eaux pauvres en ion calcium, généralement d'origine atmosphérique. Ces eaux s'accumulent dans des cuvettes, sur substratum imperméable, ou elles donnent naissance à des tourbières supra-aquatiques; ou tourbières, hautes, de préférence lorsque le climat est froid et humide (montagne). La végétation caractéristique est à base de Mousses. Les acides humiques étant en grande partie dénaturées, le taux de cendres est faible et, il ne dépasse pas 2 à 3 %. La tourbe acide est donc un combustible très supérieur à la tourbe neutre. La teneur en azote est très faible et le rapport C/N est de l'ordre de 40.

c) Anmoor

Lorsque le sol est temporairement sature d'eau, ou que la nappe phréatique subit des oscillations assez importantes, on trouve des types d'humus intermédiaires.

L'Anmoor, terme qu'il ne faut pas confondre avec mor, caractérise certains sols à Gley, donc à nappe peu profonde, mais peut s'abaisser notablement en saison sèche; l'anmoor, quoique presque constamment sature d'eau, s'assèche à certaines périodes. Le Tableau 2 expose la classification d'humus suivant l'activité biologique décroissant et l'hydromorphie croissant.

Tableau 2. SCHEMA DE LA CLASSIFICATION DES HUMUS

Degré d'incorporation de la matière organique et fraction minérale	Milieu aéré	Milieu ± aéré	Milieu temporairement saturé d'eau (nappe fluctuante)	Milieu saturé en permanence (nappe superficielle)
Humus incorporé Complexe argilo humique	Mull	Hydro-mull	-	-
Mélange incomplet Pas de complexe argilohumique	Moder	Hydro -moder	Anmoor	-
Humus superposé Horizon Ao épais	Mor	Hydroanmoor		Tourbe

Hydromorphie croissante

*Activité biologique, décroissante

3.3. CARACTERISTIQUES BIOCHIMIQUES DE L'HUMUS

3.3.1. LE RAPPORT C/N :

Au cours de la décomposition, les matières organiques perdent davantage de carbone (qui s'échappe sous forme de CO_2 suite à la décomposition de ces matières) que d'azote, dont une partie importante est réincorporée dans les molécules d'humus. Le rapport C/N (horizon A) tend donc à baisser jusqu'à une valeur caractéristique du type d'humus formé:

- **C/N de l'ordre de 10 à 15 pour les humus du type mull** ;
- **C/N de l'ordre de 15 à 25 pour les humus du type moder** ;
- **C/N supérieur à 25 pour les humus de type mor.**

En fait, cette baisse varie selon les végétaux humifiés :

- **les débris végétaux riches en azote** (feuilles d'espèces telles qu'aulnes, frênes, légumineuses.) libèrent autant d'azote que de carbone. Le C/N baisse peu, passant par exemple de 15-20 dans OL à 10-15 dans l'horizon A;
- **les débris végétaux à** C/N **plus élevé comme les pailles** (C/N supérieur à 50) libèrent beaucoup plus de carbone que d'azote. Le C/N s'abaisse beaucoup plus, passant de 50 à 10-15 ;
- **les débris végétaux à C/N très élevé comme les résineux et bruyères** (C/N supérieur à 80, végétaux dits « acidifiants ») ont une décomposition très lente. Ils perdent évidemment plus de carbone que d'azote, et le peu d'azote qu'ils possèdent est perdu par lessivage. Ils produisent donc un humus à C/N plus élevé, supérieur à 25.

La nitrification en forêt est en rapport assez étroit avec le rapport C/N des horizons O et A. Un rapport C/N bas de l'ensemble des horizons humifères traduit à la fois une évolution rapide de la matière végétale tombée au sol, donc un retour rapide des éléments nutritifs aux horizons prospectés par les racines et de bonnes possibilités d'alimentation azotée. Pour des essences exigeantes en azote nitrique telles que le frêne ou le peuplier, on considère que la nutrition azotée est correcte pour des C/N inferieurs à 15-20 en A.

3.3.2. LA CAPACITE D'ECHANGE CATIONIQUE (C.E.C) ET LE DEGRE DE SATURATION (V)

Tout comme l'acidité, la C.E.C. augmente progressivement au cours des processus d'humification, ce qui fait que ce facteur constitue un bon indice de l'état de décomposition. On trouve dans la litterature des valeurs se rapportant à des matériaux à divers états d'évolution (Tableau 3):

Tableau 3. Capacité d'échange cationique en fonction de nature de matériaux

NATURE DES MATERIAUX	C.E.C (méq/100 gr)
aiguilles d'epicea	14
résidus végétaux en décomposition (horizons O de pessière)	80
acides fulviques	300
acides humiques	350 à 600

Cette évolution est mise en évidence par l'étude détaillée des horizons O des Moder et dysmoder. Nous savons déjà que dans ces formes d'humus, l'incorporation des substances humifiées au substrat minéral est très limite. Dans les mull, par contre, l'incorporation est (quasi)-complète et, de plus, il se forme des complexes argilo-humiques, bloquant des sites d'échanges. C'est pourquoi, au niveau des horizons Ah, on y observe une diminution de la C.E.C. Le tableau 4 illustre bien cet ensemble de faits.

Tableau 4. Evolution de de la CEC en fonction des horizons du sol et le types d'humus

HORIZON	Mull	Mull dystrophe	Moder	Dysmoder
OL	----------------	84,1	83,1	88,9
OF	80,0	84,7	95,7	112,8
OR	---------	------------------	-----------------	124,4
Ah	34,1	41,2	78,0	66,8
A (ou Ah2 de moder)	16,8	23,3	34,3	28,3

Si la C.E.C. est moins élevée dans les mull, il en est de même pour l'acidité. D'autre part, les horizons humifères des sols à mull se montrent chimiquement plus riches que ceux des moder et des mor. L'influence combinée de ces divers facteurs se marque par une diminution du degré de saturation (V % = 100 x S / C.E.C.) dans le sens mull-mor. Duchaufour (1988) cite les valeurs suivantes (Tableau 5):

Tableau 5. Variation de dégré de saturation en fonction d'humus formé

HUMUS	V%
Mull calcique	≡100 %
Mull	20 à 60 %
Moder	10 à 20 %
Mor	moins de 10 %

3.3.3. LES MECANISMES BIOCHIMIQUES DE LA FORMATION DE L'HUMUS :

L'humification est un ensemble de synthèses faisant suite à la décomposition des matières organiques végétales. Le processus de décomposition consistant en la simplification des molécules (bioréduction), les processus d'humification présentent des caractères nettement différents :

- ils consistent en une construction de nouvelles molécules de plus en plus grosses (ou polymérisées) à partir des molécules plus ou moins simplifiées obtenues par la décomposition des matières végétales.
- ils ne sont pas dus uniquement à l'activité biologique : des agents physiques et des réactions chimiques en sont également responsables.

Il existe trois grandes voies de l'humification : insolubilisation, héritage et néosynthèse microbienne (figure 12).

a) La voie de l'insolubilisation :

Les composés phénoliques solubles sont capables de s'associer pour former des acides créniques et hymatomélaniques, ainsi que des acides fulviques. La polycondensation (ou polymérisation) se poursuivant (figure 11 ci-dessous), les acides fulviques donneront naissance aux acides humiques et enfin à l'humine d'insolubilisation. Cette polycondensation se caractérise par plusieurs phénomènes:

- augmentation de la taille du noyau aromatique (ou nucléus) ;
- augmentation du poids moléculaire et diminution de la solubilité;
- liaison de plus en plus forte avec la matière minérale. L'humine est très difficile à se dissocier de l'argile, formant avec elle un « complexe argilo-humique » très stable. La Figure 11 présente la polycondensation : des acides créniques à l'humine.

b) La voie de l'héritage :

Chaque fois que la décomposition de la lignine est bloquée par une cause quelconque, ses molécules peu transformées se lient plus ou moins à la matière minérale pour donner une humine insoluble que l'on appelle humine résiduelle ou humine héritée. Ce blocage pourrait provenir :

- soit d'un excès d'acidité ;
- soit au contraire d'un excès de calcaire actif, celui-ci formant autour de la lignine à demi décomposée une « carapace » calcaire.

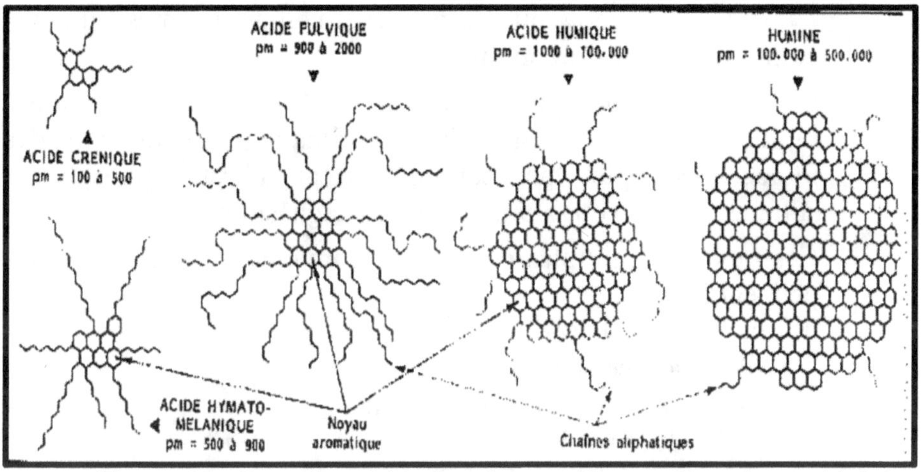

Figure 11 : La polymérisation des matières préhumiques (tiré de Soltner D. ,1992)

c) La voie de la néosynthèse microbienne :

Certains micro-organismes ont la possibilité de reprendre des molécules simples issues de la minéralisation primaire, pour synthétiser leur propre substance. A leur mort, les polysaccharides issus de leur biodégradation peuvent se lier à la matière minérale pour former de l'humine de néosynthèse microbienne. Mais en fait les micro-organismes agissent à plusieurs niveaux de l'humification :

- ils synthétisent l'humine microbienne. Celle-ci représente dans les sols à la fois aérés et recevant beaucoup de résidus organiques riches en cellulose, jusqu'à 10 % de l'humine totale. Une humine en longues chaines plutôt qu'en grosses molécules rondes. De ce fait, cette humine microbienne a des propriétés agglutinantes très supérieures, d'où son rôle sur la stabilité de la structure. Mais elle disparait plus rapidement que les autres humines et doit donc être souvent remplacée.

- ils synthétisent aussi quelques composés phénoliques solubles, qui par polycondensation donnent des acides humiques.
- ils fournissent enfin des chaines aliphatiques qui s'accrochent aux noyaux aromatiques des acides fulviques et humiques.

Ces synthèses d'humus par voie microbienne se font surtout à partir des sucres, de la cellulose et des matières azotées. Ainsi, le cycle de l'humus présenté à la Figure 12 (Soltner, 1992) peut être expliqué comme suit :

1. Les matières organiques fraiches s'incorporent au sol, par le travail de l'homme et l'action des vers de terre. Il s'agit de feuilles, résidus de cultures, racines, microorganismes, fumiers, composts, engrais organiques.
2. La plus grande partie (environ 90 %) se décompose rapidement : c'est la minéralisation primaire (M1) qui donne des molécules simples (gaz carbonique, eau, nitrates, phosphates, sulfates, …, de potassium, calcium, magnésium, etc.
3. Ces molécules simples peuvent prendre cinq destinations. Elles peuvent être :
   a) Perdues dans l'atmosphère,
   b) Absorbées par la plante,
   c) Fixées par l'argile et l'humus,
   d) Perdues par lessivage,
   e) Ou reprises par des microorganismes
4. Les constituants végétaux à base de lignine, plus difficillement décomposés, donnent : des composés phénoliques solubles et des résidus peu transformés.
5. Les résidus peu transformés se mélangent plus ou moins aux matières minérales, notamment par brassage dans les tubes digestifs des vers de terre. Ils donnent alors l'humine RESIDUELLE ou « HERITEE » : c'est l'humine par HERITAGE.
6. Les composés phénoliques solubles subissent une série d'oxydationnet de condensation (on dit encore POLIMERISATION), donnant des molécules de plus en plus grosses, d'abord solubles (acides créniques, acides fulviques), puis insolubles (acides humiques, humine). Le terminus est une sorte de pâte insoluble, l'humine d'INSOLUBILISATION : c'est l'humification par INSOLUBILISATION.

7. Une partie des molécules simples issues de la M1 est reprise par les microorganismes, qui les utilisent comme aliments (immobilisation et réorganisation). A leur mort, il reste des substances fortement liées aux matières minérales, et insolubles : l'humine de NEO-SYNTHESE MICROBIENNE. C'est l'humification par NEOSYNTHESE MICROBIENNE. L'ensembe de ces trois humines : **résiduelle, d'insolubilisation et de néosynthèse microbienne**, forme la partie la plus insoluble et la plus stable de l'humus : l'HUMINE.
8. Mais STABLE ne veut pas dire INATTAQUABLE. Sous l'effet d'autres microorganismes (spécialistes), l'ensemble des composés de l'humus est plus ou moins rapidement attaqué et finit par repasser à l'état de molécules simples qui sont elles aussi :
    - Perdues dans l'atmosphère,
    - Absorbées par les plantes,
    - Fixées par l'argile et l'humus,
    - Ou perdues par lessivage.

C'est la MINERALISATION SECONDAIRE (M2).

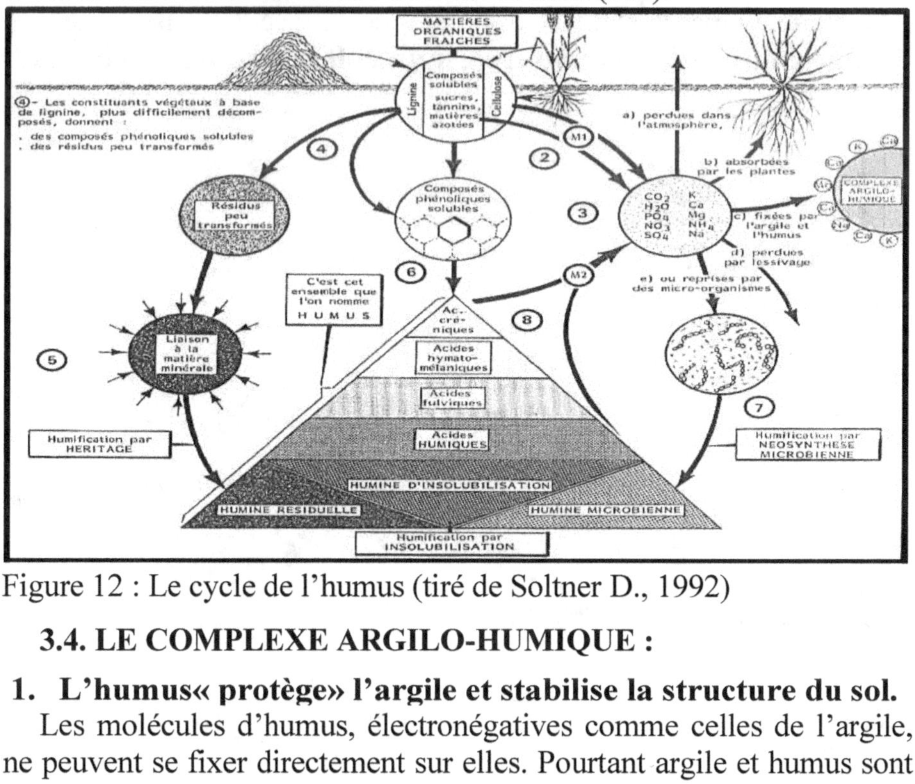

Figure 12 : Le cycle de l'humus (tiré de Soltner D., 1992)

3.4. LE COMPLEXE ARGILO-HUMIQUE :

1. L'humus« protège» l'argile et stabilise la structure du sol.

Les molécules d'humus, électronégatives comme celles de l'argile, ne peuvent se fixer directement sur elles. Pourtant argile et humus sont associés en un complexe, cette liaison étant rendue possible par trois procédés (Figure 13) :

- par l'intermédiaire des ions Ca^{++} formant un« pont» entre l'argile et l'humus. Ce mode de fixation, particulièrement énergique, explique la stabilité (c'est-à-dire la résistance à la dispersion par l'eau, et à la destruction de l'humus par minéralisation) des agrégats formés en sol calcaire ;
- par l'intérimaire du fer (Fe^{3+}), ce mode de liaison caractérisant les BRUNISOLS (« sols bruns»). Cette liaison est cependant moins stable que celle qu'assure le calcium.
- par fixation directe de l'humus sur certaines charges positives de l'argile : les charges dues par exemple à l'échange des ions OH^- fixés sur les Al^{3+} des feuillets d'argile.

Dans cette association argile-humus, les molécules d'humus forment autour des micelles d'argile une enveloppe protectrice.

La couche d'eau qui les entoure tend alors à s'opposer à la floculation de l'ensemble. Mais inversement, lorsque le complexe argilo-humique est floculé, l'humus s'oppose à toute nouvelle dispersion de l'argile, qui serait provoquée par exemple par un excès d'humidité, ou par la battance des pluies en surface: **l'humus protège l'argile contre la dispersion, c'est un colloïde stabilisateur.**

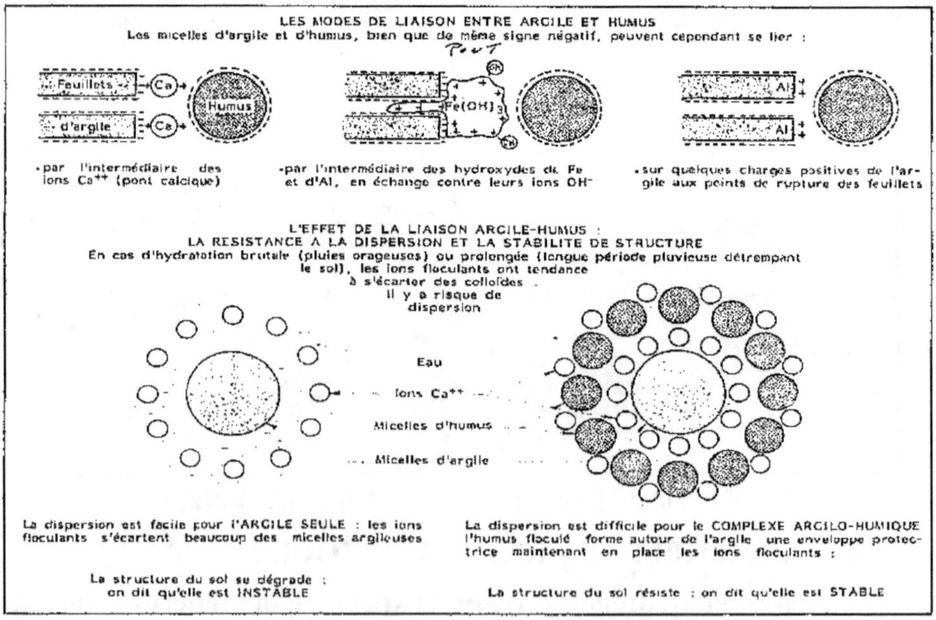

Figure 13 : Les modes de liaison entre argile et humus (tiré de Soltner D. ,1992)

On dit encore que l'humus stabilise la structure, c'est-à-dire qu'il forme avec l'argile un «ciment» qui permet la construction d'agrégats solides, résistant à la dégradation par l'eau.

2. **L'argile favorise l'humification et ralentit la destruction de l'humus.**

En contrepartie, l'argile protège l'humus contre l'attaque microbienne. On remarque en effet qu'en sol suffisamment argileux et bien pourvu en calcium, l'humification est favorisée par la liaison à l'argile, liaison réalisée notamment par les vers de terre, et la minéralisation de cet humus est freinée (**acides humiques gris**).

En sol sableux et pauvre en calcium au contraire, l'humus est souvent constitué de composés solubles (surtout acides fulviques peu polymérises) donc dépourvus de propriétés colloïdales intéressantes, faute de liaison avec l'argile. Si le sol est bien pourvu en calcium, les acides humiques qui se forment disparaissent vite faute de liaison à l'argile.

3. **La stabilisation de l'humus par les ions du sol:**

a) **Le fer**: le plus souvent sous forme d'ions ferriques $Fe(OH)_2^+$ ou $Fe(OH)^{++}$, libres ou associés aux feuillets d'argile, exerce sur l'humification une double action (figure 14) :

- **il insolubilise les composés phénoliques solubles** (encore appelés « précurseurs humiques ») et favorise leur polymerisation. **En présence d'ions ferriques abondants** (grès ou schistes ferrugineux), l'humification par insolubilisation est active: il se forme des acides humiques et de l'humine d'insolubilisation. Au contraire, en sols pauvres en fer (sables quartzeux par exemple), les composés phénoliques solubles ne peuvent s'insolubiliser et se polymériser. Ils migrent en profondeur.
- **il sert de« pont» (pont ferrique) entre l'argile et l'humus**. On dit encore qu'il tient lieu de « **cation de liaison**» pour former le complexe argilo-humique. Mais la stabilisation du fer n'est pas trop énergique : les acides humiques (surtout bruns) et l'humine d'insolubilisation formés en milieu riche en fer sont facilement biodégradables. L'humus est stabilisé mais non bloqué. Nous en verrons plus loin les intéressantes conséquences agronomiques.

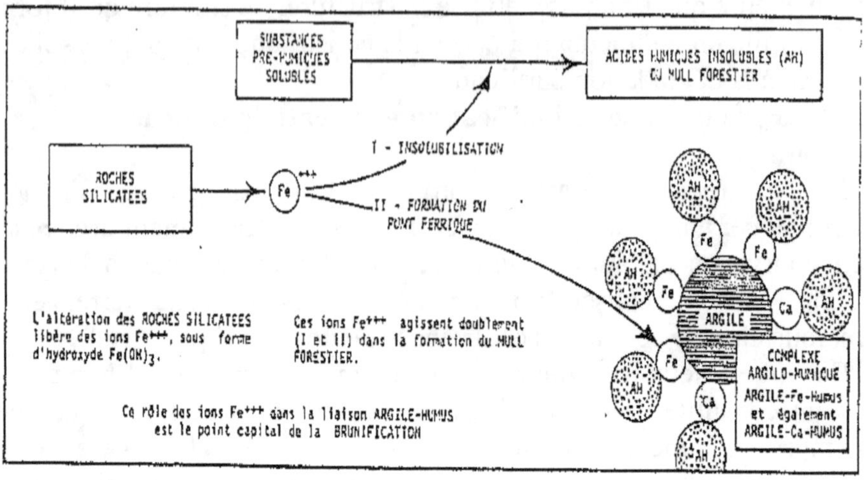

Figure 14: Le rôle du fer: ponts ferriques (tiré de Soltner D. ,1992)

b) **L'aluminium** : sous forme d'hydroxyde $Al(OH)_3$ et d'ions alumineux $Al(OH)_2^+$ ou $Al(OH)^{++}$, il se comporte vis-à-vis des composés humiques de la même manière que les ions Fe. Mais lorsque l'alumine se trouve à l'état de gels amorphes libérés en grande quantité par la décomposition des laves et cendres volcaniques (gels appelés allophanes), cette alumine se comporte comme un stabilisant puissant; les acides fulviques et humiques sont tellement enrobés d'alumine qu'ils deviennent inattaquables par les microbes et s'accumulent.

c) **Le calcium**: intervient différemment selon sa quantité dans le sol:

En **quantité modérée, les ions Ca agissent comme le fer:** ils participent à l'insolubilisation et à la polymérisation des « **précurseurs humiques** », et servent de cations de liaison entre l'argile et l'humus : c'est le« **pont calcique»** indispensable à la constitution du complexe argilo-humique.

Mais tout change en présence de quantités abondantes de calcaire actif :

- les ions Ca^{++} surabondants précipitent les acides fulviques en **fulvates et humâtes** calciques, **très résistants à la biodégradation;**
- le bicarbonate de Ca, $Ca(HCO_3)_2$ se recristallise en carbonate de calcium $CaCO_3$ (cristaux de calcite) autour de l'humus formé et des résidus de lignine peu transformée, formant autour de cet

humus une gangue calcaire spectaculaire lorsqu'on l'observe au microscope électronique. Cette gangue limite aussi la biodégradation de l'humus, qui s'accumule.

3.5. FONCTIONNEMENT BIOLOGIQUE DES HUMUS ET CYCLES BIOGEOCHIMIQUES:

3.5.1. MULL:

Les eumulls sont des humus à forte activité de vers de terre assurant une incorporation rapide et profonde de la matière organique aux horizons minéraux et sa complexassions avec les argiles. L'horizon A est biomacrostructuré : la structure est d'origine biologique, due principalement à l'activité des vers de terre. Les humines intervenant majoritairement dans le CAH sont l'humine microbienne et l'humine organo-argilique (fabriquée lors de la digestion des vers de terre).

Dans les oligomulls et les dysmulls, cette activité des vers, plus faible ou presque nulle, est accompagnée d'une forte activité de pourritures blanches entrainant la présence d'horizons OLv, voire OF. Lorsque l'activité des vers de terre est très faible, relayée par une forte activité mycolytique (champignons de pourriture blanche), il n'y a pas de macro-structuration biologique : la structure, microgrumeleuse, résulte de précipitations physico-chimiques (l'humine d'insolubilisation devient majoritaire dans les complexes humiques).

Le taux de minéralisation est important et augmente des formes oligomull vers les formes eumull. La disponibilité en azote et autres éléments (cations, phosphore) est bonne (sauf pour les types d'humus carbonatés). Il n'y a pas de problèmes de toxicité aluminique.

a) Eumull (eu = bien) :

On y observe une disparition totale et rapide des matières organiques fraiches (OL peut être sporadique, ou même quasi-absent en fin de printemps). L'activité des vers de terre aneciques[1] est très forte,

---

[1] En fonction, notamment de leur statut écologique, les lombricidés sont repartis en trois catégories: les anéciques, les endogés et les épigés. Chacune de ces catégories a aussi des caractères morphologiques et physiologiques distincts, mais dans un but de c1arete, ne seront développées ici que les différences écologiques.

1. LES ANECIQUES sont de gros vers de terre creusant des galeries subverticales parfois profondes de deux mètres. Ils se nourrissent la nuit, en surface, de matières organiques (litière), qu'ils mélangent à la terre, prise en profondeur, que contient leur tube digestif. Dans les sols fertiles de l'Europe tempérée, ils sont dominants. Ils sont responsables des tortillons de terre qui sont déposés à la surface et favorisent grandement les qualités biologiques d'un sol (meilleure infiltration de l'eau,

l'incorporation de la matière organique importante, les composés d'insolubilisation et les complexes argilo-humiques très bien développés.

Le pH est généralement élevé (supérieur à 6) et le taux de saturation souvent supérieur à 75 %. Mais ces deux derniers caractères ne sont pas obligatoires : il existe des eumulls désaturés (d'où l'importance du diagnostic des horizons).

Sauf pour les eumulls carbonatés, le taux de minéralisation de l'azote est élevé et assure une forte disponibilité en cet élément. Dans le cas des eumulls carbonatés à horizon Ah noir et épais, on note, malgré une forte activité biologique, que la minéralisation secondaire est bloquée et que la matière organique humique s'accumule. De plus, la quantité d'éléments libérés est proportionnellement très faible.

b) Mésomull (méso=moyen) :

Mull à morphologie et vitesse de disparition des matières organiques fraiches intermédiaires entre eumull et oligomull.

L'horizon **OL est toujours présent**, en toutes saisons, jamais très épais ; OLn est continu ; OLv est sporadique et peu épais. L'activité des vers anéciques est ralentie dans des conditions de milieu un peu moins favorables. L'horizon A est moins épais (quelques cm) à structuration moins stable que dans l'eumull.

Le pH de l'horizon A est fréquemment compris entre 5 et 6, le rapport S/T entre 30 et 70 %, mais ce caractère n'est pas obligatoire.

---

aération, recyclage des matières organiques mortes, bonne stabilité et structure des sols, lutte contre le tassement, activation de la microflore, ...). Les vers anéciques ont une importance écologique énorme : c'est le seul groupe qui assure le mélange et les liens entre la matière inorganique et la matière organique.

2. Les ENDOGES se nourrissent surtout des divers débris organiques se trouvant dans le sol. Leur reproduction est souvent modeste. Ceci s'explique peut-être par le fait que, sous terre, ils sont à l'abri des prédateurs. Ils jouent un rôle complémentaire à celui des anéciques dans la fertilité biologique des sols. Les membres de ce groupe restent en permanence dans le sol, dans des galeries essentiellement horizontales.

3. LES EPIGES vivent à la surface du sol, dans des accumulations de matières organiques (litières, fèces de bétail) et sous l'écorce des arbres. Leur taille est petite et leur croissance rap ide. Ils se reproduisent beaucoup, peut-être parce qu'ils sont la proie de nombreux prédateurs (taupe, limaces à coquilles, merles, hérissons, Cormeilles, pies, rouge-gorge, ...).

Les membres de ce dernier groupe sont incapables de creuser la terre. Ils sont le plus souvent très colorés : rouges, rouge-vineux ou roses.

c) **Oligomull (oligo = peu) :**

Mull à disparition lente des litières, fonctionnement biologique ralenti. L'horizon OL est continu ; OLv est très bien developpé et présente une activité nette des pourritures blanches. L'horizon A est peu épais et peu humifère, sa structure est faiblement grumeleuse, très fine dans l'oligomull mycogène à horizon A d'insolubilisation (agrégats de un à quelques mm).

Exemple : oligomull mycogène desaturé acide : fréquent dans les hêtraies lorraines : pH inférieur à 5, rapport S/T inférieur à 30 %.

d) **Dysmull (dys = difficulté, mauvais état) :**

Mull à fonctionnement biologique très ralenti. On y observe un OF qui indique que le fonctionnement biologique des horizons holorganiques est proche de celui des moders, mais celui de l'horizon A est encore celui d'un mull.

3.5.2. MODER:

Les MODER sont caractérisés morphologiquement par la présence des horizons OL, OF et OH. Le passage est très progressif entre les horizons OH et A: sur le terrain, la limite entre OH et A est souvent difficile à situer (d'où la possibilité de nommer la partie de OH en transition vers A en utilisant le terme OAh). La destruction des litières est due principalement, en l'absence des vers de terre anéciques, à la mésofaune (larve de diptères, vers enchytraeides, arthropodes) et à la macrofaune de surface (isopodes, diplopodes, lombrics épigés, mollusques).

L'activité des vers de terre est très faible à nulle. Transformation et incorporation sont donc faibles. L'activité des pourritures blanches peut encore être sensible.

Il n'y a pas d'humine d'insolubilisation (le milieu ne permet pas l'insolubilisation des composés phénoliques solubles), ni d'humine organo-argilique ; l'humine microbienne est peu abondante. Par contre, la matière organique est sous forme **d'humine héritée** majoritaire, sous forme de boulettes fécales (digestion quasi nulle des pigments bruns par la faune du sol).

L'horizon A est un horizon A de juxtaposition c'est-à-dire qu'il n'y a pas (ou presque) de liaison matière organique-matière minérale (pas ou peu de CAH) : la matière organique humifiée est sous forme de boulettes fécales (couleur brune) de la mésofaune juxtaposées aux particules minérales. Lorsque l'horizon A comporte une fraction sableuse, on peut apercevoir que la matière organique apparait juxtaposée aux grains de sable nus et brillants.

Les MODER se développent lorsque les conditions écologiques sont défavorables à l'activité des vers de terre anéciques :

- pH bas (inférieur à 5) associé quelques fois à des textures défavorables (sableuses) ou à résidus végétaux à fort rapport C/N ;
- température basse (montagne, zone boréale) ;
- sécheresse;
- asphyxie (hydromorphie).

Les MODER présentent généralement des **pH très acides (inférieur à 4,5)**, les **rapports C/N sont élevés** (18 à 25 en A, jusqu'à 30 en OH) et le **taux de minéralisation est assez faible (donc faible disponibilité en éléments minéraux (azote, cations))**. Ces derniers sont donc bloqués dans les couches holorganiques. Si le facteur limitant l'activité biologique est l'acidité, il existe des **possibilités de toxicité aluminiques et des blocages du phosphore**. Les moders correspondent, dans ces conditions, à des **niveaux trophiques faibles**. Les principaux types de MODER sont :

a) Hemimoder:

Succession des horizons OL, OF et A. L'horizon OH est peu ou pas développé. Morphologiquement, ce n'est pas un MULL à cause de la présence d'un horizon A de juxtaposition. Par contre l'hemimoder a le fonctionnement biologique d'un MODER.

b) Eumoder:

Succession d'horizon: OL, OF, OH, A. L'horizon OR, toujours présent est mince (moins de un cm), parfois discontinu.

c) Dysmoder:

Succession d'horizon : OL, OF, OH, A. L'horizon OH prend une plus grande importance: il fait plus de un cm.

3.5.3. MOR:

Cette forme d'humus est caractérisée par la succession des horizons OL, OF, OH. La transition est très rapide entre OH et l'horizon minéral sous-jacent. Ce dernier est un horizon ou l'on peut trouver de la matière organique de diffusion. Il est plus ou moins humifère et particulaire. Il peut contenir quelques boulettes fécales correspondant à la consommation de racines par une faune peu active.

Les mors correspondent vraisemblablement à des milieux ou l'activité faunique est beaucoup plus faible que dans les moders, les horizons OF et OH étant en conséquence **plus pauvres en boulettes fécales et au contraire riches en filaments mycéliens et**

résidus transformés. Cette activité faunique est en tout cas spécifique, les échanges entre horizons organiques et minéraux étant quasiment nuls. La transformation de la matière organique est très faible et lente en l'absence d'activité animale notable: **humine héritée dominante,** composés organiques solubles non insolubilisés. L'incorporation de matière organique au sol minéral ne peut se faire que par diffusion de ces composés.

Les mors correspondent à des conditions écologiques très défavorables à toute activité animale:

- très forte acidité du sol associée à la présence de végétaux à résidus difficilement biodégradables ou à secrétions toxiques (certains résineux, Ericacées) ;
- climat limitant l'activité biologique (froid) ;
- Engorgement prolongé (**hydromor**).

Les mors sont des milieux à **très faibles niveaux trophiques : pH très bas** (inférieur ou très inférieur à 4,5) et **taux de minéralisation de l'azote très faible.** De plus, ils constituent un obstacle à l'infiltration de l'eau et sont défavorables à la germination: toxicité et sécheresse.

CHAPITRE 4.

PHYSIQUE DU SOL

4.1. ELEMENTS CONSTITUTIFS DU SOL

Le sol comprend : - des éléments organiques (en mineure partie) et, - des éléments minéraux (en majeure partie).

1. Les éléments organiques ou l'humus (au sens large du terme) comprennent une fraction à structure plus ou moins organisée (type fibreux) et une fraction à l'état très fin "type colloïdal" sans structure nette. Ce sont les composés humiques fabriqués par les micro-organiques du sol, aux dépens des divers débris végétaux et à la suite d'une décomposition lente.
2. Les éléments minéraux qui se subdivisent en deux parties:
   ✓ les fragmants des minéraux non encore altérés qui sont abondants dans la partie grossière du sol (sables et limons) et,
   ✓ les complexes d'altération: ce sont les produits d'altération des minéraux primitifs. Ce complexe constitue la fraction fine du sol, qui est caractérisée principalement par leurs propriétés colloïdales. Conventionnellement, on considère comme **colloïdes minéraux**, toutes les particules de **diamètre inférieur à deux micron** (de diamètre < 2µ), on les appelle globalement "**Argile**".

A. Importance et composition des éléments constitutifs du sol.

Les éléments grossiers (sables, limons) constituent un support inerte. Ils contiennent une réserve minérale non utilisable directement par les plantes. Par contre les colloïdes (argile, matière humique) donnent au sol ses propriétés physico-chimiques propres. Ils absorbent les ions dans la solution du sol; ils constituent le ciment des agrégats du sol, et donnent ainsi au sol une structure bien déterminée.

Par les analyses granulométriques, on sépare les constituants du sol en diverses fractions: **sables** (diamètre >50 µ) ; **limon** (diamètre = 2 – 50 µ), **colloïdes minéraux** ou **argile** (diamètre < 2 µ). Les sables et les limons comprennent : - **des fragments de la roche mère**, du **quartz**, - des **minéraux silicatés inaltérés** (feldspaths, micas, pyroxènes, amphiboles etc.), et des **carbonates**.

B. Propriétés des colloïdes du sol

1°. Les colloïdes sont pourvus de "**charges électriques**"; ces charges conditionnent l'état des colloïdes dans les solutions du sol.

- **à l'état dispersé**: les molécules de même charge se repoussent,
- **à l'état floculé** : les charges sont neutralisées.

2°. Suivant la nature des charges, on distingue deux types de colloïdes du sol:

1. **les colloïdes électropositifs ou basoïdes**: ils sont chargés positivement. Ils se comportent comme des bases faibles; ils dispersent en milieu acide, ils floculent en milieu alcalin, ce sont des hydrates de fer et d'Aluminium (sesquioxydes).
2. **les colloïdes électronégatifs ou acidoïdes**; ils sont chargés négativement, ils ont des propriétés des acides faibles, ils se dispersent en milieu alcalin, ils floculent en milieu acide. **Les colloïdes électronégatifs sont les plus abondants dans le sol.** Ce sont les minéraux argileux et les acides humiques.

3°. D'après leur affinité pour l'eau, on distingue 2 groupes:

1) **les colloïdes hydrophobes** ou **suspensoïdes**: les molécules sont entourées d'une mince couche d'eau. Par exemple: les argiles.
2) **les colloïdes hydrophiles** ou **lyophiles**: les molécules sont entourées d'une épaisse couche d'eau. Par exemple: les acides humiques.

4°. Certains colloïdes du sol sont des "**colloïdes amphotères**" c'est-à-dire qu'ils changent de signe pour un certain pH: appelé **point isoélectrique**. C'est à ce point que les charges électropositives et électronégatives sont équilibrées (c'est une neutralisation électrostatique).

Par exemple: la Kaolinite est un colloïde électronégatif.

- à $pH > 7$, elle se dirige vers l'anode (+) ;
- à $pH = 4$, elle change de signe: c'est le Point Isoélectrique;
- à $pH < 4$, elle se dirige vers la cathode (-).

Le Point Isoélectrique correspond donc au minimum de stabilité des colloïdes, d'ou la tendance à la floculation est maximale.

C. Les argiles.

C.1. Généralités.

Les minéraux argileux proviennent de la décomposition des minéraux primaires des roches telles que les feldspaths, micas, amphiboles, pyroxènes, etc. Ils constituent l'essentiel du complexe d'altération.

Les minéraux argileux sont des silicates d'alumine plus ou moins hydrates de formule générale : **$nSiO_2.Al_2O_3.mH_2O$**. On caractérise le type d'argile suivant la quantité de silice par rapport à l'alumine (Rapport moléculaire: SiO_2/Al_2O_3 varie entre 2 et 5). Les argiles **sont des phyllosilicates**, c'est-à-dire qu'ils constituent de feuillets à écartements caractéristiques.

Les argiles ont: - des **propriétés colloïdales** (à cause de la finesse des particules), - des **propriétés de surface** et, - des **charges électriques**. Dans certains types d'argiles, les feuillets sont écartés de sorte qu'ils permettent ainsi d'absorber des molécules d'eau et divers ions entre ces feuillets, les argiles sont donc gonflées comme les colloïdes véritables.

C.2. Classification des argiles

On peut distinguer 6 grandes familles d'argiles dont : Kaolinite, Halloysite, Montmorillonite, Illite, Chlorite et Vermiculite. Dans ce cours, nous ne décrirons que 4 familles qui sont importantes.

a) Les kaolinites : $Si_4O_{10}Al_4(OH)_8$

	O	O	O	O	O	O	$6O^{2-}$	Pont hydrogène
	o	o	o	o	o	o	$6OH^-$	= 6-
7.2A°		**o**	**o**		**o**	**o**	$4Al^{3+}$	=12+
	O	O	o	O	O	o	$4O^{2-} + 2OH^-$	= 10-
	*	*		*	*		$4Si^{4+}$	= 16+
	O	O	O	O	O	O	$6O^{2-}$	= 12-
								....
								0

Propriétés:

- C'est l'argile la plus pauvre en silice de la série.
- Propriétés colloïdales peu accentuées.
- Les feuillets sont plus ou moins fixes les uns par rapport aux autres. (d = 7,2 Å).
- Ne peuvent fixer ni eau, ni cations dans l'espace entre les feuillets (espace interlamellaire ou d). Ainsi les possibilités de gonflement et le pouvoir absorbant des bases sont réduits.
- Pas de substitution d'atomes dans les couches tétraédriques et octaédriques.
- Possèdent seulement des charges négatives en bordure des feuillets (zones de rupture)

- Capacité d'Echange Cationique (C.E.C.) : 3 - 10 méq/100g d'argile.

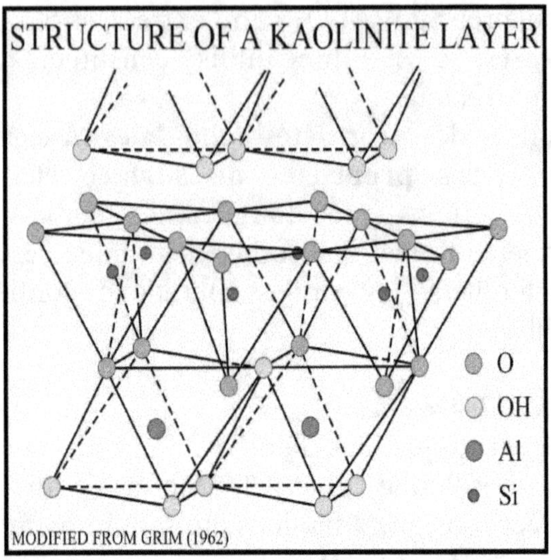

Diagrammatic Representation of Kaolinite

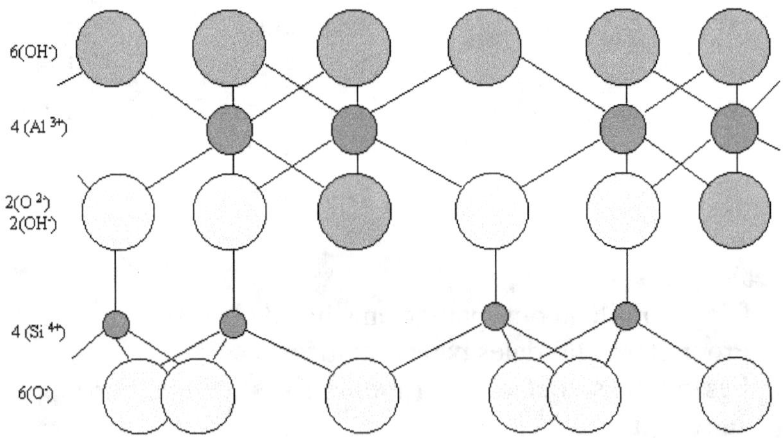

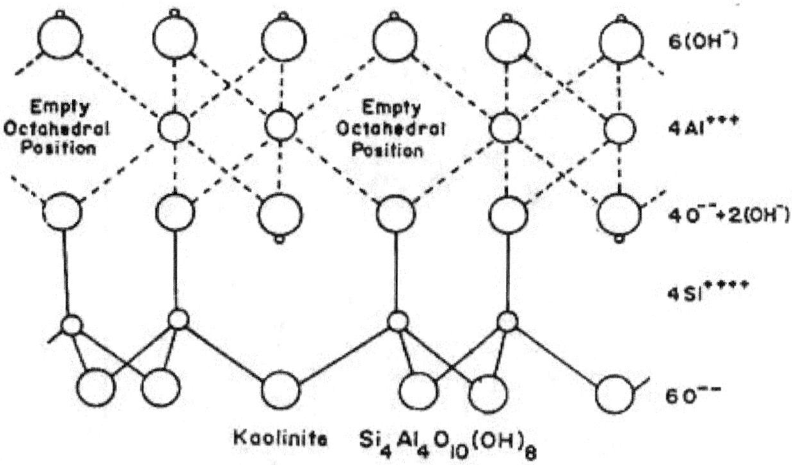

Figure 15. Représentation de la Kaolinite

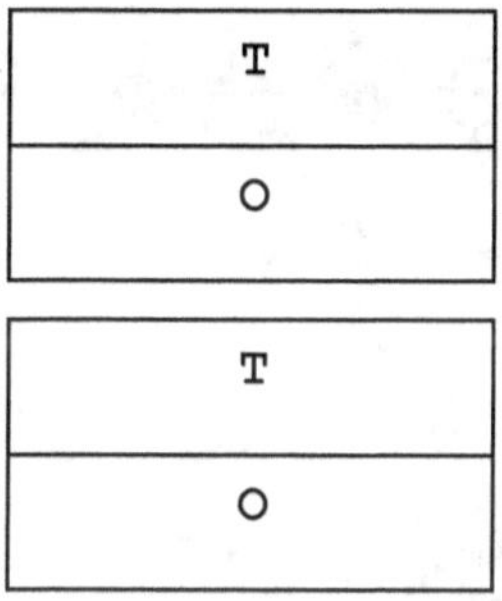

Une couche Tétraédrique et,

b) Les illites: $Al_xSi_{8-x}O_{20}Al_4\ (OH)_4K_y$

Sa formule est proche de celle de muscovite (x = 2 et y = 2)

	O	O	O	O	O	O		
				K				
T	O	O	O	O	O	O	$6O^{2-}$	= 12-
	*	*		*	**A**		$3Si^{4+}$ $+Al^{3+}$	=15+
	O	O	o	O	O	o	$4O^{2+}$ + $2OH^-$	= 10-
O	10 A°							
		A	**A**	**A**	**A**		$4Al^{3+}$	= 12+
	O	O	o	O	O	o	$4O^{2+}$ $+2OH^-$	= 10-
T	*	*		*	**A**		$3Si^{4+}$$+Al^{3+}$	=15+
	O	O	O	O	O	O	$6O^{2-}$	= 12-

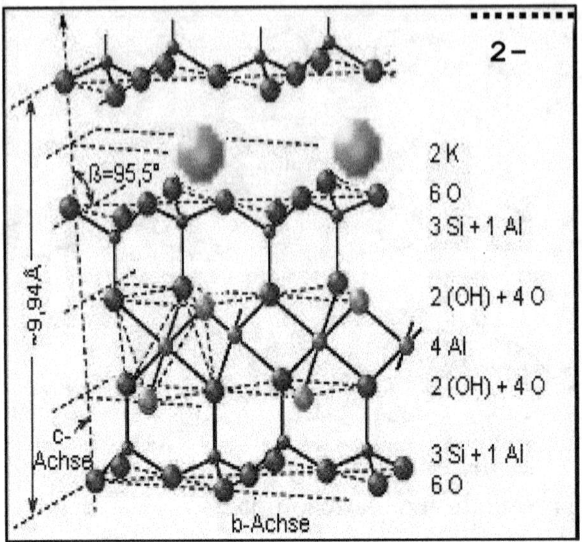
2−
ß=95,5°
~9,94 Å
2 K
6 O
3 Si + 1 Al
2 (OH) + 4 O
4 Al
2 (OH) + 4 O
c-Achse
3 Si + 1 Al
6 O
b-Achse

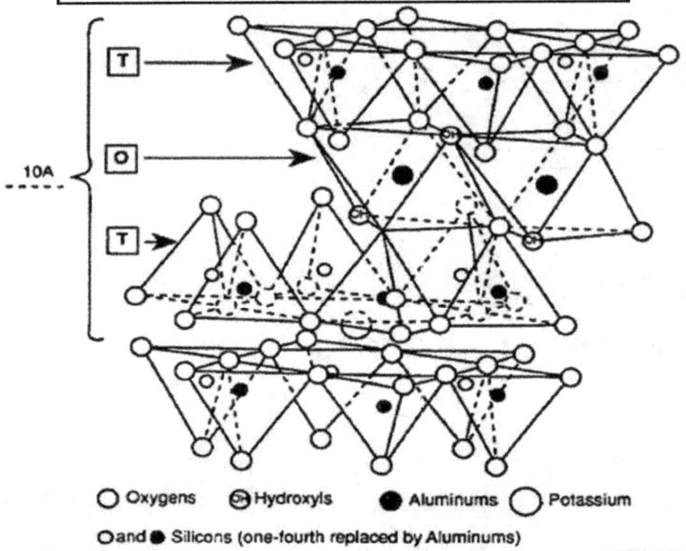
T
O
T
10A
Oxygens
Hydroxyls
Aluminums
Potassium
and Silicons (one-fourth replaced by Aluminums)

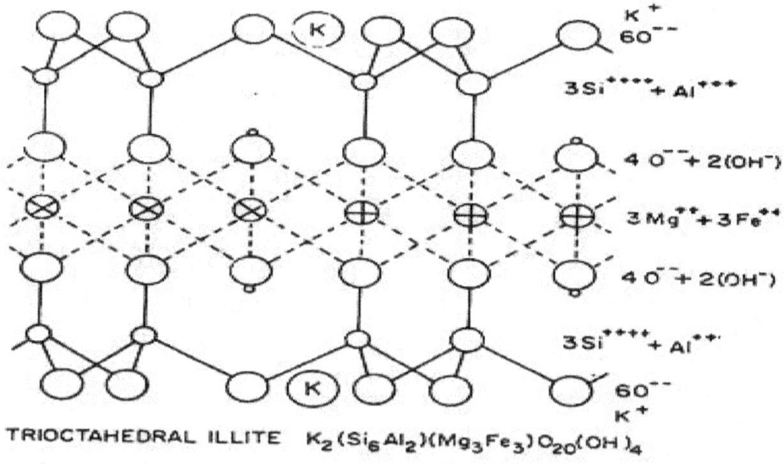

Figure 16. Structure de l'illite trioctaedral

Propriétés:

- Propriétés plus ou moins semblables de celles des micas
- Riche en silice
- Ecartement des feuillets: d = 10 Å
- Substitution dans les couches tétraédriques: remplacement d'un Si par un Al, libération d'une charge négative, d'ou un ion positif (K^+ par exemple) se fixe énergiquement entre les feuillets. Cet ion est non échangeable.
- Sur les faces extérieures, les charges négatives sont peu nombreuses et sont les seules à pouvoir retenir les ions échangeables. L'échange de cation se passe en bordure de cristal.
- C.E.C est moyenne : 30 méq/100g d'argile.

c) Les vermiculites: $(Si_{8-x}Al_x)O_{20}(R_y^{3+}R^{2+}_{6-y})\ (OH)_4.\ (E_{x-y}.\ 2H_2O)$

Les vermiculites typiques : x = 1

R^{3+} sont les ions Al^{3+} et Fe^{3+} Alors que R^{2+} représente les ions Mg^{2+} et Fe^{2+}.

Propriétés

- L'Ecartement des feuillets d = 14 Å
- Dans l'espace interlamelaire sont localisés des cations échangeables (Mg^{2+}) ou l'eau ou molécule organique;
- Le pouvoir de gonflement par l'eau est moindre que celui des montmorillonites.
- C.E.C: 100 - 120 méq/l00g. d'argile.

	O	O	O	O	O	O	
	Cations – Eau – Molécules organiques						
	O	O	O	O	O	O	$6O^{2-}$
	*	*		*	**A**		$3Si^{4+} + Al^{3+}$
	O	O	o	O	O	o	$4O^{2+} + 2OH^{-}$
14 A°	#	#	#	#	#	#	$6(Al^{3+}, Fe^{3+}, Fe^{2+}, Mg^{2+})$
	O	O	o	O	O	o	$4O^{2+} + 2OH^{-}$
	*	*		*	**A**		$3Si^{4+} + Al^{3+}$
	O	O	O	O	O	O	$6O^{2-}$

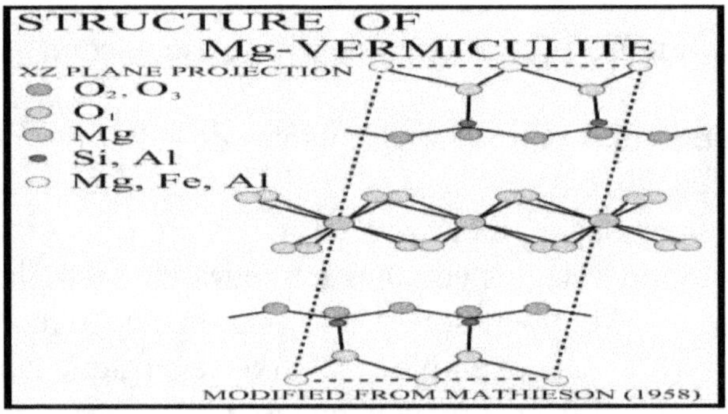

Figure 17. Structure de Vermiculite

d) Les Montmorillonites : $4SiO_2.Al_2O_3.2H_2O$

$Si_8O_{20}(Al_{4-y}R_y)(OH)_4.CE.nH_2O$

$R = Fe^{3+}, Mg^{2+}$

Propriétés:

- Plus riche en silice que la Kaolinite.
- Les feuillets sont plus espacés que la Kaolinite (d = 14 A°) Fe^{3+}, Fe^{2+}, Mg^{2+})
- Suivant l'état d'hydratation, d varie entre 10 et 19 Å
- Peut avoir:
  - substitution dans la couche tétraédrique de Si par Al entrainant une libération d'une valence négative (origine des charges négatives sur la face externe ou interne des feuillets).
  - substitution dans la couche octaédrique, libération aussi d'une charge négative pouvant donc retenir les ions positifs, mais moins énergique, ces ions sont donc échangeables.
  - Les charges négatives existent sur toutes les faces externes et internes, ne provoquant pas de fixation des cations.

- C.E.C. : 60 - 100 méq/l00g d'argile.
- L'espace interlamelaire: l'eau peut être remplacée par les molécules organiques.

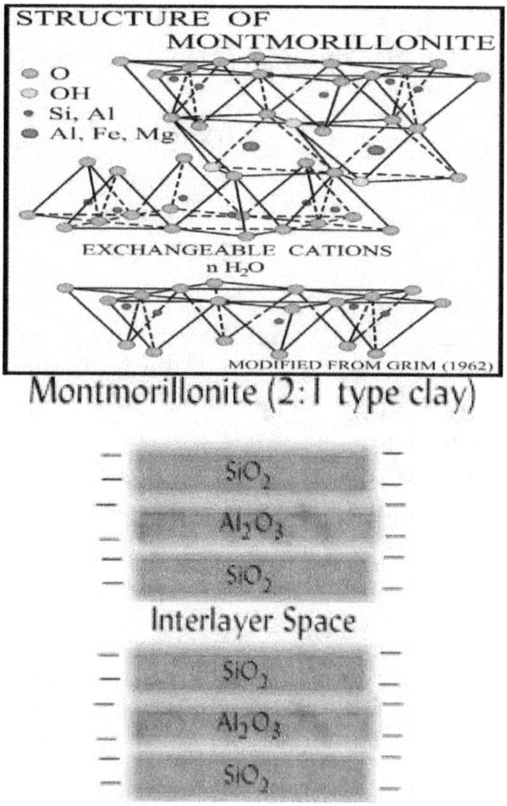

Figure 18. Structure de la Montemorillonite

4.2. TEXTURE DU SOL

A. Généralités et Définitions

1°. Les propriétés physiques du sol sont liées à 2 notions fondamentales: la texture et la structure.

- la texture : c'est la composition élémentaire lorsque tous les agrégats ont été détruits.
- la structure: c'est la manière dont ces éléments sont groupes en agrégats.

Ces deux facteurs exercent une influence particulière sur l'air et l'eau du sol.

2°. La texture ou la composition granulométrique est définie d'après la proportion des éléments du sol, classés par catégories de grosseur des grains après destruction des agrégats. Les éléments minéraux sont supposés de forme sphérique et, l'Association Internationale de la Science du sol les a classés de la façon ci-après (Tableau 6). On appelle **terre fine**, l'ensemble des éléments dont le diamètre **est inferieur à 2 mm**, qui se subdivisent en :

Tableau 6Classification des différents éléments constitutifs de la texture du sol

Particules	**Diamètre**
sables grossiers	0,2 - 2mm
sables fins	50µ à 0,2 mm
limons grossiers	20µ à 50µ
limons fins	2 µ à 20 µ
Argile	< 2 µ

N.B.: Dans le sens pédologique, les argiles ne sont pas constituées uniquement d'argile minéralogique, mais aussi du quartz fin ou du carbonate de Ca colloïdal.

B. Types de texture

La classification américaine divise la texture en 13 classes (Tableau 7).

Tableau 7. Classification de la texture du sol

a) Texture argileuse		**Classe**
Très argileux	Argile	1
	Argile limoneuse	2
De transition	Limon argileux fin	3
	Limon argileux	4
	Argile sableuse	5
b) Texture équilibrée (franche)		
Moyenne	Limon argilo-sableux	6
	Limon	7
Légère	Limon sableux	8
c) Texture limoneuse		
	Limon fin	9
	Limon fin argileux	10
	Limon très fin	11
d) Texture sableuse		
	Sable limoneux	12
	Sable	13

N.B.: Le point caractéristique d'un sol donné est le point de concours de 3 droites parallèles aux cotés obtenues en portant sur chaque coté les valeurs en % de l'argile, du limon et du sable.

N.B.: D'où, on peut résumer ces classes :

- ✓ Texture argileuse : 1 à 6
- ✓ Texture limoneuse : 9 à 11
- ✓ Texture sableuse : 12 à 13
- ✓ Texture équilibrée : 7 et 8

Diagramme des textures

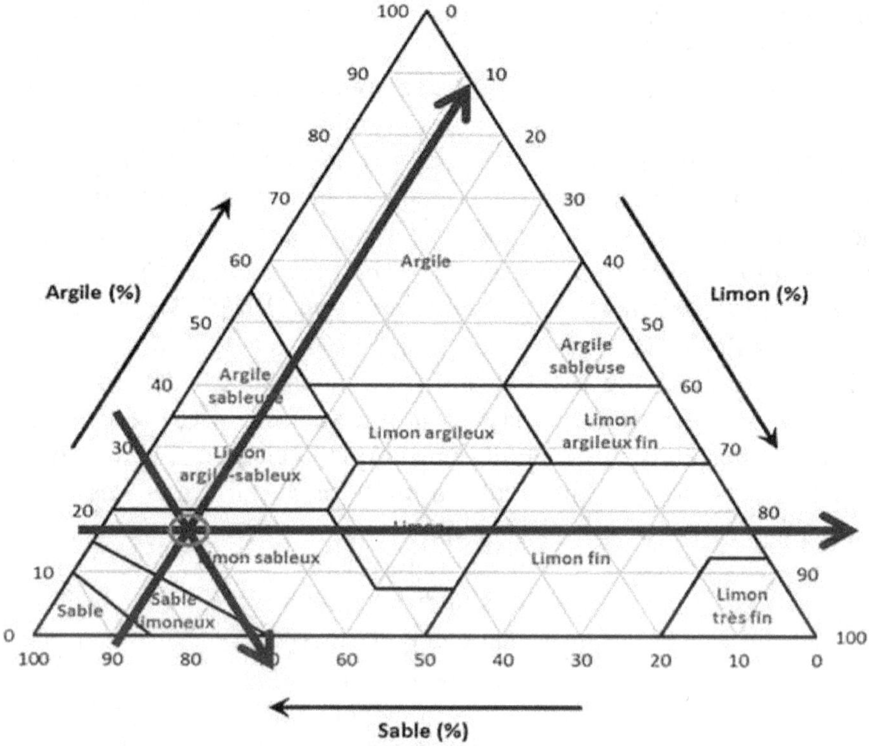

Figure 19. Triangle des textures de sol

C. Interaction entre les constituants du sol

a) Les textures très fines sont caractérisées par la richesse élevée en argile, correspondant aux sols plastiques ou sols lourds; ces sols ont un fort pouvoir adhésif.

b) Les textures grossières : textures sableuses sont caractérisées par les sols légers ayant peu de cohésion et facile à travailler.

c) Les textures moyennes : on distingue 2 types :

- les limons argilo-sableux qui constituent une texture parfaitement équilibrée, ce sont les "terres franches " et,
- les limons très fins, les limons fins et certains limons argileux, qui sont riches en limons et donnent une texture dite " limoneuse".

D. Détermination de la Texture

La détermination de la texture ou l'analyse granulométrique consiste simplement à indiquer pour un sol donné la proportion de chaque élément constituant : sable grossier, sable fin, limon, argiles. On précise également le % des cailloux et des graviers (diamètre > 2 mm).

Au laboratoire, on utilise soit la méthode Internationale par sédimentation (après dispersion des éléments constitutifs), soit la méthode densimétrique. Nous ne décrirons que la méthode Internationale par sédimentation dans ce cours. Dans cette méthode, on utilise les tamis pour séparer les sables grossiers et les sables fins, alors que la sédimentation servira pour séparer les limons de l'argile. Le principe de la sédimentation est donné par la loi de Stokes qui peut s'énoncer de la façon suivante: "***quand une particule sphérique tombe dans un liquide sous l'action de la force de gravité, cette force de gravité est proportionnelle à la masse de la particule***": **$Fg = m.g = 4 r^3g/3 \times (dp\text{-}dl)$.**

Mais, cette particule est freinée dans sa chute par les forces de frottement que le fluide exerce sur sa surface. Ces forces sont proportionnelles à la vitesse et, il s'ensuit que la chute qui commence à une vitesse accélérée se fait bientôt à une vitesse uniforme. Les forces de frottement sont égales à : **$Pf = 6\ \eta rv$**

Où : Pf= force de frottement ;
η = viscosité du liquide;
r = rayon de la particule;
v = vitesse de la chute.

A partir du moment où la vitesse devient uniforme, il s'établit une sorte d'équilibre entre le poids de la sphère et les forces qui freinent la chute c'est –à– dire Fg = Ff.

On peut écrire alors : $(dp\text{-}dl)\ 4\ r^3g/3 = 6\ rv\eta$.
ou $V = 2(dp\text{-}dl)\ g\ r^2/9\eta$.

Les symboles sont : **V** = vitesse de sédimentation (cm/sec) ; **dp** = densité de la particule ; **dl** = densité du liquide ; **g** = accélération de la pesanteur ($980 cm/sec_2$) ; **r** = rayon de la particule et ; **η** = viscosité du liquide (exprimée en poise).

Il en résulte que la vitesse de sédimentation pour une particule de diamètre donné est proportionnelle au carré du rayon de la particule : **$V = k\ r^2$**. Dans cette formule, la viscosité de l'eau varie sensiblement avec la température, elle diminue rapidement quand la température augmente. Connaissant la vitesse de sédimentation V, on peut calculer le temps (t) nécessaire pour qu'une particule tombe jusqu'à une profondeur déterminée (h) : **t = h/V**.

4.3. STRUCTURE DU SOL

A. Définition et Généralités

La structure est la manière dont les éléments constitutifs du sol s'assemblent entre eux. Elle est caractérisée par:

- la forme et le mode d'arrangements des assemblages (ou agrégats) et,
- par la stabilité des agrégats.

Les colloïdes du sol peuvent être:

- soit à l'état floculé en "agrégats élémentaires plus ou moins stables; qui peuvent à leur tour être rassemblés dans les unités de structure de dimension plus grande : structure en grumeaux.
- soit à l'état disperсé ou isolé (individualisé) c'est le cas de la structure particulaire.

L'importance de la structure est considérable car elle:

- influence les proriétés tant chimique que biologique du sol ;
- influence l'aération du sol;
- joue un rôle dans la résistance à l'érosion;
- intervient dans le lessivage des sols et leur perméabilité ou infiltration.

Ainsi:

- Les sols à structure grumeleuse stable se lessivent peu, la perméabilité est élevée.
- Les sols à structure dispersée, mais pauvres en colloïdes, donnent une perméabilité moyenne mais, ils sont faciles à lessiver.
- Les sols à structure dispersée, mais riches en colloïdes ont une perméabilité faible et le lessivage reste réduit, par suite du gonflement des colloïdes en présence d'eau; dans ce cas la structure devient asphyxiante par manque d'aération.

B. Types de structures

1°. Structure particulaire: à colloïdes dispersés (sableux).

- Structure particulaire meuble : si les particules sont assez grosses (A2 des podzols).
- Structure particulaire massive: si les particules sont fines (sols compacts, pseudogley).

2 °. Structure en agrégats fins: les agrégats sont de quelques dixièmes de mm (cas des sols lessivés).
3°. Structure grumeleuse:(grumeaux irréguliers): agrégats de taille réduite, contours irréguliers). Cas des Mull forestiers.
4°. Structure grenue; grumeaux ronds. Ex: Mull calcique.
5°. Structure concrétionnée: les colloïdes forment une pellicule autour des grains de sable ou de limon, qui sont ainsi plus soudés les uns aux autres.
6°. Structure nuciforme: (mottes arrondies).
7°. Structure polyédrique: à mottes à arêtes anguleuses.
8°. Structure en plaquettes: agrégat élémentaire est aplati horizontalement (horizon A lessivé).
9°. Structure prismatique: agrégat structural en forme de polyèdre allongé verticalement. Ex: des sols hydromorphes.
10°. Structure fibreuse: agrégats constitués par un entrelacement de fibres qui emballent des éléments pulvérulents (radicelles ou débris végétaux).
11°. Structure spongieuse: caractérisée par la prédominance des vacuoles arrondis, et galeries de lombrics ou d'animaux fouisseurs. Ex: horizon humifère très aéré.

C. Classification des structures

1° Structures particulaires :

a) structure particulaire meuble (texture sableuse).
b) structure massive ou fondue (texture argilo-limoneuse).

2° Structures concrétionnées (à éléments plus ou moins durcis) :

a) concrétions isolées (souvent combinés avec un autre type de structure)
b) concrétionnement en masse (alios, cuirasse, carapace etc.)

3 ° Structures construites (à éléments plus ou moins arrondis)

a) Agrégats fins (inferieurs à 1 mm).
b) Structure en grumeaux de 0,1 à 1 cm.
- Grumeleuse : grumeaux irréguliers et poreux.
- Grenue (granulaire) : grumeaux arrondis non poreux.
c) Structure nuciforme: à éléments arrondis (>1cm).

4° Structures par fragmentation (éléments plus ou moins anguleux)

a) Structure en grumeaux polyédrique (0,1 à 1cm).
b) Structure à gros éléments (>1 cm).
   - Polyédrique : éléments équidimensionnels;
   - Prismatique : éléments allongés verticalement ;
   - En plaquette: éléments aplatis.

D. La Stabilité de la Structure

La stabilité structurale peut se définir comme une résistance des agrégats à toute action tendant à modifier, à détruire leurs formes et leurs dimensions.

1° De façon générale;

a) La stabilité croit avec la cohésion. Celle-ci résulte surtout de l'effet de cimentation provoquée par la dessiccation des colloïdes du sol.
b) La structure est d'autant plus stable que le sol est riche (dans certaines limites de %) en éléments colloïdaux.
c) La matière organique sert comme ciment dans les agrégats. Elle joue le rôle de cimentation sur les constituants des agrégats. Cette action est plus intense en présence d'un mull calcique.
d) En enrobant des agrégats par des revêtements relativement rigides, les sesquioxydes de fer et d'aluminium augmentent leur cohésion.

2° Facteurs défavorables:

L'eau joue le rôle important dans la dégradation de la structure par les effets d'éclatement et dispersion.

a) Un excès d'humidité ou une humectation brutale peut détruire des agrégats suite à l'expulsion trop rapide de l'air comprimé dans les pores.
b) Un desséchement brutal du sol a comme effet de briser les liants d'eau entre les agrégats.

3 ° Méthodes de contrôle de l'état de la structure.

Il existe une méthode directe utilisant de mesure de " taux d'agrégation" ou l'indice d'instabilité structurale; soit une méthode indirecte telle que la mesure de porosité ou celle de la perméabilité. Elles seront bien décrites au cours des travaux pratiques.

E. Densité et porosité du sol

Comme tous les corps poreux, le sol possède 2 densités:

- Densité réelle: correspondant à celle des ses éléments constituants et qui est constante.
- Densité apparente: qui tient compte des vides existant entre ces éléments et qui change selon le degré de fissuration ou de tassement.

1° La densité réelle du sol

Elle se mesure au moyen des méthodes conventionnelles en physique (à l'aide des pycnomètres par exemple). Elle varie suivant la proportion des éléments constituants du sol. Elle est voisine généralement de la densité du quartz (2,6) ou des feldspaths (2,7) (Tableau 7).

➔ Une forte proportion de calcaire et de la matière organique (1,5) tend à baisser sensiblement la densité réelle du sol.

➔ Par contre, l'accumulation des concrétions ferrugineuses contribue à l'augmenter.

Tableau 8. Densité réelle en fonction de type de sol

Sols	Densité réelle
Densité réelle pour les sols de constitution moyenne	2,5 à 2,6
Sols calcaires	2,45
Sols humifères	1,8 à 2,3
Tourbe	1,2
Horizon ferrugineux	2,7

Mesure de la densité réelle

On utilise un pycnomètre d'une capacité de 50 cm^3 environ. On effectue successivement les pesées suivantes:

a : poids de pycnomètre vide,
b : poids de pycnomètre rempli d'eau,
c : poids de pycnomètre contenant le sol à étudier,
d : poids de pycnomètre + sol + eau.

$$\text{Poids de Terre ou Densité réelle (Dr)} \frac{Poids\ de\ terre}{Volume\ de\ terre}$$

Poids de terre = c - a

Volume de terre = Volume du pycnomètre (b-a) moins volume d'eau ajouté pour compléter le pycnomètre (d-c).

$$\text{D'où Dr} = \frac{c - a}{(b-a) - (d-c)} = \frac{c - a}{(b+c) - (a+d)}$$

2 ° La densité apparente et la porosité

La densité apparente permet de déduire la proportion des vides ou porosité. La détermination consiste à prélever un volume de terre, à le peser et à mesurer ensuite: la densité réelle et la quantité de liquide capable d'occuper les vides du volume de terre.

Si : V = Volume de terre (solide + pores)
P = son poids

La densité apparente : d = P/V

Si on connait la densité réelle D, on obtient le volume de la phase solide v ou volume des constituants, à l'exception des vides v = P/D. La porosité totale est égale à V - v

En pratique on obtient cette porosité en mesurant la quantité de liquide absorbé dans le volume de terre peu élevé. La porosité est le volume des vides du sol (exprimée en % du volume total). Cette porosité se subdivise en deux parties:

- la porosité non capillaire ou **macroporosité** : elle correspond au volume des pores les plus grossiers occupés par l'air après ressuyage des pluies (pores de diamètre supérieur à 8μ).
- la porosité capillaire ou **microporosité** : elle correspond au volume des pores capillaires qui retiennent l'eau après ressuyage (pores de diamètre inferieur à 8μ).

La porosité totale = Porosité capillaire + porosité non capillaire.

3° La porosité et le type de sol

La porosité est liée à la structure et également à la texture du sol.

a) Liaison avec la structure du sol.

- Les sols à structure grumeleuse stable possèdent une porosité totale élevée, supérieure à 50%.
- Les sols à structure détruite ont une porosité plus faible, elle est souvent inférieure à 40%.

b) Liaison avec la texture du sol.

- Texture sableuse : % macroporosité > % microporosité ;
- Texture limoneuse : % microporosité > % macroporosité, la porosité est inférieure à 40%.
- Texture argileuse : % macroporosité est faible ou nulle.

D'une manière générale, lorsque le volume des pores grossiers a tendance à devenir nul, le sol devient asphyxiant et imperméable.

4.4. CALCUL DE DIFFERENTS INDICES DANS LE SOL

On sait que la porosité du sol est le vides occupé par l'eau et ou par l'air et la densité comprend la desité apparente et réelle. Le volume du sol se divise en volume des solides et porosité.

$Vt = Vs+Vp$

La porosité est occupée par les fluides, en général par la phase aqueuse et la phase gazeuse dont les volumes respectifs sont Vg (volume gaz) et Ve (volume liquide ou eau). Dans certains cas plus rares, cette porosité est aussi occupée par d'autres fluides (hydrocarbures lors de la pollution des sols par ces produits). Dans de nombreuses situations, le volume de la porosité est constant. Ainsi, les deux fluides sont en compétition. Tout volume occupé par l'eau n'est pas accessible aux échanges gazeux. Les sols dont la porosité est saturée d'eau se caractérisent par une faiblesse des échanges gazeux avec l'atmosphère, ce qui se traduit souvent par des états anoxiques plus ou moins marqués.

L'indice des vides (Ip aussi noté Iv) représente la fraction du volume occupée par la porosité

Ip= Vp/Vt

De même, l'indice de l'eau est :

Ie=Veau/Vt

Cet indice est aussi appelé humidité volumique (noté théta), qu'il ne faut pas confondre avec l'humidité pondérale Hp (Hp= poids d'eau/poids de sol) et

Ig = Vg/Vt

avec

Ip = Ie+Ig

Et

Is=1-Ip (Avec Is indice des solides).

On définit aussi la densité apparente sèche Da, comme la masse volumique du sol sec divisé par 1 (masse volumique de l'eau). La densité apparente est la masse volumique du sol sec divisé par 1, avec masse volumique du sol sec égale au rapport du poids du sol sec sur le volume total.

Da=Pds sec/Vt

La densité réelle (dr) du sol est la masse volumique des phases solides divisée par 1. Il s'agit de la moyenne pondérée des masses volumiques des solides du sol.

En combinant ces définissions, on a :

Da=dr*(Vs/Vp)= dr/Ip

Dr=Da*Ip

4.5. L'ATMOSPHERE DU SOL

Les espaces lacunaires qui forment la porosité du sol sont occupés principalement par de l'air et par de l'eau.

A. Composition de l'atmosphère du sol

Le Tableau 8 présente la composition moyenne de l'air atmosphérique et de l'air du sol sont.

Tableau 8. Composition moyenne de l'air atmosphérique et de l'air

Elément	Air atmosphérique	Air du sol
Oxygène (O_2)	21,0%	10 - 20%
Azote	78,0%	78 - 80%
Gaz carbonique	0,03%	0,2-3,5% (6,7 à 117 fois)
Vapeur d'eau	variable	à saturation
Autres Gaz	1%	-

En ce qui concerne l'oxygène et l'Azote, la composition de l'air du sol est voisine de celle de l'air atmosphérique. Par contre, l'air du sol est beaucoup plus riche en gaz carbonique résultant de :

- ✓ la minéralisation de l'humus et,
- ✓ la respiration des racines.

B. Facteurs Influençant la composition de l'air du sol

1° Les propriétés du sol

Les principales propriétés du sol qui influencent la capacité et la perméabilité en air dans le sol sont : la texture, la structure, l'humidité et la teneur en matière organique du sol.

2 ° La végétation et l'activité microbienne.

L'activité respiratoire des racines tend à réduire la teneur en oxygène et augmenter la teneur en gaz carbonique de l'atmosphère du sol. L'addition de fumure organique d'un sol double la teneur en gaz carbonique de l'atmosphère du sol.

3° Les saisons

Il y a une importante fluctuation saisonnière en gaz carbonique et en oxygène dans le sol; cette variation est due principalement à des variations de la température et de l'humidité du sol de la saison considérée

C. Renouvellement d'air du sol

L'aération du sol est fonction de la diffusion de l'air et des facteurs météorologiques tels que la température, la pression barométrique, le vent et le régime d'eau du sol.

1° La température

Elle influence de deux manières:

- ➢ Une différence de température entre les différentes couches du sol tend à faire remonter l'air chaud vers la surface et à échanger l'air entre les couches.

- Une différence entre la température de l'air atmosphérique et celle du sol entraine un échange entre ces deux (2) sortes d'air.

2 ° La pression barométrique

Théoriquement, selon la loi de BOYLE Mariotte ($PV = C^{te}$) : une augmentation de pression atmosphérique diminue le volume de l'air du sol. Cette diminution d'air du sol devra d'une part faire appel à un nouvel apport de l'air atmosphérique. D'autre part, une diminution de pression atmosphérique provoque une expansion de l'air du sol et en fait sortir une partie vers l'atmosphère.

3° Le vent

La pression et l'aspiration par des grands vents peuvent influencer dans le renouvellement de l'air du sol. Généralement, l'effet du vent est très négligeable; il est de l'ordre de 1/100 dans l'aération du sol.

4 ° La pluie

L'infiltration de l'eau de pluie dans le sol peut influencer l'air du sol de deux manières:

1. Déplacement de l'air contenu dans les pores par de l'eau.
2. Transport de l'oxygène dissous dans l'eau.

L'eau de pluie peut momentanément remplacer tout l'air contenu dans les pores du sol. Cependant, l'effet de la pluie est approximativement 1/10 dans l'aération.

La théorie cinétique des gaz montre que deux gaz peuvent se mélanger parfaitement. Le processus de diffusion consiste dans le fait que le CO_2 de l'air dans le sol tend à diffuser dans l'air atmosphérique et que l'oxygène atmosphérique pénètre dans le sol. La diffusion est l'un des plus importants facteurs dans l'aération du sol.

D. Variation de la teneur en oxygène

L'Oxygène est consommé par la respiration des racines des végétaux supérieurs et par le métabolisme de la microfaune et micro-organismes aérobies. Il est également utilisé par les processus d'altération des substances minéral et organiques, car ces phénomènes comportent toujours une part importante d'oxydation. L'oxygène est un élément très actif de la pédogenèse et de l'activité biologique du sol. Quand sa teneur tend à baisser, notamment dans des sols trop humides, on constate des phénomènes d'asphyxie des racines. Et parallèlement, on observe un ralentissement de la vitalité de la microfaune et de la microflore.

L'Oxygène du sol est renouvelé par le mécanisme de la diffusion et aussi par les pluies. L'eau de pluie apporte au sol une quantité notable en oxygène à l'état dissout.

E. Variation de la teneur en gaz carbonique

D'une façon générale, les conditions idéales pour le développement des végétaux correspondent à une concentration plus élevée du gaz carbonique dans l'atmosphère du sol que dans l'air atmosphérique. Les facteurs qui font varier la teneur en gaz carbonique du sol sont:

1° L'intensité des phénomènes biologiques : respiration des végétaux ou activité microbienne (qui augmente la teneur en CO_2).

2° L'apport des fumures et d'engrais verts.

3° La nature du sol : dans les sols compacts ou très humides, l'aération est insuffisante et le gaz carbonique a tendance à s'accumuler.

4° La végétation : les sols cultivés contiennent moins de 1% de CO_2 tandis que les sols sous prairies contiennent plus de 1%.

5° La profondeur de l'horizon : elle est voisine de 1% en surface, mais elle peut atteindre presque 10% à 1,5m de profondeur.

6° Le pH du sol :

- pH acide (<6), % CO_2 libre est élevé;
- pH alcalin (>7) favorise la fixation du CO_2 à l'état combiné et dissout.

7° Les pluies : apportent au sol du CO_2 à l'état dissout.

F. Importance de l'aération du sol.

Une bonne aération est la condition indispensable au maintien de l'activité biologique du sol. En outre, elle mesure la respiration des racines des espèces végétales. Lorsque la structure d'un sol est en voie de dégradation, la porosité décroit; la capacité en air du sol devient alors très faible.

4.6. LA TEMPERATURE DU SOL

A. Généralités

La température du sol est la résultante de la radiation solaire et du comportement du sol sous l'influence de celle-ci. Les variations de la Température du sol constituent un élément essentiel du "microclimat du sol". Elles exercent une action importante sur le comportement des plantes et sur la pédogenèse. L'élévation de la température du sol a un effet stimulant sur la croissance des plantes, la décomposition de l'humus et les phénomènes d'altération, à condition qu'elle ne soit pas accompagnée d'une dessiccation excessive du sol. Dans le cas cortinaire, elle exerce un rôle de frein.

B. La Radiation Solaire

Le flux d'insolation change avec le temps et selon les lieux géographiques du globe. La quantité de chaleur apportée au sol varie avec la durée de l'insolation, par conséquent avec la saison. En dressant un bilan de radiation solaire depuis la partie supérieure de l'atmosphère jusqu'au sol, on constate que la radiation solaire qui pénètre dans le sol représente 33%.

CONSTANTES SOLAIRE (dans l'espace interastral = 2 Cal/cm^2/min)

Couche supérieure de l'atmosphère	perte par réflexion (40%)
Troposphère	
Réflexion par la surface du sol (10%) (ondes courtes)	Absorption par l'atmosphère (17%) Radiation atteignant la surface du sol (43%) Rayonnement terrestre (ondes longues)

/ / / /

/ / / // / / // / / / / / / / / / / / / / / // / / / // / / / Radiation pénétrant dans le sol (33%)/ / / // / / // / / // / / // / / // / / /

C. Absorption des radiations calorifiques par le sol.

L'absorption des radiations calorifiques par le sol dépend de plusieurs facteurs.

1° La couleur du sol.

Les sols de couleur foncée absorbent une proportion élevée de l'énergie calorifique, jusqu'à 80%. Par contre, pour les sols de couleur claire, cette absorption descend jusqu'à 30% de la radiation solaire. Le sable réfléchit les radiations solaires.

2° La teneur en eau du sol.

Les sols humides s'échauffent beaucoup moins vite que les sols secs pour trois raisons suivantes :

a) La chaleur spécifique de l'eau (1 cal/g) est environ 5 fois plus élevée que celle du sol (0,2 cal/g). (Rappel : Chaleur spécifique = quantité de calories qu'il faut apporter à un corps pour augmenter de 1°C l'unité de masse).
b) La conductivité du sol, à l'égard de la chaleur, augmente avec sa teneur en eau. Les radiations calorifiques se propagent donc plus

rapidement en profondeur dans un sol humide que dans un sol sec.

c) Une forte proportion de l'énergie calorifique est utilisée pour l'évaporation de l'eau. On peut signaler que les sols humides sont froids, alors que les sols secs sont chauds.

3° L'inclinaison du sol

La quantité de chaleur arrivant au sol est maximum quand la surface est perpendiculaire à la radiation, le sol reçoit ainsi le maximum de rayonnement. Dans les autres inclinaisons, la quantité de chaleur reçue est d'autant plus faible que l'angle forme entre la radiation et la surface du sol est plus aigu (oblicité du rayonnement par rapport au sol).

D. Variations de la Température du sol et ses conséquences.

1°. Variations de la Température du sol

a) Oscillations diurnes

Elles sont plus ou moins accélérées en surface et s'atténuent très vite en profondeur, à certains niveaux, elles s'annulent. Les variations de température de surface dépendent de plusieurs facteurs : facteurs climatiques et facteurs biologiques.

- Facteurs climatiques

Les variations sont plus fortes en montagne qu'en plaine, aux expositions chaudes qu'aux expositions fraiches.

- Facteurs biologiques

La végétation joue le rôle d'un écran plus ou moins efficace contre l'insolation et le rayonnement nocturne. Elle attenue donc plus ou moins les variations de température par rapport à un sol nu.

b) Oscillations saisonnières

Les oscillations thermiques montrent qu'en saisons froides les horizons de surface sont généralement plus froids que les horizons profonds, alors que le phénomène inverse s'observe en saison chaude. La température des horizons profonds subit des oscillations saisonnières peu marquées, à la différence de celle des horizons de surface.

2° Conséquences des variations de température du sol

Les variations de température du sol exercent un rôle important sur la végétation et la pédogenèse.

a) Action sur la végétation

Il y a des plantes qui exigent des endroits secs donc plus chauds; tandis que d'autres se refugient dans des stations très froides, telles que les tourbières. Les variations de température trop excessives peuvent provoquer une nécrose des tissus par évaporation brutale.

b) Action sur la pédogenèse

L'action de la chaleur exerce une influence capitale sur l'altération des roches et sur la décomposition de la matière organique. L'échauffement du sol suivi de refroidissement (ainsi que les phénomènes concomitants de dessiccation et de réhumectation) provoque une évolution caractéristique de la structure.

- Si ces variations sont progressives, on aura une structure en agrégat.
- Si au contraire, elles sont brutales, et très fortes, elles provoquent le concrétionnement. ***C'est un des facteurs importants de la formation des carapaces et des cuirasses ferralitiques des sols tropicaux.***

En effet, les argiles ferralitiques subissent une véritable cuisson sous l'action du soleil. Les oxydes de fer déshydratés deviennent un ciment très dur qui soude énergiquement les particules du sol, d'ou formation des cuirasses.

4.7. L'EAU DU SOL

A. Importance de l'eau du sol.

Le rôle de l'eau est considérable :

- elle représente un facteur essential dans la genèse des sols à la fois comme un agent d'hydrolyse et comme milieu dispersant.
- elle conditionne les phénomènes de la décomposition et de migration ainsi que les modalités de structure du sol qui varient avec les ciments et les types de sols.
- elle engendre enfin les conditions de l'économie en eau et la nutrition minérale des végétaux.

B. L'eau et les contraintes physiques du sol.

La gravité, les effets de frottement superficiel et les forces de liaison sont les 3 catégories principales de forces qui règlent et expliquent le comportement de l'eau dans le sol. D'autres phénomènes tels que l'évaporation qui agissent sur le régime d'eau mettent en œuvre des forces de liaison. Les effets de ces forces de liaison se synthétisent en force de succion. Enfin, le potentiel capillaire qui mesure la différence d'énergie libre d'un gramme d'eau libre et celle d'un gramme d'eau liée au sol.

1° La gravité.

Elle provoque l'infiltration et la percolation et commande la majeure partie des mouvements dits "perdescendum".

2° La charge ou la pression de l'eau.

Elle constitue le facteur d'écoulement déterminant quand le sol est saturé. Elle présente un autre aspect de la force de gravité.

3° Les effets de frottement superficiel ou pertes de charges.

Ils interviennent dans les petits pores vides et suffisent pour équilibrer l'attraction de la pesanteur et empêchent l'écoulement de l'eau.

4° Les forces de liaison

Elles résultent des attractions qui s'établissent à courte distance entre les molécules d'un liquide ou entre celles d'un liquide et d'un solide. Ce sont les forces d'attraction intermoléculaire ou force de Van der Waals.

a) La tension superficielle : c'est la force qui s'exerce à la surface libre d'un liquide en contact avec un fluide, qui attire entre elles les molécules du liquide et les rend solidaires au point de résister ensemble à l'attraction de la pesanteur.
b) La capillarite : c'est un effet de la tension superficielle. Elle joue un très grand rôle dans l'eau du sol.

Le phénomène de capillarité consiste dans la remontée du liquide dans un tube de petit diamètre, le liquide mouillant le tube, c'est-à-dire formant avec lui un ménisque concave. Cette remontée obéit également à la loi de Jurin selon laquelle, dans les tubes capillaires de diamètres différents, le niveau atteint par le liquide est inversement proportionnel au diamètre. L'ascension de l'eau dans un tube capillaire est exprimée par la relation: $H = 2T/Rd$.

Où : H = Hauteur d'ascension capillaire ;
T = Tension superficielle de l'eau ;
R = Rayon du tube ;
d = Densité de l'eau

c) La tension interraciale

Elle résulte de l'attraction qui se manifeste entre les molécules d'un solide et d'un liquide à leur interface, Cette force maintient l'eau à l'état pelliculaire sur les particules qui ne forment pas de capillaire.

d) La force de succion ou pression négative

C'est le pouvoir qu'a le sol d'aspirer ainsi l'eau liquide à travers une paroi poreuse. Elle explique la pénétration de l'eau dans les racines. Elle dépend de la texture du sol.

C. Les états de l'eau du sol.

L'eau peut se trouver à différents états dans le sol: Eau hygroscopique, Eau capillaire et Eau de gravité.

1° L'Eau hygroscopique

C'est l'eau absorbée par le sol aux dépens de l'humidité atmosphérique; elle forme une fine pellicule autour des particules du sol. Elle est énergiquement retenue par celle-ci et n'est susceptible d'aucun mouvement; elle n'est pas absorbable par les racines. Cette couche constitue environ 15 à 20 couches de molécules d'eau (largeur 4-5mμ). La pression exercée sur l'interface solide-liquide est de l'ordre de 10.000 atmosphères. La tension de la couche externe de ce film d'eau hygroscopique est beaucoup plus faible, elle est de l'ordre de 31 atmosphères (coefficient hygroscopique)

2° L'eau capillaire

C'est l'eau retenue par la tension superficielle entre les particules du sol. On y distingue 2 catégories d'eau capillaire.

a) L'eau capillaire non absorbable

Elle remplit les pores capillaires les plus fins du sol (diamètre <0,2/μ). Cette eau est susceptible de circuler dans le sol, par suite des variations de pression osmotique ou tension superficielle; mais elle est retenue trop énergiquement par le sol pour être absorbée par les plantes; cette force de rétention est de l'ordre de 15 à 31 atmosphères.

b) L'eau capillaire absorbable

C'est l'eau retenue par le sol ressuyé, elle remplit les pores fins compris entre les diamètres de 0,2 à 8μ. La quantité maximale d'eau capillaire (augmentée de l'eau hygroscopique) que peut retenir un sol correspond sensiblement à la porosité capillaire ou microporosité. Cette eau est absorbable par les racines et constitue la source essentielle de l'alimentation en eau des plantes en saison sèche.

3° L'eau de gravité

Elle correspond à l'eau qui remplit momentanément les pores les plus grossiers du sol après les pluies. Elle obéit à la pesanteur et s'écoule d'autant plus vite que le volume des pores grossiers est plus élevé (porosité non capillaire). On peut diviser cette eau de gravité en deux catégories :

a) l'eau qui s'écoule très rapidement; celle qui circule dans les gros pores (sol à texture grossière).
b) l'eau qui s'écoule très progressivement et qui peut saturer les pores non capillaires les plus fins pendant un certain temps

avant d'être évacuée par gravité (sols argileux à structure détruite).

Il arrive que le drainage ne s'effectue pas bien et que l'eau de gravité ne puisse pas s'infiltrer, tous les pores du sol sont alors remplis d'eau: **c'est l'état de saturation**. Il peut se produire dans différents cas:

- Soit c'est le cas d'une nappe d'eau alimentée souterrainement, c'est le cas de la présence d'une nappe phréatique permanente dont le niveau supérieur varie plus ou mains suivant les saisons.
- Soit par suite d'un drainage trop lent de l'eau de gravité (eau de gravité à écoulement lent des sols compacts). Le drainage naturel peut être insuffisant pour assurer l'évacuation des eaux pluviales en période humide. Dans ce cas, il se forme une nappe d'eau temporaire, dite "**perchée**" parce qu'elle existe en surface mais manque en profondeur (**eau stagnante**).

D. Valeurs caractéristiques de l'eau du sol.

Il est à prévoir que le comportement de l'eau variera selon l'humidité et la dimension des pores du sol: plus ceux-ci seront petits, plus les forces de liaison et les phénomènes capillaires seront intenses.

1° Capacité maxima

Considérons un sol qui vient de recevoir la pluie et qui est complètement sature d'eau, toutes les lacunes et les pores sont remplis. Le volume d'eau qu'il contient est égal à sa porosité totale, on dit qu'il est à sa capacité maxima. Une partie de cette eau s'écoule vers le sous-sol par la pesanteur, c'est l'eau libre ou gravitationnelle qui occupe la macroporosité.

2° Capacité de rétention (ou Field capacity = F.C)

a) Définition:

La capacité de rétention correspond sensiblement à la quantité maximale d'eau capillaire retenue par le sol. Quand l'eau, capable d'obéir à l'attraction de la pesanteur, a gagné le sous sol, il s'établit alors dans le sol, désormais ressuyé, un degré d'humidité qui correspond à un équilibre, car il cherche à s'y maintenir et on le retrouve chaque fois que les mêmes conditions se présentent. L'eau ainsi retenue se trouve dans le sol:

- soit fixée dans les vides de faible ouverture ou les frottements l'empêchent de s'écouler vers le bas;
- soit maintenue par les forces de liaison contre les particules du sol sur lesquelles elle forme une pellicule et dans la plupart des vides du sol ou elle prend l'aspect d'eau capillaire.

- soit enfin sous forme de vapeur d'eau mélangée à l'air de l'atmosphère du sol.

Il s'agit donc, pour sa plus grande partie, de l'eau occupant la microporosité. L'attraction de la pesanteur est ainsi équilibrée par les forces de liaison et par les effets de frottement. La proportion d'eau ainsi fixée par le sol s'appelle: **Capacité de rétention**. Elle est définie par la quantité d'eau capable d'être conservée par le sol, qui a été saturé puis a subi un drainage qui s'est exercé librement (le sol étant à l'abri de toute évaporation).

b) La capacité de rétention d'un sol dépend : de sa porosité, ou plus exactement de sa microporosité ou porosité capillaire. Elle dépend donc de sa structure et de sa texture. Les forces de liaison s'exerçant sur des surfaces sont proportionnelles à l'étendue des surfaces internes du sol. Tous les facteurs qui contribuent à augmenter ces surfaces (ex: Structure en petits agrégats, texture fine etc.) augmentent ainsi la capacité de rétention.

3° Point de flétrissement (W.P ; Wilting point)

a) Définition:

Sous l'effet de prélèvements opérés par les végétaux et par évaporation, l'eau pelliculaire est retenue de plus en plus énergiquement par les forces de liaison et à une certaine limite, cette rétention est suffisante pour équilibrer la pression osmotique qui permet l'absorption; cette dernière est alors considérablement ralentie. Il s'établit une véritable compétition entre le sol et la plante. Cette dernière continue cependant à transpirer, et vidées d'une partie de son eau, les cellules perdent leur turgescence. Ainsi, la plante flétrit, mais si à ce moment le sol bénéficie d'un apport d'eau, la plante peut reprendre et survivre. L'humidité correspondante définit le **point de flétrissement temporaire**. Par contre, si la sécheresse du sol s'intensifie quelque peu, la plante accentue son flétrissement et meurt. L'humidité du sol en rapport avec cet état est dite **point de flétrissement permanent**. Cette humidité (ou quantité d'eau) correspond à la limite inferieure de l'eau capillaire absorbable par les racines.

Le point de flétrissement (Tableau 9) varie essentiellement avec la texture, la proportion d'éléments fins du sol. Il correspond à une humidité plus élevée pour les sols argileux que pour les sols sablonneux.

Tableau 9. Point de fletrissement en fonction de particule de sol

Point de flétrissement	Pression (atm)
Temporaire	10
Permanent	16

Le niveau de l'humidité dans les autres coloïdes au point de flétrissement permanent peut être présenté (Tableau 10)

Tableau 10. Niveau d'humidité en fonction de particule du sol

Particule	% d'humidité à W.P.
Sable	1 - 3%
Limon	5 - 15%
Sol argilo-limoneux	15%
Argile	15 -40%
Sol tourbeux	35%
Tourbe	50%

b) La détermination du point de flétrissement

Il existe plusieurs méthodes pour la détermination de W.P. Parmi elles, on retrouve la méthode biologique qui consiste à cultiver une plante en pot puis à laisser sécher le sol et à déterminer le taux d'humidité lorsque la plante se fane.

E. Les mouvements de l'eau dans le sol.

Les mouvements de l'eau dans le sol sont régis par deux forces d'origine différente:

- La pesanteur qui détermine l'écoulement de l'eau de gravité vers le bas;
- Les forces capillaires qui sont exprimées par les variations du potentiel capillaire d'un point à un autre.

Toute diminution locale de la teneur en eau d'une certaine région du sol, (surface soumise à l'évaporation) provoque une élévation du pF (force de succion) donc un appel de l'eau existant en excès dans les régions plus humides voisines. Les mouvements descendants de l'eau de gravité sont favorisés par la perméabilité et les mouvements ascendants sont causés par l'évaporation superficielle. Il y a lieu de rappeler que la perméabilité est la facilité plus ou moins grande avec laquelle le sol se laisse pénétrer et traverser par l'eau. Elle se mesure par la rapidité de filtration de l'eau à travers le sol. Elle dépend de la texture et de la structure du sol.

Le potentiel matriciel est l'énergie nécessaire pour extraire la première goutte d'eau d'un sol. Il représente l'énergie avec laquelle l'eau est retenue par les forces capillaires du sol. Ce potentiel s'exprime en hauteur d'eau d'ascension capillaire, en centimètres. Le pF est égal au logarithme décimal du potentiel matriciel. Ainsi, la capacité au champ équivaut approximativement à **pF=2.9** et le point de flétrissement permanent à **pF= 4.2**.

a) Acquisition des données.

Mesure de l'humidité : L'humidité pondérale se mesure par prélèvement, pesée à l'état humide puis à l'état sec. Hp = (Poids humide-Poids sec)/Poids sec. L'humidité volumique peut être mesurée par une sonde à neutrons, ou par une sonde TDR.

Mesure de densité : La densité apparente peut être mesurée par une sonde gamma.

Mesure de potentiel matriciel : Les tensiomètres permettent de mesurer le potentiel total tant que ce potentiel n'excède pas **0.8 bars (800 cm d'eau environ)**, c'est-à-dire jusqu'à **pF=2.9**. La presse à membrane ou presse de Richards permet une mesure de potentiel matriciel jusqu'à **20 bars (pF=4.3)** ou **100 bars (pF=4)** selon le modèle.

b) Perméabilité à l'eau et à l'air (en saturé et sous saturé), lien avec la porosité

1) Perméabilité des sols saturés en eau

Loi de Darcy.

C'est une loi phénoménologique très utilisée car son domaine de validité est très large. Cette loi estime que le flux d'eau est proportionnel au gradient de pression qui le génère.

Q= S. Ks.dH/dX

avec:

Q : débit ($m^3. s^{-1}$)

S : section de sol au travers de laquelle le flux est mesuré.

H : potentiel total (potentiel matriciel + potentiel gravitaire ; en saturé le potentiel matriciel est nul)

X : axe de l'écoulement.

Ks : perméabilité ou conductivité hydraulique en saturé. Ks à la dimension d'une vitesse.

Pour une colonne de sol de longueur L, le perméamètre peut être schématisé de la manière suivante.

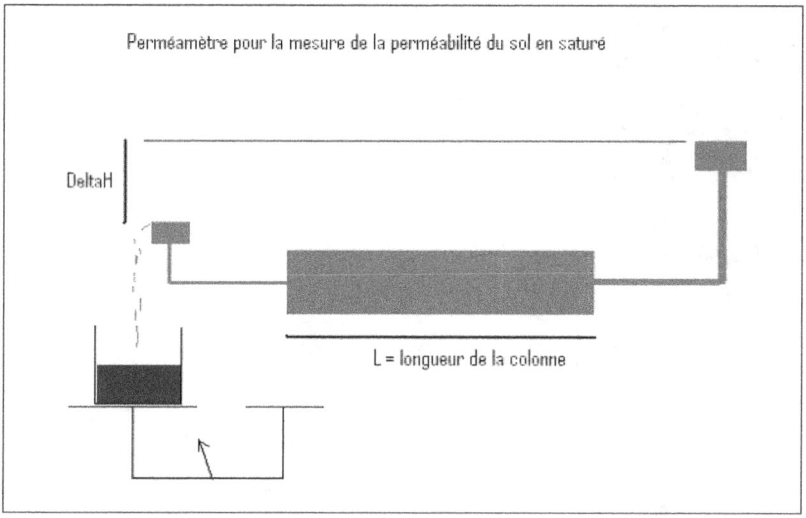

Figure 20. Schéma d'un perméamère

Perméamètre: La longueur de la colonne de sol est L. Le sol étant saturé d'eau, il a été représenté en bleu afin de montrer la continuité du cheminement de l'eau, même si l'eau ne circule pas par toute la section du sol à cause des solides). La charge hydraulique est représentée par delta H (ou H). C'est la différence de hauteur entre l'entrée et la sortie de l'eau de la colonne. Ce type de perméamètre permet d'appliquer des gradients hydrauliques inférieurs à 1, ce qui n'est pas le cas avec un perméamètre vertical.

2) Conductivité du sol saturé et vitesse de l'eau lors de l'infiltration.

Lorsque l'eau sature un sol avec un flux entrant par la surface du sol, par exemple lorsqu'une flaque alimente ce flux, H et L ont la même valeur à l' instant où la flaque disparaît en s'enfonçant dans le sol. A cet instant, H=L, H/L=1 et la vitesse d'enfoncement de la surface de la flaque est égale à Ksat.

Mais attention, il s'agit d'une vitesse fictive de déplacement de l'eau dans le sol. En effet, la flaque occupe toute la section. En revanche, l'eau ne transite dans le sol que par une partie de la section (section des pores les plus grossiers). En fait au moment où la flaque disparaît, la vitesse moyenne de l'eau dans la porosité est égale à Ksat/thétasat. Cette vitesse moyenne est la moyenne entre de l'eau immobile (vitesse nulle et de l'eau mobile), donc entre des valeurs extrêmement hétérogènes. Les propriétés de transport, en particulier la dispersion, sont étroitement dépendantes de la vitesse réelle de l'eau dans les pores.

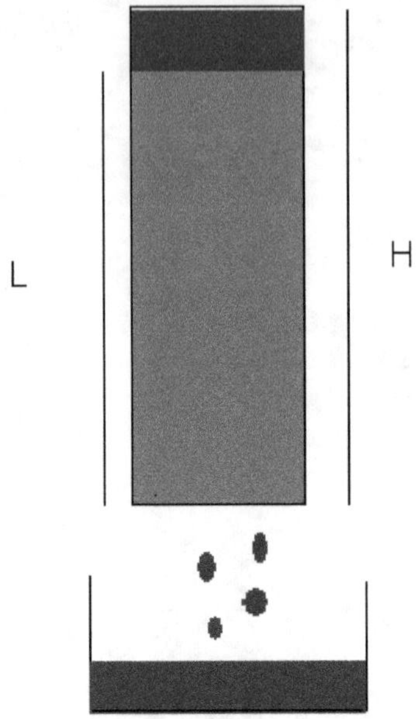

Figure 21. Schéma d'un perméamère vertical

Perméamètre vertical. La longueur de la colonne de sol est L et la charge hydraulique est H. Lorsque la lame d'eau surmontant la colonne est très petite, H et L sont quasiment égaux, H/L, le gradient hydraulique est alors voisin de 1.

3) Perméabilité des sols sous saturés en eau

La loi de Darcy peu être généralisée au sol non saturé. La seule différence est que la conductivité hydraulique varie avec l'humidité. Habituellement, cette variation est très importante. Une diminution de quelques pourcent d'humidité engendre une diminution de 1 ou 2 ordre (s) de grandeurs de la conductivité hydraulique.

Différentes méthodes sont utilisées. Les méthodes du drainage interne et la méthode du plan de flux nul sont parmi les plus fréquentes.

4) Propagation des perturbations issues de la surface (onde hydrique ou thermique)

5) Etats physiques su sol (plasticité, cohérence, adhésivité,..)

F. Profil et Bilan hydrique.

1° Profil hydrique

On appelle profil hydrique: une courbe représentative des degrés d'humidité d'un sol en fonction de la profondeur. Les profils hydriques permettent de suivre le comportement d'un sol vis-à-vis de l'eau et, le comparer à d'autres sols. Ils donnent une représentation graphique de l'évolution des ressources en eau d'un sol sous l'influence des divers facteurs internes ou externes qui régissent les déplacements de l'eau.

2° Bilan hydrique

Il représente la ventilation de l'eau qui a pénétré dans le sol, entre les diverses destinations qu'elle y a prises : eau de drainage, eau retenue par le sol, eau évaporée, eau consommée par les plantes.

On peut le représenter par l'équation:

Le Bilan hydrique équivaut à l'eau infiltrée = eau retenue + eau de drainage + eau d'évaporation atmosphérique + eau consommée par les plantes.

Equation générale du bilan hydrique

$$\Delta S = P + Ir + G - R - D - ET = I + G - D -$$

ΔS : vriation du stock d'eau
P : précipitation
Ir : irrigation
G : remontées capillaires
R : ruissellement
D : drainage (percolation)
ET : évapo-transpiration
I : infiltration

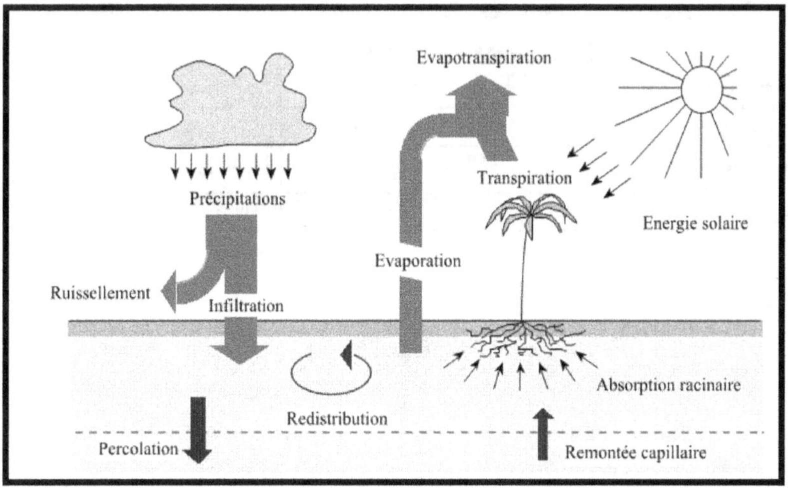

Figure 22: représentation schématique des éléments du bilan hydrique

Les éléments du bilan sont connus et peuvent être mesurés : - Les pertes d'eau par les besoins de végétaux (évapotranspiration), et l'évaporation sont représentées par l'évapotranspiration potentielle (E.T.P.) qui peut être calculée par la formule de TURC ou par des mesures directes. On a d'une part les apports par les pluies, et d'autre part les disponibilités du sol ou l'eau utile ou réserve facilement utilisable pendant les périodes sèches.

Formule de Turc : $ETR = \frac{P}{\sqrt{0{,}9+\frac{P^2}{L^2}}}$

Avec P : précipitations anuelles et L une grandeur ampirique donnée par : $L=0{,}05T^3 + 255T + 300$ (T étant la température moyenne annuelle).

Ces données sont utilisées de la manière suivante: Si E représente l'évaporation pendant la période considérée et P désigne la quantité d'eau de pluie qui a pénétré dans le sol, les réserves en eau du sol ne sont pas mises à contribution si P > ET. Dans le cas contraire, P < ET, les réserves en eau du sol doivent combler le déficit ET - P ou couvrir ET si P = 0. Cette "réserve" ou "l'eau utile" a été évaluée par Hillaire (1956) de la façon suivante : **H = (FC - WP) x h x d' x 30 mm / 100**

Où : H = mm d'eau, h = profondeur du sol en mm et, d' = densité apparente. Les 30 mm additionnels correspondent à l'ascension capillaire en dessous de l'enracinement.

Le tableau 11 représente les valeurs moyennes pour le F.C et W.P. des sols sablonneux, limoneux et argileux.

Tableau 11. Valeurs moyennes de FC et WP des sols sablonneux, limoneux et argileux.

TYPES DE SOLS	F.C	W.P	FC - WP
Sols sablonneux	5 - 15%	1 - 3 %	5%
Sols limoneux	15 - 30%	5 - 15%	10 - 15%
Sols argileux	30 - 45%	15 - 30%	20%

CHAPITRE 5

CHIMIE DU SOL

5.1. INTRODUCTION

Ce chapitre sera consacré à l'état des propriétés chimiques de la fraction minérale du sol. Nous envisageons surtout l'influence de ces propriétés chimiques sur la nutrition des plantes. Les végétaux puisent dans le sol, d'une part des cations dont les plus importants sont : K^+ Ca^{++}, Mg^{++}, Fe^{++}, d'autre part les anions tels que SO_4^{2-} et PO_4^{3-}. Les oligo-éléments (Bo, Mn, Zn, Cu, Mo etc.) sont également absorbés à des doses très faibles par les plantes mais ils jouent un rôle catalytique non négligeable.

Les ions utilisés par les plantes existent dans le sol, sous forme de combinaisons plus ou moins complexes, par conséquent de solubilités très différentes. On classe les éléments minéraux par ordre de disponibilité dominante dans le sol.

a) Eléments dissous dans les solutions du sol.

Ce sont les sels solubles, tels que le bicarbonate de Ca et le nitrate de chaux; on trouve également des complexes anions organiques, tel que complexe fer organique.

b) Eléments absorbés sous forme échangeable

Une importante réserve de cations (Ca^{++} et K^+) ou anions PO_4^{3-}est fixée par les colloïdes du sol (complexe absorbant). Ainsi les cations sont retenus par l'argile et par l'humus et libérés progressivement grâce à un phénomène d'échange d'ions dans les solutions du sol.

c) Eléments absorbés sous forme non-échangeable ou fixés

Certains cations Fe^{3+} par exemple, sont normalement absorbés par l'argile sous- forme non ou peu échangeables. Leur absorption par les plantes n'est pas possible sous cette forme.

D'autres ions qui sont habituellement retenus sous forme échangeable (Ca^{++}, K^+, P_2O_5) peuvent également être fixés plus énergiquement par les colloïdes, ils deviennent alors difficilement disponibles pour les plantes.

d) Eléments engagés dans des combinaisons complexes

Il s'agit de minéraux inaltérés totalement insolubles. Ils sont dans leur état inassimilable. Citons le Ca^{++}, le Mg^{++}, le K^+ contenus dans les minéraux silicateux tels que les feldspaths, les amphiboles, les pyroxènes, etc.

5.2. LE COMPLEXE ADSORBANT DES SOLS ET LES PHENOMENES D'ECHANGE DES CATIONS DANS LES SOLS

A. Le complexe absorbant

Le sol possède la propriété de retenir diverses substances. En effet, les cations et les anions peuvent être retenus par le complexe adsorbant du sol, c'est à dire l'ensemble des colloïdes (substances humiques, argile, sesquioxydes, ...) dotés de charges négatives ou positives. Les ions y seront retenus sous forme échangeable. En d'autres termes, si on traite un sol par une solution contenant des ions différents de ceux retenus par le sol, il y aura échange entre les ions du complexe adsorbant et ceux de la solution:

$$\textbf{Complexe } M^+ \quad + \quad X^+ \quad \leftarrow \quad \textbf{Complexe } X^+ \quad + \quad M^+$$

L'absorption ionique dans le sol peut être considérée comme réversible: ***les ions échangeables du complexe adsorbant sont en équilibre avec la solution du sol***: toute modification de la composition de la solution du sol provoque un changement de cet équilibre par échange : certains ions du complexe passent en solution (désorption) et sont remplacés par d'autres ions, qui étaient auparavant en solution (adsorption).

Le pouvoir adsorbant est la propriété que possède le complexe adsorbant du sol, de retenir à sa surface des ions provenant de la solution du sol. Cette définition est illustrée dans les schémas ci-dessous (Figure 23).

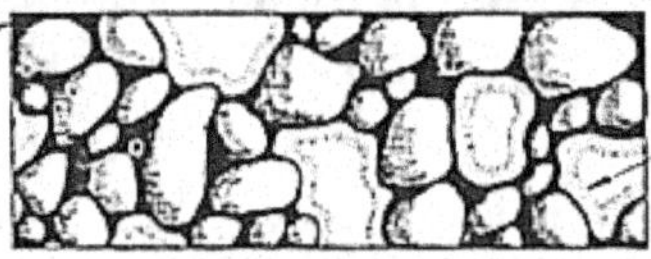

POUR FACILITER L'ETUDE PHYSICO-CHIMIQUE DU SOL, ON PEUT EGALEMENT LE REPRESENTER AINSI :

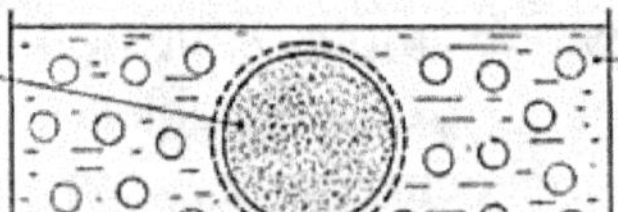

A PARTIR DE CETTE REPRESENTATION IMAGEE, ON PEUT OBTENIR LE POUVOIR ADSORBANT :

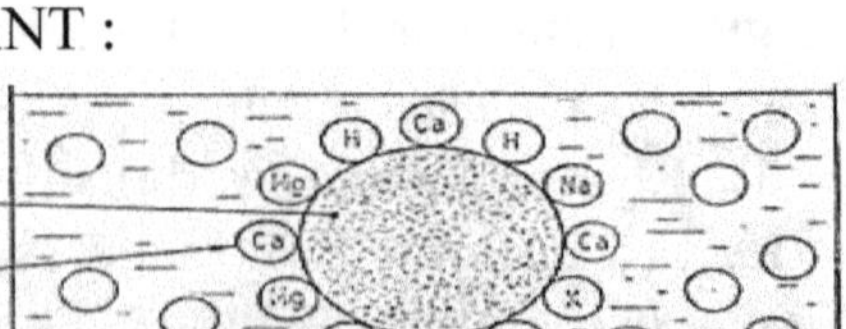

Figure 23. Le complexe adsorbant du sol (tiré de Soltner D., 1992)

B. Le pouvoir absorbant.

Nous avons signalé que les colloïdes électronégatifs du sol : tels que les composés humiques et les minéraux argileux retiennent autour de leur molécule un "essaim" (colonie) des cations. Ces cations sont: Ca^{++}, Mg^{++}, H^+, K^+ et Na^+; d'autres NH_4^+, Mn^{++}, Cu^{++}, Zn^{++} sont également retenus mais en faible quantité; enfin Al^{3+} est abondant dans les sols acides. Tous ces cations sont dits : "échangeables" c'est-à-dire qu'ils peuvent participer à un processus d'échange réversible avec les ions positifs existant dans les solutions du sol.

Il existe dans un équilibre entre les ions échangeables retenus par le "complexe absorbant" et cet équilibre est cinétique" car l'échange entre les ions absorbés et les ions en solution du sol est continuel. Ainsi les sols neutres retiennent essentiellement les ions basiques. Par contre, les sols acides ont une garniture d'ions essentiellement constitués d'ions H^+ et Al^{3+}, qui sont déplacés par l'ion Ca^{++} si l'on chaule un sol:

$$2\,SolH^+ + Ca(OH)_2 \rightarrow SolCa + 2H_2O \quad .$$

$$SolAl_2 + 3Ca(OH)_2 \rightarrow SolCa_3 + 2Al(OH)_3$$

Lorsque les minéraux complexés s'altèrent, ils libèrent des cations métalliques, qui sont ainsi fixés par le complexe absorbant et constituent la source essentielle des éléments minéraux assimilables par les plantes. Ces cations métalliques peuvent être absorbés par les racines, soit par échange direct, soit par leur libération dans les solutions du sol, les cations métalliques en solution étant alors remplacés au fur et à mesure de leur absorption par les plantes,

Certains ions échangeables (K^+, NH_4^+) peuvent dans certains cas perdre leur propriété d'ions échangeables et s'insolubilisent, ils subissent alors la rétrogradation : c'est-à-dire qu'ils sont fixés entre les feuillets des argiles.

B. Loi de l'échange des cations.

1° Généralités.

La couche d'eau formée autour des molécules absorbantes jointe à celle de l'essaim des ions absorbés (qui sont eux mêmes plus ou moins hydratés) reste liée à la molécule colloïdale: elle constitue une "solution interne" par opposition à la "solution externe du sol" qui reste libre.

Pour chaque ion, les concentrations entre les deux solutions interne et externe sont différentes, mais il existe un équilibre entre les deux. Toute modification de la concentration d'un ion, interne ou externe, entraine une modification d'équilibre par échange. L'absorption des ions ne se fait pas avec la même intensité, elle dépend de plusieurs facteurs: hydratation, valence etc.

- Les ions très hydrates (par exemple Na^+) sont absorbés moins efficacement que les ions peu hydrates (exemple: K^+).
- De même, les ions polyvalents sont absorbés de façon préférentielle par rapport aux monovalents. L'ordre d'absorption décroissante est le suivant: Al^{+++}, Ca^{++}, Mg^{++}, K^+, NH_4^+, Na^+.

2° Lois de Donnan: application aux équilibres d'échange

Les lois de Donnan définissent les équilibres de part et d'autre d'une membrane lorsqu'un des ions est un colloïde, tous les autres ions étant des cristalloïdes. On assimile la limite entre la solution interne et la solution externe à une membrane; les lois de Donnan s'appliquent alors aux phénomènes d'échange.

Dans les lois de Donnan, les concentrations relatives des ions dans les deux solutions, externe et interne, interviennent; mais la valeur de ces concentrations doit être corrigée par un coefficient d'activité (f) de l'ion ou son degré d'agitation de l'ion dans la solution. Cette activité est inversement proportionnelle à la concentration; mais elle dépend aussi de l'hydratation et de la valence. **Activité = concentration * f.**

En solution très diluée, l'activité est maximum (très voisine de concentration, $f = \pm 1$). Quand la concentration augmente, l'activité diminue. Elle diminue plus vite pour les ions bivalents que pour les monovalents, et plus vite pour les ions peu hydratés que pour les ions très hydratés.

On en déduit les informations suivantes:

- L'activité des ions augmente avec la dilution, l'ion dilué à tendance à être absorbé davantage que l'ion le plus concentré.
- Si pour deux ions dans la solution externe, la valence et la concentration sont égales, les ions les moins hydratés sont absorbés de façon préférentielle: K^+ plus que Na^+ et Ca^{++} plus que Mg^{++}.
- L'activité des ions bivalents, intervenant par la racine carrée dans l'égalité précédant, on en déduit qu'ils sont plus adsorbés plus fortement que les monovalents.

3° Variations de concentration des solutions de sol et la nutrition végétale

La dilution augmente l'activité des cations bivalents plus que c'elle des monovalents, elle favorise donc l'adsorption des bivalents par les colloïdes du sol. ***Il en résulte que les plantes absorbent surtout les ions monovalents (K^+, NH_4^+) en période humide et les bivalents (Ca^{++}, Mg^{++}) en période sèche. Cette constatation explique le lessivage***

préférentiel des monovalents par rapport aux bivalents en climat humide. En effet, les périodes pluvieuses qui favorisent la mise en solution des ions monovalents, coïncident avec un drainage plus accentuée, donc un lessivage plus intense. En période sèche, les solutions sont plus riches en ions bivalents mais il n'y a pas d'entrainement.

C. Etat du complexe absorbant dans le sol ou valeurs caractéristiques du complexe absorbant : CEC et V

Il y a lieu de définir un certain nombre de constantes qui permettent de caractériser l'état du complexe absorbant dans les sols.

1° La capacité totale d'échange (T ou CEC)

La capacité totale d'échange ou capacité d'échange de cations est la quantité maximale de cations qu'un sol peut adsorber (pour 100 g de matière sèche). Autrement dit, cette mesure représente le total des charges négatives du sol disponibles pour la fixation :

- des ions H^+ et Al^{+++},
- des cations appelés bases échangeables : Ca^{++}, Na^+, K^+, Mg^{++} (l'ion NH_4^+ peut être présent aussi, mais étant très minoritaire, il n'est pas pris en compte).

On l'exprime en milliéquivalents (méq) pour 100 g *de matière sèche. L'équivalent d'un corps étant le rapport masse atomique (en* g*) / valence de ce corps. Le milliéquivalent en est le millième.*

$$CECx = \frac{milliéquivanlent * Masse\ moléculaire\ de\ x}{Valence\ de\ x}$$

Avec x : élément chimique ou minéral concerné

Exemple : *Un sol qui a une CEC de 20 méq pourrait retenir :*
*- en Ca^{++} : 20 méq * 40/2 = 400 mg de Ca / 100* g *de sol,*
*-en Na+ : 20 méq *23/1 = 460 mg de Nä / 100g de sol.*

La CEC d'un sol dépend de la nature des colloïdes et du pH de ce sol. C'est la quantité maximale de cations métalliques que le sol peut fixer.

2° La somme des cations échangeables (S)

Elle présente la quantité totale des cations métalliques qui sont actuellement retenus par le sol: Ca, Mg, K et Na. Les ions H^+ échangeables du complexe absorbant correspondent à la différence T moins S. Il s'agit de la somme des quantités de cations basiques échangeables, fixés sur le complexe à un moment donné. On l'exprime également en meq pour 100 g de matière sèche.

La différence T-S représente donc la quantité d'ions H^+ et AI^{+++} fixes. Cette différence peut encore être appelée *<u>insaturation</u>*.

3° Le taux de saturation en cations (V) du complexe absorbant

V = S x 100/T.

En pratique, la capacité d'échange est représentée par un nombre donné de milliéquivalents pour 100g de sol (méq/l00g de sol) correspondant à une valeur fixe quels que soient le ou les cations absorbés. Il existe plusieurs méthodes pour déterminer des valeurs caractéristiques du complexe absorbant du sol.

Le taux de saturation est le rapport somme des bases échangeables / CEC, exprime en %. Ce taux est variable d'un sol à l'autre, et, pour un même sol d'une année à l'autre. En effet toute cause capable d'apporter ou au contraire d'enlever des bases échangeables au complexe, le fait varier. Ce taux dépend:

- de la richesse chimique de la roche mère,
- de la fréquence et de l'importance des apports de cations (surtout Ca lors des amendements calcaires, ...),
- de l'importance du lessivage, donc du climat, et de la perméabilité du sol.

➔ Les sols calcaires ont souvent un taux de saturation supérieur à 80 %.

➔ Les sols sableux peuvent être pauvres en bases et avoir un taux de saturation inférieur à 20 %.

Le taux de saturation du complexe absorbant est un *précieux indicateur pédologique et agronomique quant à la richesse chimique du sol. Toutefois, il faut se garder d'établir une équivalence automatique entre taux de saturation et niveau trophique* : cette attitude semble critiquable car le niveau trophique (ou plus largement la fertilité) d'un sol dépend de beaucoup d'autres facteurs tels que la teneur en argile, la structure, l'aération, le pH, la profondeur prospectable ou explorable par les racines, la réserve utile en eau, les teneurs en N P K, ...

Selon la valeur du taux de saturation, on peut ajouter un adjectif au nom du sol (Tableau 12) :

Tableau 12. Adjectif correspondant à chaque niveau du taux de saturation

Taux de saturation S/T	Adjectif
100 %	Hyper-saturé
95 %	Saturé
80 %	Quasi-saturé
50 %	Méso- saturé
30 %	Oligo- saturé
15 %	Désaturé
0 %	Hyper- désaturé

Conclusion

Le complexe adsorbant, par son pouvoir adsorbant :

- met en réserve les éléments nutritifs qui, sans lui, seraient perdus par lessivage, en les échangeant principalement contre les ions Ca^{++}, faciles à déplacer,
- libère ces éléments pour les racines, en les échangeant notamment contre les ions H^{+} formés continuellement par l'activité biologique (microbes et racines) élaborant de l'acide carbonique (H_2CO_3),
- régularise la composition de la solution du sol, milieu de vie des racines et des microbes.

Ce mécanisme de régulation concerne, outre la teneur en bases échangeables, mais aussi la teneur en Al^{+++} et en H^{+}, ions responsables de l'acidité des sols (voir deuxième partie).

LA SORPTION ET L'ECHANGE DES CATIONS

1. Généralités :

Les cations sont fixés à la surface des colloïdes sur les plages ou se développent des charges négatives. Les questions relatives à la nature des colloïdes négatifs du sol et de l'origine de leur charge ont déjà été discutées antérieurement dans les chapitres précédents. Nous n'y reviendrons pas ici.

2. Principaux facteurs réglant l'intensité des phénomènes de sorption et d'échange des cations:

a) la nature des colloïdes :

Le tableau 13 donne la capacité de sorption des principaux colloïdes négatifs à pH 7 :

Tableau 13. Capacité de sorption des principaux colloïdes négatifs du sol

Kaolinite	3 a 15 méq / 100 g
Halloysite	5 à 50 méq/ 100 g
Montmorillonite	80 à 150 méq / 100 g
Illite	10 à 40 méq / 100 g
Chlorite	10 à 40 méq / 100 g
Vermiculite	100 à 150 méq /100 g
Matière organique	100 à 450 méq /100 g

Mais, pour un même colloïde, les valeurs de CEC dépendent du pH: l'augmentation des valeurs de pH se traduit généralement, pour les colloïdes négatifs, par une augmentation des charges négatives. Inversement, l'acidification du sol se traduit par une diminution de la sorption cationique.

A titre d'exemple, le tableau 14 donne les valeurs de CaO sorbé (en méq / 100g d'argile) en fonction du pH :

Tableau 14. Valeurs indicatives de CaO sorbé (en méq / 100g d'argile) en fonction du pH :

pH	CaO sorbe en meq pour 100 g d'argile
2.61	0.53
3.81	3.75
4.75	6.75
6.35	8.70
6.90	11.90
7.00	14.95
8.00	16.76
8.60	25.44
10.54	35.12

b) la nature des ions :

La fixation des ions suit un ordre préférentiel : les cations habituellement fixés sur le complexe sont :

1. les ions H^+
2. les cations métalliques, parmi lesquels :
    - certains sont fixés en quantité importante : Ca^{++}, Mg^{++}, K^+, ...
    - d'autres en quantité généralement plus limitée :
        - ✓ l'ion ammonium NH_4^+
        - ✓ les oligo-éléments: Mn^{++}, Zn^{++}, Cu^{++}, ...
        - ✓ le fer Fe^{++} ou Fe^{+++}
        - ✓ l'aluminium Al^{+++}

L'intensité avec laquelle ces ions sont retenus est en général la suivante:

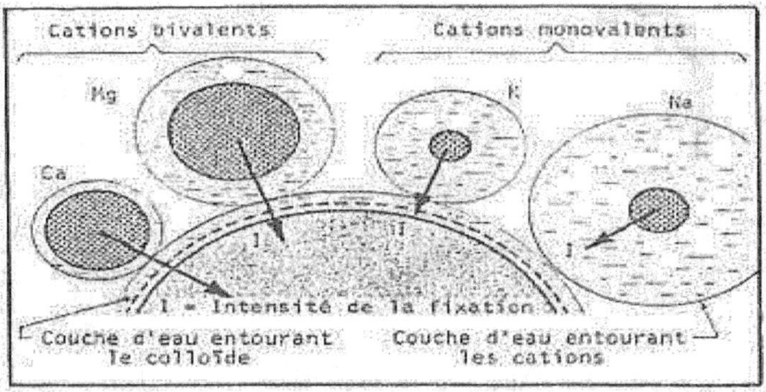

A. ANIONS: $SO_4^{--} > F^- > NO_3^- > Cl^- > Br^- > ...$

B. CATIONS: Li < Na < Mg < Ca < Ba < Al < H

Un cation est donc déplaçable par tous ceux qui sont situés à sa droite. Mais cet ordre de préférence (cations à égales concentrations dans la solution du sol) est différent pour chaque type d'argile et pour l'humus.

Par exemple :

Kaolinite	Na < H < K < Mg < Ca < Ba
Montmorillonite	Na < K < H < Mg < Ca < Ba
Mica	Na < Mg < Ca < K < H < Ba
Acides humiques	Na < K < Mg < Ca < Ba

Cet ordre préférentiel de fixation, d'une grande importance pédologique, peut s'expliquer ainsi:

- ➔ L'intensité de fixation dépend de la valence et de l'hydratation des ions ;
- ➔ Les ions bivalents Ca^{++} et Mg^{++} sont plus énergiquement retenus que les ions monovalents K^+, Na^+, ...
- ➔ Les ions faiblement hydratés (Mg^{++} et surtout Ca^{++}), c'est-à-dire entourés d'une faible couche d'eau (Figure 24) sont mieux fixes que les ions fortement hydrates (K^+ et Na^+).

Figure 24. La fixation des actions : valence et degré d'hydratation (tiré de Soltner D., 1992)

L'intensité de fixation des cations dépend de leur valence et de leur hydratation.

- Les ions bivalents Ca et Mg sont plus énergiquement fixés que les monovalents.
- Plus les cations sont entourés d'une couche d'eau importante, moins ils peuvent s'approcher des colloïdes. Pour cette raison, le sodium bien qu'étant un ion floculant, assure la floculation la moins stable.

- Pour chaque ion, il existe un équilibre entre la quantité de cet ion fixé sur le complexe adsorbant et la concentration de cet ion dans la solution du sol.

3.Le mécanisme de l'échange des cations:

a) Deux exemples d'échange de cations :

• ***Le remplacement des ions H^+ par des cations Ca^{++}* :**

Lorsque l'on introduit de la chaux dans un sol, ses molécules se dissocient :

$$Ca(OH)_2 \Leftrightarrow Ca^{++} + 2OH^-$$

La concentration d'ions Ca^{++} augmente dans la solution du sol et cette concentration se communique au complexe, par exemple un complexe argilo-humique abondamment garni d'ions H^+ : un cation Ca^{++} prend la place de deux ions H^+, qui se combinent aux anions OH^- apportés par la chaux pour former de l'eau :

$$\text{Complexe } H^+ + Ca^{++} + 2OH^- \Leftrightarrow \text{Complexe } Ca^{++} + 2\ H_2O$$

• ***L'échange de cations Ca^{++} contre des cations K^+***

Si dans ce sol enrichi en calcium par le chaulage, on introduit du chlorure de potassium (KCl, engrais potassique), ce sel se dissout, puis se dissocie en anions Cl^- et cations K^+. Ces derniers, augmentant la concentration en ions K^+ de la solution, provoquent un échange avec le complexe : ils prennent sur celui-ci la place d'ions Ca^{++}, à raison de 2 K^+ pour 1 Ca^{++}. Ces cations Ca^{++} remis en solution forment, avec les anions Cl^- du $CaCl_2$, sel soluble qui peut être lessivé: cet apport d'engrais potassique a provoqué une décalcification du sol: c'est l'action décalcifiante des engrais potassiques (voir figure 25).

DEUX EXEMPLES D'ECHANGE D'IONS ENTRE LE COMPLEXE ET LA SOLUTION DU SOL

I. Remplacement d'ion. H^+ **par des cations Ca^{++}**

II. Echange de cations Ca^{++} centre des cations K^+

Dans l'eau du sol, la chaux se dissocie en cations Ca++ et anions OH-

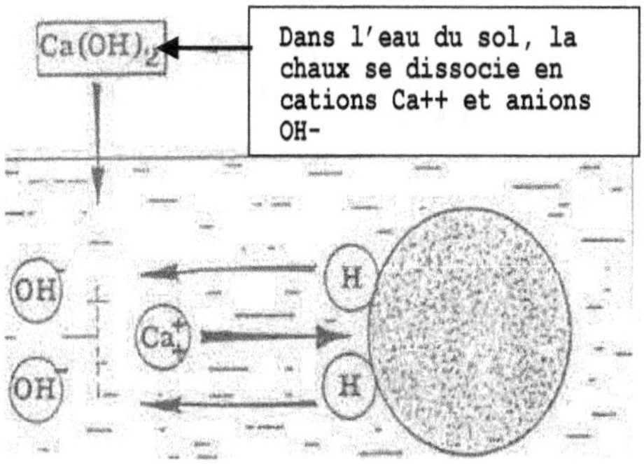

Un cation Ca^{++} prend, sur le complexe, la place de 2 ions H^+, qui s'associent aux ions OH^- pour former de l'eau.
Cette NEUTRALISATION D'IONS H^+ fait baisser l'acidité du sol : les amendements calcaires permettent donc de lutter contre l'acidité du sol.

Dans l'eau du sol, le KCl se dissocie en cations K^+ et anions Cl^-

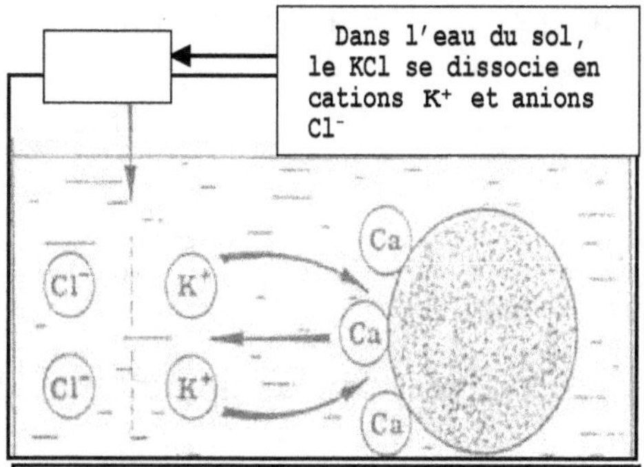

Deux cations K^+ prennent, sur le complexe, la place d'un cation Ca^{++}, qui s'associe aux anions Cl^- pour former $CaCl_2$, sel soluble, donc exposé au lessivage
Le Chlorure de potassium, et tous les engrais potassiques, ont une ACTION DECALCIFIANTE. Il sera nécessaire de recharger régulièrement le sol en Ca.

Dans un sol, il y a toujours équilibre, pour un cation donne (ici

... les cations LIBRES dans la solution...

CET EQUILIBRE PEUT ETRE DEPLACE DANS

Toute absorption d'ions par les racines ...

Obligent le complexe à RESTITUER des ions à la solution du sol

Tout apport d'ions à la solution du sol par les engrais et amendements...

permet au complexe de s'ENRICHIR en ions provenant de la solution

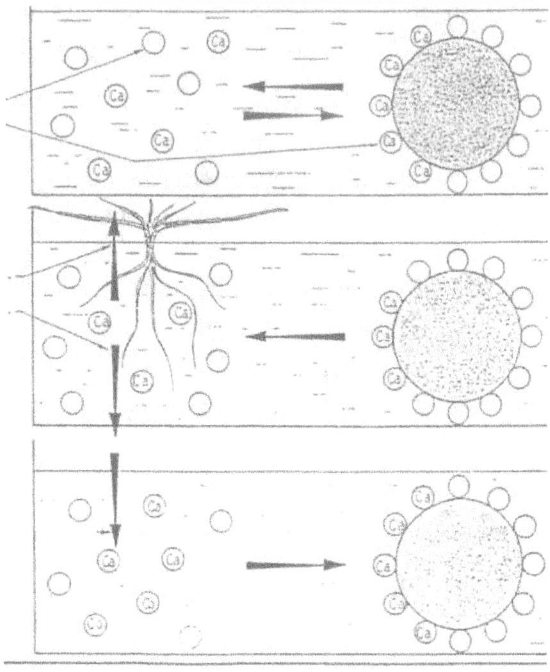

Figure 25 : Deux exemples d'échanges entre le complexe adsorbant et la solution du sol (tirés de Soltner D. ,1992)

b) Mécanisme d'échange : recherche d'un équilibre entre complexe et solution du sol

Supposons la présence simultanée des ions K^+ et Ca^{++} dans le système : argile- solution du sol.
Nous avons l'équation d'équilibre:

Argile Ca^{++} + $2K^+$ ⇔ argile ($2K^+$) + Ca^{++}
avec:

$$k = \frac{argile\ Ca^{++} * K^+}{argile\ K^+ * (Ca^{++})}$$

Avec k = constante d'équilibre qui dépend de la nature des colloïdes, de la nature des ions, ...

5.2.1. La sorption et l'échange des anions :

Dans les eaux de drainage, on trouve beaucoup d'anions NO_3^-, Cl^-, SO_4^{--}, ...

Apparemment donc ces ions ne sont pas retenus par le pouvoir adsorbant du sol. De ce fait, chacun sait que les nitrates sont très facilement perdus par lessivage. Pourtant, les anions PO_4^{3-} sont très biens retenus. Certains anions peuvent donc être fixés, et leur énergie de fixation serait la suivante, par ordre décroissant :

$PO_4^{3-} > SO_4^{--} > NO_3^- > Cl^-$

Plusieurs mécanismes expliquent cette fixation (Figure 26) :

- ✓ la fixation sur les hydroxydes de fer et d'aluminium, colloïdes positifs liés à l'argile, en échange contre des ions OH^-,
- ✓ fixation sur quelques valences positives des argiles, en échange contre des ions OH^-, ou sur des liaisons de bordure (Al^{+++}),
- ✓ fixation sur l'argile ou l'humus par l'intermédiaire d'ions Ca^{++} (ponts calciques).

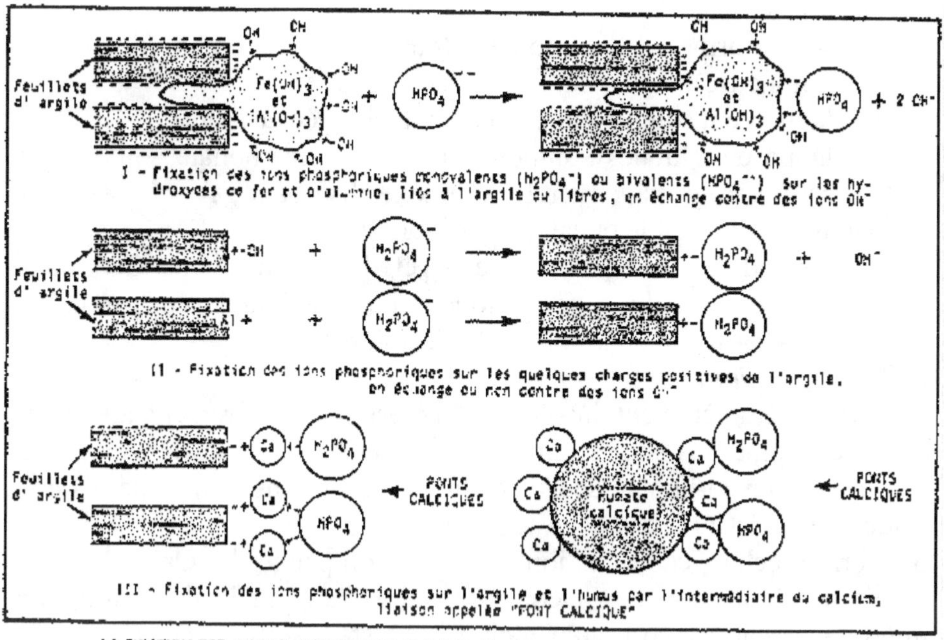

— LA FIXATION DES ANIONS SUR L'ARGILE, L'HUMUS ET LES HYDROXYDES DE FER ET D'ALUMINE est possible. Mais elle concerne surtout les ions phosphoriques ($H_2PO_4^-$ et HPO_4^{--}) et pratiquement pas les ions nitriques NO_3^-

Figure 26 : Les modes de fixation des anions (tiré de Soltner D. ,1992)

5.2.2. Les cations échangeables essentiels (Ca, Mg, K et NH_4^+)

Pour ces quatre cations qui jouent un rôle essentiel dans la nutrition minérale des plantes, la forme échangeable, en équilibre avec la forme soluble constitue la forme immédiatement assimilable. Mais, ces éléments existent aussi dans le sol sous d'autres formes moins immediatement utilisables par les plantes.

1° Le Calcium

- Rôle essentiel dans la nutrition des plantes et dans la pédogenèse: il conditionne l'évolution de la Matière organique, la formation des argiles, la nature du complexe humique, la structure etc.
- Les états du Calcium dans le sol sont classés par de solubilité croissante:

a) Minéraux primitifs complexés; certains contiennent du Calcium dont les feldspaths, plagioclases, amphiboles, pyroxènes.

b) Calcaire inactif: sous forme de $CaCO_3$ formant des grains grossiers et dont les principales caractéristiques sont:

- peu soluble dans l'eau chargée de CO_2 ;
- faible activité chimique ;
- donc sans action sur le complexe absorbant. ,

c) Calcaire actif:

- sous forme de carbonate (dans la fraction argileuse ou limoneuse);
- facilement solubilisable dans l'eau chargée de CO_2;
- Donc enrichit les solutions du sol en bicarbonate soluble qui sature progressivement le complexe absorbant.

d) Calcium échangeable et calcium soluble:

- depend du % en $CaCO_3$ actif et de la tension de CO_2 dans l'atmosphère du sol (donc fonction de l'activité biologique),
- sous forme de bicarbonate de Ca soluble.

2° Le Magnésium

a) Forme complètement insoluble; Mg est particulièrement abondant dans les minéraux noirs ferrro-magnésiens (olivine, par ex.). La dolomie est un carbonate de Ca et Mg; elle est moins soluble dans l'eau acide que le $CaCO_3$.

b) Forme échangeable: L'ion Mg^{++} accompagne le Ca^{++} dans la garniture d'ions positfs du complexe absorbant, mais il est toujours minoritaire par rapport au Calcium. Il est absorbant dans les sols calcimorphes, les solonetz magnésiens et dans certaines argiles noires tropicales.

3°. L e Potassiurn

a) Forme complexe. Le potassium forme une maille fixe entre les feuillets de certains minéraux, tels que la muscovite et la biotite. Parmi les argiles, seule l'illite (semblable des micas) contient encore 4 a 5% de K_2O.

b) Forme "fixée". Cette forme est surtout importante dans les illites. K_2O échangeable a tendance à prendre la place de K des mailles cristallines lors de 1'altération des minéraux; elle migre donc des faces externes vers les faces internes des feuillets, le potassium devient alors "non échangeable", c'est le phénomène de rétrogradation.

c) Forme échangeable. C'est la forme de potassium absorbé sur la surface externe des feuillets. Le pH élevé et la présence d'ions Ca^{++} abondants en solution du sol favorisent la "rétrogradation".

Par contre, une diminution de potassium échangeable par absorption par les plantes ou une hydratation des argiles, provoque une certaine défixation des ions K^+ et un passage à l'état échangeable. Inversement, la dessiccation des illites favorise la fixation par resserrement des feuillets.

4° L'Ammonium.

C'est un ion particulier (NH_4^+) qui est liberé par la minéralisation de l'azote organique; il est sous forme échangeable. L'ion ammonium existe aussi sous forme fixée dans les feuillets des argiles ou par la matière organique fraiche peu décomposée et il évolue vers une forme d'azote insoluble et inassimilable.

5.3. LES PHENOMENES ELECTRO-IONIQUES DU SOL

5.3.1. L'acidité du sol : Le pH

1° Définitions

Dans le sol, on distingue l'acidité actuelle et l'acidité totale ou pontentielle.

- L'acidité actuelle exprime la concentration en ions Hydrogène actuellement dissociés dans la solution du sol.
- L'acidité totale correspond à la somme des ions H^+ échangeables qui accompagnent les molécules absorbantes, qui ne sont donc pas actuellement dissociés, mais se dissocient progressivement au fur et à mesure de la neutralisation.

2°. Sources des ions H^+ dans le sol

L'acidité du sol est définie par la concentration en ions H^+. D'une manière très générale, on peut affirmer que la grande majorité des hydrogènes du sol, proviennent des activités biologiques. Mais considères en un moment donne, sur un sol détermine, les ions H^+ se répartissent en deux catégories :

a) les ions H^+ présents dans la solution du sol;
b) les ions H^+ fixes sur les colloïdes à l'état échangeable ;

5.3.2. Les sources de production d'ions H^+ sont

a) les atomes d'hydrogènes appartenant à des acides organiques et pouvant être libérés ;
b) ions H^+ issus de la réaction entre CO_2 produit par la faune du sol, la respiration des racines, la décomposition des matières organiques, $CO_2 + H_2O \Leftrightarrow HCO_3^- + H^+$
c) les ions H^+ résultant de la fixation de molécules d'eau sur certains ions comme Al^{+++} :
$Al^{+++} + H_2O \Leftrightarrow Al(OH)^{++} + H^+$
$Al(OH)^{++} + H_2O \Leftrightarrow Al(OH)_2^- + H^+$
$Al(OH)_2^- + H_2O \Leftrightarrow Al(OH)_3^- + H^+$
Soit l'équation globale :
$Al^{+++} + 3H_2O \Leftrightarrow Al(OH)_3 + 3H^+$

5.3.3. Les différentes expressions de l'acidité :

Parmi les expressions les plus courantes de l'acidité, citons :

a) L'acidité actuelle (=acidité active) :

Cette valeur est un reflet approximatif de la quantité d'ions H^+ libres se trouvant dans la solution du sol. Elle s'exprime le plus souvent par le pH du liquide obtenu en délayant un poids donné de terre dans un certain volume d'eau distillée (Rapport SOL/SOLUTION: 1/2,5*)*. Ce pH vise à donner une idée de la concentration en ions H^+ les plus actifs. Il s'agit du pH que l'on peut lire avec le liquide indicateur de terrain.

L'acidité actuelle est exprimée par le pH, ou le cologarithme de la concentration des ions H^+ à l'état libre dans les solutions du sol.

- Les sols acides ont un pH inférieur à 5.
- Les sols moyennement acides : pH 5 - 6.
- Les sols alcalins : pH supérieur à 7.

b) L'acidité potentielle :

Cette valeur exprime la somme des ions H^+ fixés sur le complexe adsorbant (beaucoup plus abondants que les H^+ libres dans la solution du sol), qui constituent une « réserve» actuellement non disponible. **L'acidité totale du sol est composée de l'acidité potentielle et de l'acidité actuelle**.

c) L'acidité d'échange :

Elle tend à mesurer la masse des ions H^+ échangeables, susceptibles de jouer un rôle écologiquement important à brève échéance. Il s'agit d'une mesure indirecte de l'acidité potentielle du sol. Elle s'obtient en additionnant le sol d'une grande quantité d'un sel neutre comme le KCl dont les K^+ vont provoquer le passage dans la solution du sol, d'un grand nombre d'ions H^+ (et Al^{+++}) qui étaient fixés d'une manière échangeable à la surface des colloïdes.

L'acidité totale ne peut être mesurée que par titration. Elle correspond à la quantité de cations métalliques nécessaires pour "saturer" le complexe absorbant, donc pour remplacer la totalité des ions H^+ échangeables.

Rappelons que dans beaucoup de sols acides, l'abondance d'Aluminium échangeable augmente l'acidité titrable.

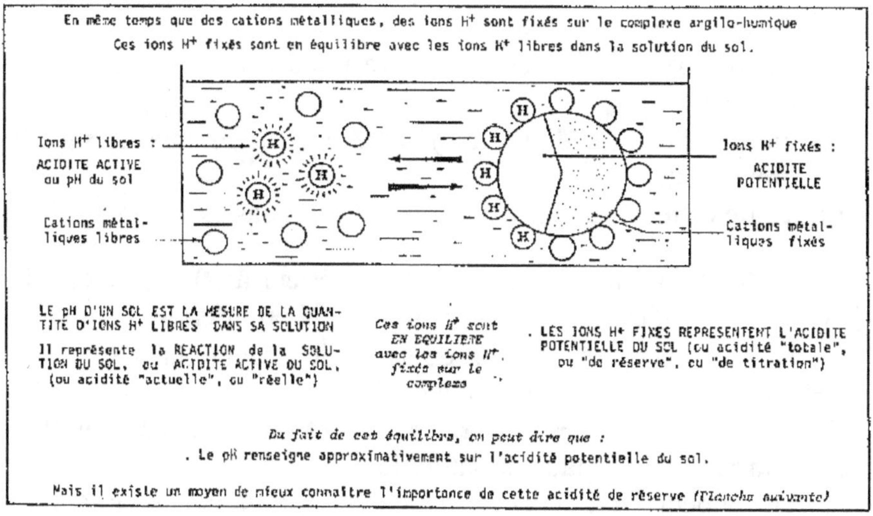

Figure 26: Les différents types d'acidité du sol (tire de Soltner D. ,1992)

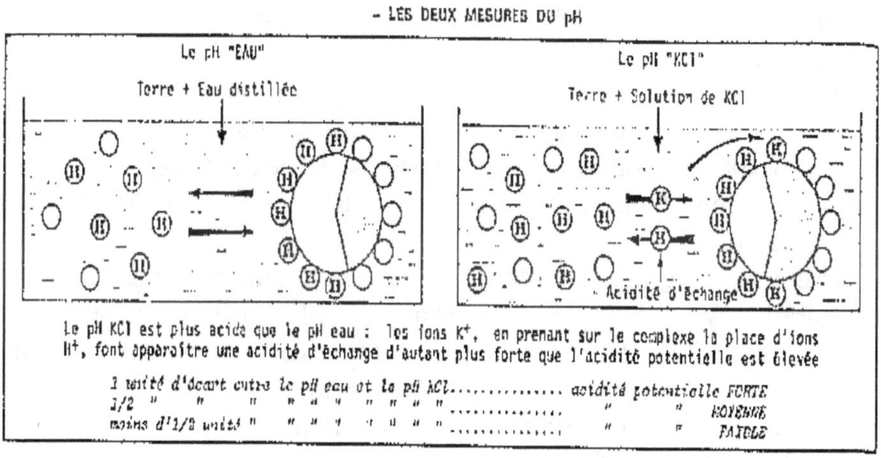

Figure 27. La réaction du sol vis-à-vis de l'apport d'Alumimium

5.3.4. Relation entre le pH et l'état du complexe absorbant

L'acidité potentielle, somme des ions H^+ (et Al^{++}*)* fixés, représente l'« instauration» du complexe, c'est-à- dire la différence T - S.

Comme les ions H^+ libres, qui représentent l'acidité actuelle, sont en équilibre avec les ions H^+ fixés, qui représentent l'acidité potentielle, on peut penser que le pH (eau) donne une idée sur l'acidité potentielle et donc, par différence, sur le taux de saturation.

S'il en est ainsi,

- un pH bas (acidité élevée) correspond à un taux de saturation faible ;
- un pH élevé (acidité faible) correspond à un taux de saturation important.

En réalité cette relation n'existe que dans les cas extrêmes:

- Le taux de saturation très faible (inférieur à 10 %) de certains sols de landes, correspond à un pH égal ou inférieur à 4 ;
- les sols calcaires, au taux de saturation supérieur à 80 %, ont un pH supérieur à 7, souvent de 8 à 8,5.

Mais pour les acidités moyennes, il n'existe aucune corrélation précise entre le pH et le taux de saturation:

- un sol peut avoir, à pH 7, un taux de saturation de 60 à 90 %,
- entre pH 4,5 et 5,5, le taux de saturation peut varier de 30 à 70 %.

Il existe un équilibre entre les ions H^+ libres dans les solutions du sol et ceux du complexe absorbant: Sol H <=======> Sol + H^+

L'acidité est d' autant plus forte (pH bas) que le complexe absorbant est plus riche en H^+ échangeables, c'est-à-dire desaturé. Les cations métalliques échangeables agissent en sens inverse et tendent à relever le pH: le complexe absorbant libère certains de ces cations, il y a alors formation d'ions OH^- par hydrolyse: Sol K + H_2O <==========> Sol H + K^+ + OH^-

Par conséquent, le pH peut traduire d'une "manière approchée" l'état de saturation V du complexe absorbant. Le pH est d'autant plus élevé que le rapport S/T est proche de 100%. Les expériences montrent qu'il y a de proportionnalité rigoureuse entre le pH et la valeur V.

Les indications du pH ne sont que des valeurs indicatives:

- Sol totalement desaturé: pH = 3;
- Sol riche en calcaire = pH > 7;
- Sol à pH > 4, V < 10%;
- Sol à pH = 7, V = 60 - 90%.

5.3.5. Comment expliquer ce manque de corrélation ? :

Plusieurs causes font varier le pH pour un même taux de saturation:

- **La nature des colloïdes**: les ions H^+ fixés sur l'humus ou sur la montmorillonite se dissocient plus facilement que ceux que fixe la kaolinite et surtout les hydroxydes de fer et d'alumine

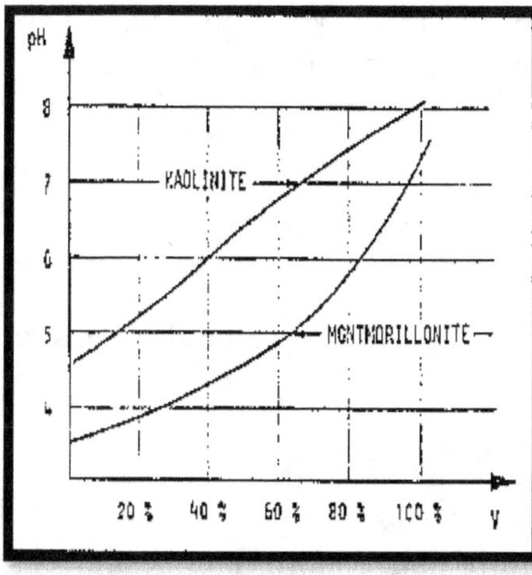

LE RAPPORT ENTRE LE pH ET LE TAUX DE SATURATION

(D'après BUCKMANN et BRADY, « Le sol, nature et propriétés »)

Pour un même pH, le taux de saturation (V) varie selon les colloïdes :

A pH 6, la kaolinite est saturée à 40 % et la montmorillonite à 82 %.

Comme on ignore en général la proportion relative de ces deux types d'argile dans le sol analysé, le pH ne donne qu'une idée très approximative du taux de saturation, du moins pour les valeurs moyennes (entre pH 5 et pH 7,5).

Figure 28. Corrélation entre pH et taux de saturation dans le sol

- **La présence d'ions Al^{++} et Fe^{+++}** : dans les sols acides, des ions Al^{+++} et Fe^{+++} qui faisaient partie des feuillets d'argile, deviennent échangeables : ils se fixent en abondance sur le complexe et passent en solution: au contact de l'eau, ils forment des hydroxydes de Fer et d'Alumine avec production d'ions H^+ qui élèvent l'acidité actuelle (donc abaissent le pH) sans pour autant que l'acidité potentielle soit forte:

$$Al^{+++} + 3H_2O \Leftrightarrow Al(OH)_3 + 3H^+$$

- **La nature des cations adsorbés :**

Pour un même taux de saturation, un sol aura un pH d'autant plus élevé qu'il présentera un rapport (Na + Mg) / Ca plus élevé, en effet :

- Si le Ca domine, le pH reste modéré :

$$\text{Micelle Ca} + 2\,H_2O \rightleftharpoons \text{Micelle 2 H} + Ca(OH)_2$$

$$Ca(OH)_2 \rightleftharpoons Ca^{++} + 2\,OH^-$$

La chaux, base FAIBLE, est peu dissociée : elle donne peu d'ions OH^-

LE pH RESTE MODÉRÉ

- Si le Na domine, le pH est élevé :

$$\text{Micelle Na} + H_2O \rightleftharpoons \text{Micelle H} + NaOH$$

$$NaOH \rightleftharpoons Na^+ + OH^-$$

La soude, base FORTE, est très dissociée : elle donne beaucoup d'ions OH^-

LE pH S'ÉLÈVE BEAUCOUP

La faible corrélation entre le pH et la valeur V montre qu'il s'agit d'un équilibre complexe dans lequel plusieurs facteurs interviennent:

1. Nature du complexe absorbant,
2. Le rôle des ions Al^{+++} échangeables,
3. Dilution des solutions du sol,
4. Tension de CO_2 des sols calcaires.

a) Nature du complexe absorbant

Les courbes de taux de saturation V des argiles et de l'humus en fonction du pH sont très différentes.

A pH = 6, on observe:

- pour la Kaolinite (K), V = 40%,
- pour la Montmorillonite (M), V = 80%.

Il y a lieu de noter qu'une argile neutre peut encore fixer des bases si le pH augmente. En effet, de nouveaux ions H^+ échangeables prennent naissance au pH alcalin.

On distingue:

- les charges "permanentes" neutralisables à pH 7;
- les charges "non permanentes qui se développent à pH élevé.

Exemple:

- Dans la montmorillonite: il y a plus de charges permanentes.
- Dans la kaolinite: les charges non permanentes sont plus abondantes.
- Dans les sols à Kaolinite, si le milieu est acide et riche en Fe_2O_3, les charges négatives sont neutralisées.

b) Le rôle des ions Al^{+++} échangeables

L'ion Al^{3+} en solution décompose l'eau en libérant H^+

$Al^{3+} + 3H_2O$ ---------- > $Al(OH)_3 + 3H^+$

Dans les sols minéraux, l'ion Al^{3+} est plus abondant que l'ion H^+. Ainsi, dans certains sols lessivés à pH 5, ce sont les ions Al^{+++} qui sont responsables de l'acidité.

c) Dilution des solutions du sol

L'équilibre entre H^+ libre et H^+ échangeable varie en fonction de la teneur en eau du sol. Si la teneur en eau augmente, il existe un phénomène de compensation par libération d'une certaine quantité d'ions H^+ du complexe absorbant. Une forte dilution peut également se traduire par une augmentation du pH.

d) Tension de CO_2 des sols calcaires

Dans les sols calcaires: le pH est fonction de la tension de CO_2. Ainsi, les pH mesurés sur terrain et au laboratoire sont différents:

- Sur terrain: la tension de CO_2 est élevée, provoque la formation de bicarbonate de calcium.

$CaCO_2 + CO_2 + H_2O \rightarrow Ca(CO_3H)_2$ d'ou le pH varie entre 7 et 7,5.

- Au laboratolre, la perte de CO_2 gazeux transforme $Ca(CO_3H)_2$ en $CaCO_3$ d'ou le pH monte à 8 ou 8,5.

5.3.6. Mesure du pH du sol.

a) La meilleure méthode consiste à mesurer le pH sur le terrain à l'aide de pH-mètre portatifs, munis d'électrode de pénétration. On peut mesurer aussi à l'aide des "indicateurs universel" (pH de 4 à 8).

b) Au laboratoire, on mesure le pH sur un mélange sol + eau en proportion constante (1/1) pour avoir des comparaisons valables. La méthode électrométrique est la plus précise.

5.3.7. Variation du pH en fonction du temps

Les variations saisonnières de pH peuvent être importantes, elles sont liées:

- à la dilution des ions H^+ par les eaux de pluie en saison humide,
- aux phénomènes de nitrification qui, en saison de forte activité biologique, peuvent abaisser le pH.

A. Les variations de pH des sols:

Le pH des sols (horizon A) s'échelonne entre des limites relativement restreintes:

- Celui des podzosols, sols à humus de type Moder ou mor et au complexe très désaturé, peut descendre jusqu'à 3,5 ;
- Celui des rendosols, sols très calcaires, s'élève souvent jusqu'à 8-8,5,
- Celui des sols riches en sodium peut dépasser 9-9,5,

Le pH d'un sol varie, à court terme, avec la saison :

Ces variations sont en général d'une demi-unité, parfois davantage et sous climat tempéré, le pH est minimum en été et maximum en hiver.

Ces variations s'expliquent par:

- La dilution de la solution du sol qui a tendance, en hiver, à diminuer la concentration en H^+, et donc à relever le pH,
- La production d'acides par activité biologiques (microbes et racines), maximale en été : production d'acides organiques et de CO_2 lors de la respiration ou de l'humification, ...

Le pH d'un sol varie à long terme:

Sous climat tempéré humide, tout sol a tendance :

- à se désaturer, c'est-à-dire à perdre progressivement ses cations basiques, notamment le Ca^{++} ; on dit qu'il se décalcifie ;
- à s'acidifier, c'est-à-dire à se charger de quantités croissantes d'ions H^{+}. Du fait de l'équilibre acidité active ou actuelle-acidité potentielle ; cette acidification porte à la fois sur le complexe et sur la solution.

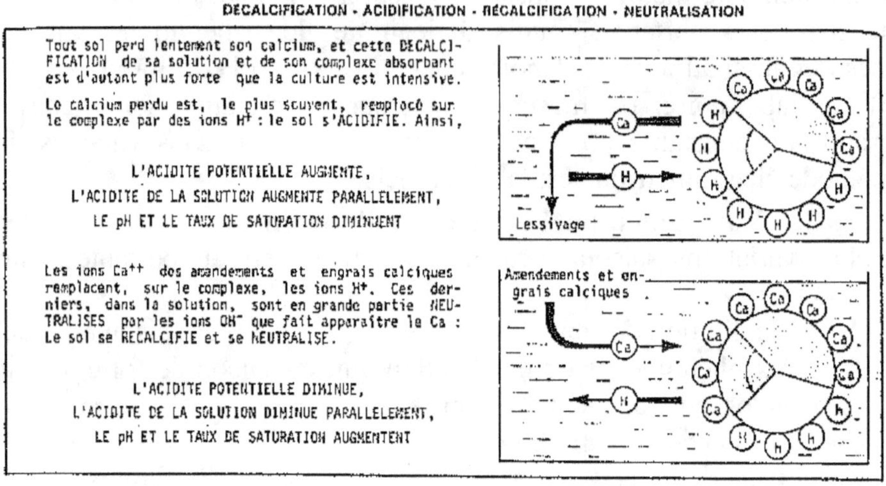

Figure 29 : Les variations de pH d'un sol agricole (tire de Soltner D. ,1992)

5.4. LE POUVOIR TAMPON DES SOLS

Lorsque l'on ajoute à de l'eau pure des quantités croissantes d'un acide ou d'une base, on constate que le pH varie brusquement, passant par exemple, pour une seule goutte d'acide, de pH 7 à pH 3, ou pour une seule goutte de base, de pH 7 à pH 11.

La même expérience réalisée avec un échantillon de terre montre que les variations sont beaucoup plus progressives, et d'autant plus qu'il est argileux et humifère (Figure 30). On dit que le sol a un pouvoir tampon (ou est un milieu tamponé), qui le rend apte à résister aux variations brutales de son pH. Ce pouvoir est lié à la présence des colloïdes ou est dû au complexe absorbant.

Il peut s'expliquer comme suit:

- Si la quantité d'ions H^{+} augmente dans la solution, une partie de ces ions se fixe sur le complexe, en échange par exemple de Ca^{++}. L'acidité active et l'acidité potentielle ont d'autant moins varié que le complexe est important, donc que le sol est plus argileux ou humifère.

- Si les ions H^+ en solution diminuent, neutralisés par les ions OH^- apportés par exemple par la chaux, ils sont remplacés par des ions H^+ du complexe dont la place est prise par les Ca^{++} de la chaux. L'acidité active, comme l'acidité potentielle, ont baissé, mais d'autant moins que le sol est plus argileux ou humifère.

Ainsi, on peut dire que:

1. Les sols argilo-humiques à forte capacité d'échange sont bien tamponnés.
2. Les sols sableux à faible valeur de T, sont peu tamponnés.
3. Le pouvoir tampon des sols résulte de l'absorption des ions H^+ et OH^- ajoutés dans des complexes faiblement ionisés, de sorte que le pH varie peu.

Par exemple : Argile-Ca + 2 HCl → Argile-H + $CaCl_2$

4. L'Argile-H est peu ionisé, le pH diminue donc faiblement.

Le pouvoir tampon des sols à l'égard des acides s'explique par l'existence dans le sol:

➔ des charges positives facilement disponibles:

- bases absorbées,
- colloïdes électropositifs (ex : $Fe(OH)_3$) ,
- Al^{3+} des zones de rupture des feuillets cristallins.

➔ des charges négatives: des colloïdes électronégatifs tamponnent les sols à l'égard des bases.

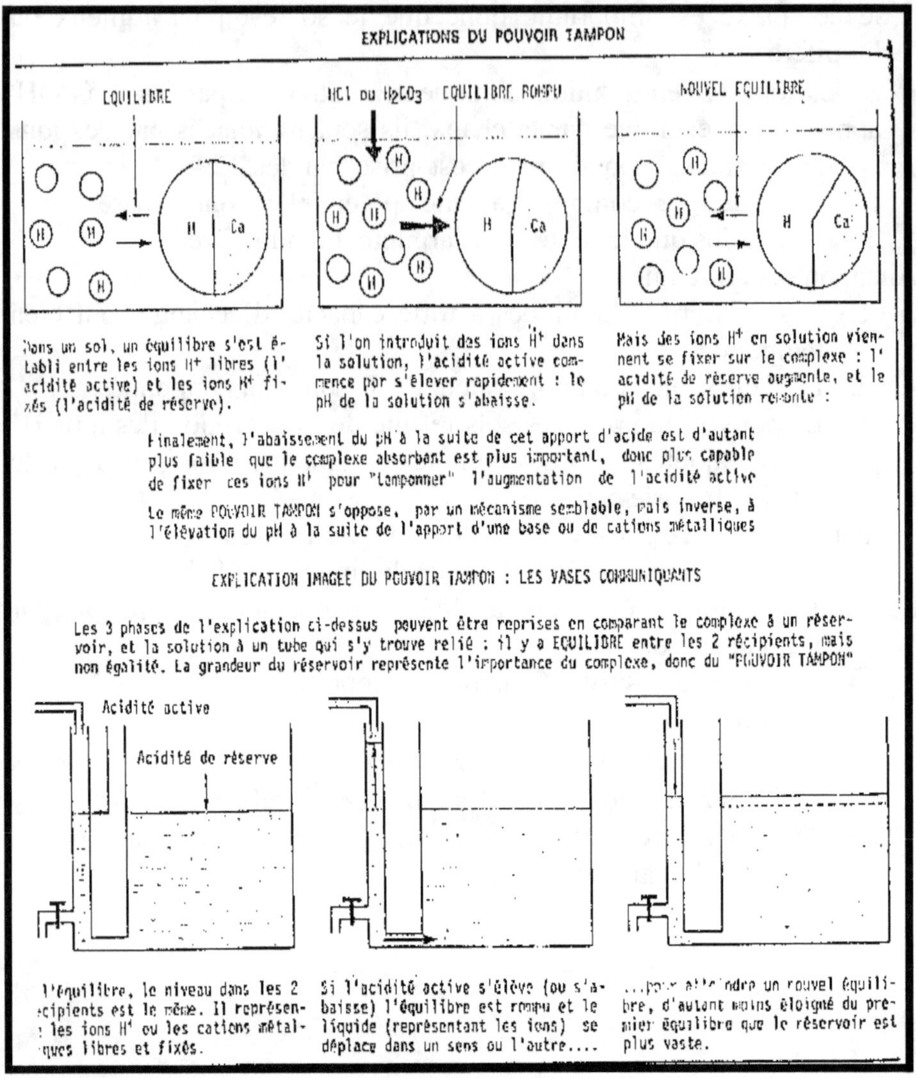

Figure 30 : Le pouvoir tampon (tire de Soltner D. ,1992)

5.5. LA NUTRITION MINERAL DES PLANTES

5.5.1. Généralités :

1. La nutrition minérale des plantes :

Une des fonctions essentielles du sol, outre son rôle de support, consiste à fournir à la plante les éléments nutritifs (nutriments) qui lui sont nécessaires. ***Selon la théorie encore la plus généralement admise, les prélèvements minéraux par les racines des végétaux se feraient au départ des solutions du sol.*** Toutefois, il semble qu'il faille accepter la possibilité de certains échanges par contacts directs entre les colloïdes du sol et les cellules des poils absorbants radiculaires.

2. Les sources d'éléments nutritifs:

Les ions nutritifs, présents en un moment donné dans les solutions du sol, peuvent avoir une quadruple origine :

- La réserve minéralogique et les sels solubles,
- Le stock ionique fixé par le complexe adsorbant,
- La quantité immobilisée en un moment donné sous forme organique,
- Les ions de la solution du sol.

a. La réserve minéralogique:

Cette réserve est mise à contribution chaque fois qu'un ion donné en solution provient directement d'un minéral de la roche-mère géologique, comme un feldspath, un mica, un carbonate, un phosphate,...

Il est d'ailleurs bien connu que l'élimination progressive des ions libérés par suite du prélèvement végétal peut paraitre comme un facteur important de l'altération des constituants minéralogiques du sol, à cause des réactions chimiques qui s'orientent systématiquement dans un sens déterminé.

$MK^+ + H^+ <=> MH^+ + K^+$

MK^+ étant par exemple de l'orthose, du mica, ...

H^+ étant libéré par les racines de la plante.

Ce type de réserve nutritive est surtout utile quand il n'y a pas de restitution minérale sous forme d'engrais, comme en forêt.

Parmi les sels solubilisables d'origine principalement secondaire, et n'appartenant pas à la réserve minéralogique proprement dite, citons : les différents sels de calcium ou de magnésium: carbonates, sulfates, phosphates, ...

b. Le stock ionique fixé par le complexe adsorbant du sol:

Il s'agit en général de la partie la plus importante de la réserve ionique utilisable à brève échéance.

c. La quantité fixée sous forme organique:

Certains éléments comme l'azote, le phosphore et le soufre sont immobilisables en quantités plus ou moins importantes à l'état de composés organiques principalement protéiques qui interviennent dans la composition de l'humus.

La fixation organique peut s'évaluer comme suit:

- Azote: 50 à 95 % de l'azote total est sous forme organique dans le sol.
- Phosphore: 25 à 50 % du phosphore total, parfois jusque 70 % dans les sols agricoles.
- Soufre: environ 80 % du soufre total.

d. Les ions de la solution du sol

La dynamique des éléments chimiques, les états d'équilibre ionique :

Une notion fondamentale sur laquelle il faut insister, est le caractère dynamique des éléments chimiques dans le sol et les changements dans les états d'équilibre ionique.

Le passage réversible d'un élément à l'état stable, fixe, à un état plus mobile, échangeable, donc accessible pour la plante, peut s'observer en examinant les différentes formes selon lesquelles cet élément considéré se trouve présent dans la phase solide du milieu édaphique.

Les catégories (formes) sont:

- A: facilement utilisable,
- B: moyennement utilisable,
- C: difficilement utilisable, ou inerte.

Les trois catégories sont liées entre-elles suivant le schéma ci-dessous.

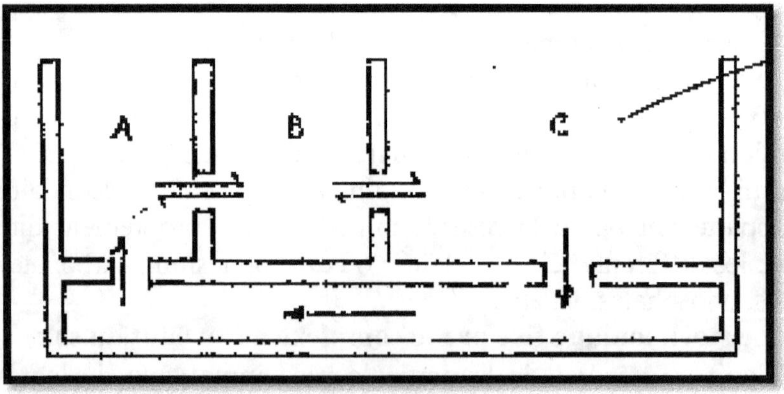

Figure 31 : Trois catégories ou formes d'éléments minéraux dans le sol

5.5.2. Les principaux éléments nutritifs

On distingue les nutriments de base, absorbés souvent en quantité élevée par la plante: azote, phosphore, soufre, calcium, magnésium, potassium, et les oligo-éléments indispensables à faible dose: fer, manganèse, cuivre, ...

Enfin, il convient d'opposer aux éléments favorables, et même indispensables à la vie de la plante, ceux qui ont une action négative, voire toxique : l'aluminium en sols acides et certains polluants : plomb, mercure, cadmium.

5.5.2.1. Les cations essentiels du sol

A. Les Cations Basiques : K^+, Ca^{++} et Mg^{++}

L'importance de ces cations a déjà été soulignée dans la première partie de ce chapitre à propos de l'étude du complexe adsorbant et des phénomènes d'échanges cationiques. Ils n'interviennent pas seulement en tant qu'éléments nutritifs, mais ils jouent aussi un rôle essentiel dans la neutralisation de l'acidité (comme amendements), le maintien de l'activité biologique générale, et de la structure du sol. Ces cations sont absorbés par les plantes sous la forme de sels solubles (bicarbonates, nitrates, sulfates) dans la solution du sol. Mais, en milieu très sec, les racines de la plupart des plantes peuvent absorber directement, sans passer par la solution, certains cations basiques échangeables, par échange avec des ions H^+ emis par la racine.

A. Les réserves minérales :

a. Le potassium :

La forme A comprend les ions K^+ de la solution du sol et ceux fixés à l'état facilement échangeable sur le complexe sorbant du sol.

La forme B correspond, par exemple, aux éléments fermement retenus à la surface interne des argiles, mais à proximités des bords.

La forme C n'est autre que la réserve potassique des minéraux silicates tels que les feldspaths (orthose, microcline, ...) et les micas.

b. Le calcium et le magnésium:

La plus grande partie de ces éléments existe sous la forme A, soit à l'état d'ions facilement échangeables, soit sous la forme de sels solubles ou aisément altérables comme les sulfates, carbonates, ...

La **forme B** ne devient importante qu'en milieu fortement alcalin quand il y a précipitation des sels calciques ou magnésiens sous forme de phosphates ou de carbonates par exemple. D'autre part, en sols très acides, les ions Ca^{++} sont fortement retenus par le complexe (rappelons que le complexe retient d'autant plus fortement le Ca^{++} que celui-ci est en faible quantité) et sont plus difficilement échanges.

La **forme C** comprend différents minéraux : Dans les roches cristallines, le calcium se trouve dans le réseau cristallin des feldspaths, associé au sodium et au potassium, alors que le magnésium est associé au fer dans les matériaux ferromagnésiens : micas, amphiboles, pyroxènes, péridots. Dans les roches carbonatées, le Mg peut rejoindre le calcium dans les calcaires dolomitiques ou la dolomie.

En région cristalline (granites, ...), les teneurs en calcium et en magnésium échangeables sont toujours faibles (inferieures à 1 meq pour 100 g), par suite du faible débit de l'altération sous climat tempéré et de l'entrainement par les eaux de pluie. Il en résulte souvent une acidité assez prononcée des sols par déficit de saturation du complexe adsorbant pour ces deux éléments majeurs.

b1. Le problème du calcaire « actif» :

Calcaire total (ou carbonates totaux) et calcaire « actif» : définitions:

- Calcaire total : c'est la quantité de carbonates déterminée par « calcimetrie volumétrique » c'est-à- dire par mesure du volume de CO_2 dégagé, suite à l'action d'un excès d'HCl sur un poids connu d'échantillon de terre.

$$CaCO_3 + 2\ HCl \Leftrightarrow CaCl_2 + H_2O + CO_2 \nearrow$$

Cette méthode ne permet pas le dosage de $MgCO_3$ car, en présence de dolomie, l'attaque à froid de HCl est très lente et incomplète.

- Calcaire « actif» :

Du taux de calcaire total présent dans la terre fine, on ne peut tirer d'enseignements agronomiques. Car on ignore si ces carbonates sont de la taille de sables ou sous la forme de particules très fines. Or, pour les plantes, c'est la réactivité du calcaire qui est importante (réactivité élevée pour les fines particules). C'est pourquoi Drouineau, en 1942, a tenté de mettre au point un test d'aptitude des carbonates à une dissolution rapide. Actuellement, le dosage du calcaire dit actif consiste à déterminer quelle quantité de Ca^{++} réagit avec l'oxalate d'ammonium. Le calcaire actif est le carbonate de calcium à l'état pulvérulent: ses particules, de la taille du limon ou de l'argile, sont facilement attaques par le CO_2 (acide carbonique) ou les H^+ des acides organiques du sol, qui les transforment en bicarbonates solubles, qui sature progressivement le complexe adsorbant du sol :

$$CaCO_3 + CO_2 + H_2O \Leftrightarrow Ca\ (HCO_3)_2$$

$$Ca\ (HCO_3)_2 + Complexe\ H_2 \Leftrightarrow Complexe\ Ca + CO_2 + H_2O$$

b2. Inconvénients de la présence de calcaire actif :

La présence du calcaire actif a été mise au point par Drouineau afin de mieux cerner les risques de « chlorose ferrique ». Cette maladie sévit en effet dans les sols très calcaires ou elle frappe la vigne, certains arbres fruitiers (pêchers, cerisiers) ou forestiers (douglas, pins sylvestres ou maritimes, mélèzes du Japon, châtaignier, chêne rouge d'Amérique, épicéa commun) et certaines plantes herbacées (haricot, lupin). Sur sols calcaires, le feuillage de ces espèces prend une teinte vert-jaune.

Des recherches ont montré que la chlorose ferrique était une maladie physiologique dont l'origine était un **défaut d'absorption ou d'utilisation du fer** par la plante (insolubilisation du fer due à la présence de calcaire actif). A ce titre, il est probable que la raison essentielle de l'inadaptation de certaines essences au calcaire réside dans une perturbation du métabolisme du fer, sous l'influence en particulier des ions HCO_3^- qui gênent les échanges d'électrons. Des acides organiques, élabores par la plante à la suite de l'excès d'absorption de calcium, empêcheraient également une bonne fixation du fer par la plante. La réduction du fer ferrique en fer ferreux, seul actif dans le métabolisme, se trouverait aussi entravée.

Le calcaire actif cause également d'autres inconvénients (insolubilisation des phosphates, mauvaise absorption du Mn, antagonisme Ca et K, ...) : nous y reviendrons plus loin.

b3. Nutrition minérale : rôles des équilibres ioniques

1. **Calcium** : il est généralement présent en quantité suffisante pour assurer les besoins des plantes cultivées. L'apport d'amendements calciques a surtout pour but de compenser les pertes par drainage, et d'améliorer l'activité biologique générale et les conditions de nutrition en élevant le pH. Il convient de signaler à ce sujet qu'un ***surchaulage est toujours nuisible car il conduit à une insolubilisation du phosphore et de certains oligoéléments*** : le pH ne doit jamais dépasser 7.

   Le calcium est également un élément important pour la structure du sol et sa stabilité.

Au point de vue du fonctionnement physiologique des plantes, ***le calcium joue un rôle d'antagoniste vis à vis du potassium***. En effet, contrairement au K, le Ca ralentit l'absorption de l'eau et accroit la transpiration. Il a également une fonction de régulateur de croissance en freinant l'élongation des organes. Enfin, il intervient dans le développement radiculaire des plantes.

2. **Magnésium et potassium:** ce sont les deux cations qui posent le plus de problèmes aux agriculteurs : ils sont en effet l'un et l'autre indispensables à la vie de la plante: Mg en tant qu'élément constitutif de la chlorophylle et activateur de certains enzymes (intervenant dans le métabolisme du phosphore, des protéines, des glucides, des lipides et des vitamines), K comme agent catalytique de la synthèse des

glucides et des protides ... Les carences en Mg et K sont rares sur les sols argileux ou limono-argileux, mis fréquentes par contre, sur les sols sableux ou très calcaires.

D'un point de vue nutritionnel, l'excès d'un des trois cations Ca, Mg ou K, provoque un phénomène d'antagonisme à l'égard des deux autres. C'est-à-dire par exemple qu'un excès d'apport en K par engrais peut être nuisible car il freine l'absorption de Mg par les plantes. Dans ces conditions, il peut être utile dans le cas de sols très calcaires, d'apporter des engrais riches en K et Mg. Un inconvénient toutefois : le K est rapidement lessive en cas d'apport par engrais.

b4. La notion de plantes calcicoles et calcifuges[2]

Le calcaire actif libère du calcium soluble dans les solutions du sol en quantité d'autant plus élevée que le CO_2 est abondant (cas des sols a forte activité biologique). Ceci provoque non seulement la saturation du complexe en Ca^{++} au détriment des autres cations (Mg^{++}, K^{+}), qui peuvent alors faire défaut, mais aussi l'insolubilisation de certains oligoéléments (Fe notamment) indispensables et des carences en Pet N.

Les espèces calcicoles réagissent à cet excès de calcium par l'émission de substances qui mobilisent le Fe, alors que les espèces calcifuges, qui n'ont pas cette propriété, souffrent de chlorose par suite d'une carence en cet élément

5.5.2.2. Le fer

C'est l'ami du pédologue car ses composés fortement teints colorent les sols, fournissant de ce fait, dès la phase d'observation d'un sol sur le terrain, de précieuses indications quant à son abondance et à son état (Figure 32):

- *blanc:* absence de fer ;
- **gris-bleu, gris-vert**: colore par Fe++ : signe d'excès d'eau;
- **bruns et ocres ou jaune** : hydroxydes de fer amorphe et hydroxydes de fer cristallises (goethite) : conséquence d'un régime hydrique assez peu contraste (le sol est souvent humide, mais sans excès ; les phases de sècheresse ne sont ni fréquentes ni excessives).
- **rouge**: oxydes de fer non hydrates cristallise (hématite: Fe_2O_3) : conséquence d'un régime hydrique très contraste, avec alternance

[2] Il serait preferable d'employer le terme de calcarifuges, terme encore peu utilisé, mais plus conforme à la réalité puisque calcifuge signifierait, en toute rigueur, « qui fuit le calcium» y compris donc le calcium échangeable, alors que c'est la présence de carbonates que fuient les especes « calcifuges ».

fréquente d'une humidité forte mais aérée et d'une sécheresse accentuée.

- **taches de rouille** : hydroxydes de fer cristallises (goethite). Signe d'hydromorphie temporaire.

L'altération des minéraux silicates libère de l'alumine et du fer sous forme d'hydroxydes et d'ions Fe^{+++} et AI^{+++}. Tant que le pH reste très acide (pH inférieur à 5,5), ce sont surtout les ions AI^{+++} qui servent de pont entre l'argile et l'humus. Au fur et à mesure que le pH s'élevé, les ions Fe^{+++} les remplacent formant le pont ferrique.

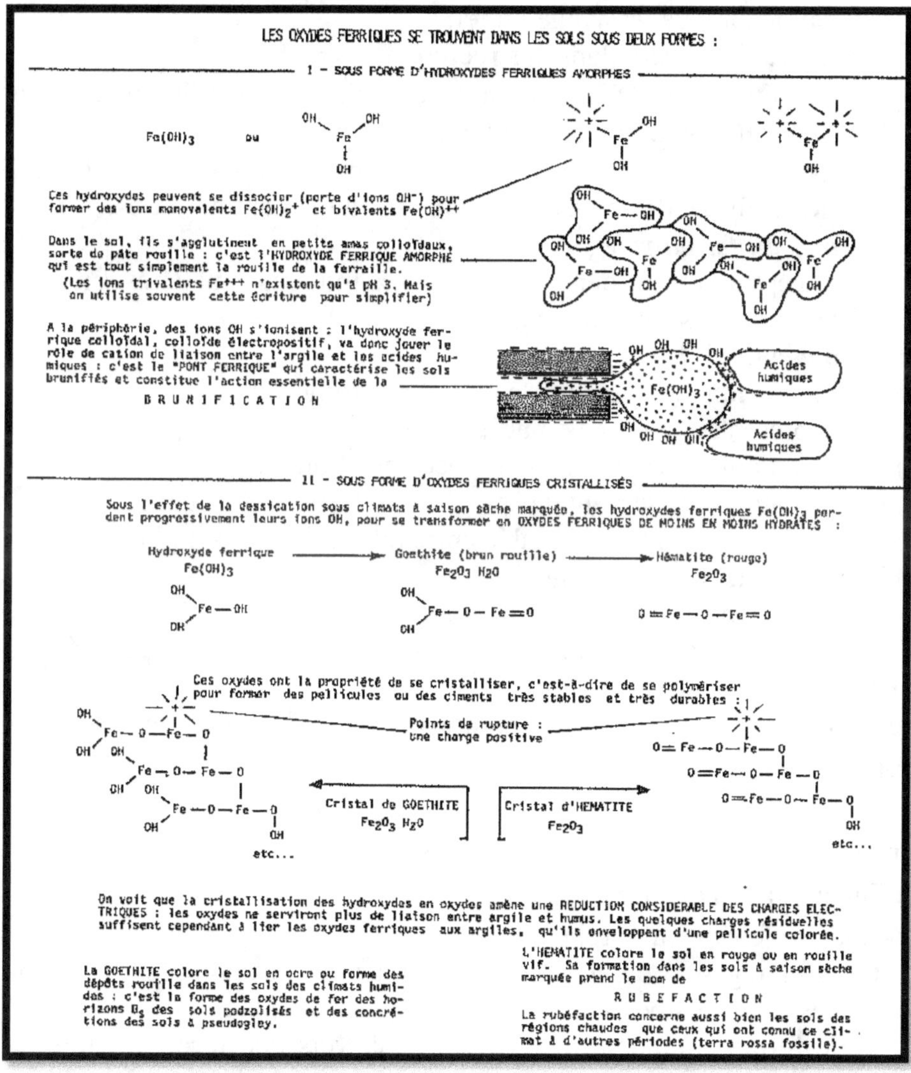

Figure 32 : Les états du fer dans les sols: oxydes ferriques (tire de Soltner D. ,1992)

1° L'importance du fer dans le sol. :

a) Au point de vue biologique; la déficience du fer chez certaines espèces de plantes provoque la chlorose.

b) Au point de vue pédologique:

➔ Le degré d'hydratation des oxydes de fer, dont dépend la couleur du sol, donne des indications sur le microclimat du sol.

En effet: Fe^{2+} donne au sol une couleur grise, qui traduit une insuffisance d'aération (sols hydromorphes).

➔ La comparaison du % en fer des différents horizons renseigne sur le taux de lessivage du fer.

➔ Le fer intervient dans la structure du sol:

- A l'état hydraté lié au complexe argilo-humique, le fer favorise la formation d'agrégats poreux.
- A l'état cristallin formant un revêtement autour des particules, le fer forme des concrétions durcies faiblement poreuses.

2° Formes du fer dans le sol.

A l'exception du fer dans les complexes minéraux inaltérés, on peut distinguer 4 formes fondamentales du fer.

a) Forme colloïdale

L'hydrate ferrique est lié dans le complexe argilo-humique. Les oxydes de fer se présentent dans ce complexe sous forme:

1) Forme anionique complexe englobée dans l'humus.
2) Forme cationique servant de "pont" entre l'argile et l'humus.
3) Forme d'oxyde de fer intercalée entre les feuillets des argiles.

b) Forme, soluble et échangeable

Cette forme concerne uniquement le fer Ferreux.

Le Fe^{2+} est abondant en milieu réducteur (des sols hydromorphes riches en matière organique).

Les équilibres entre la forme réduite insoluble, la forme soluble et la forme échangeable:

$FeCO_3$	+ CO_2	$\rightarrow$	$Fe(CO_2H)_2$	$\rightarrow$ Fe^{2+}
(Insoluble)	(activité biologique)		(soluble)	(échangeable)

c) Forme libre et insoluble

Hydrate ferrique amorphe ou cristallin

La désagrégation de structure, la destruction des complexes argilo-humiques floculés libèrent les hydrates de fer colloïdaux.

Cette forme colloïdale peut évoluer soit vers une forme cristalline, soit vers une forme pseudo-soluble si le fer est complexé par la matière organique soluble.

La couleur du sol est caractérisée par la nature du minéral ainsi formé et son degré d'hydratation.

d) Formes pseudo-solubles complexées

Des agents péptisants solubles, de la matière organique par exemple, forment avec le fer des complexes pseudo-solubles qui empêchent sa précipitation en milieu aéré et à pH supérieur à 4, alors que normalement il devrait être précipité dans ces conditions.

3° Evolution du fer dans les sols:

La formation des complexes pseudo-solubles de fer est favorisée par: - l'acidité, - le caractère réducteur du milieu et l'abondance d'éléments complexants (ex: matière organique soluble).

La précipitation du fer, ainsi solubilisé, peut intervenir sous l'action des différentes causes:

- Elévation du pH,
- Abondance de l'ion Ca^{++} dans les solutions du sol: $Ca(CO_3H)_2$
- Aération du milieu provoquant l'oxydation du Fe^{2+}.

D'autre part, la dessiccation du sol pendant la période sèche et chaude favorise la précipitation du fer.

En milieu acide, les phénomènes d'oxydation et de dessiccation suffisent très souvent à provoquer la précipitation du fer et son évolution sous forme cristalline: c'est l'origine de la formation des concrétions et des cuirasses.

Les Ferro-bactéries (vivant à la surface des eaux peu acides) jouent un rôle important dans la pédogenèse des sols hydromorphes et neutres, oxydent du Fe^{2+} en Fe^{3+} (et tirent de cette réaction une partie de leur énergie). Elles favorisent donc les précipitations localisées d'oxydes ferriques et la formation des concrétions à la surface de Gley à anmoor calcique.

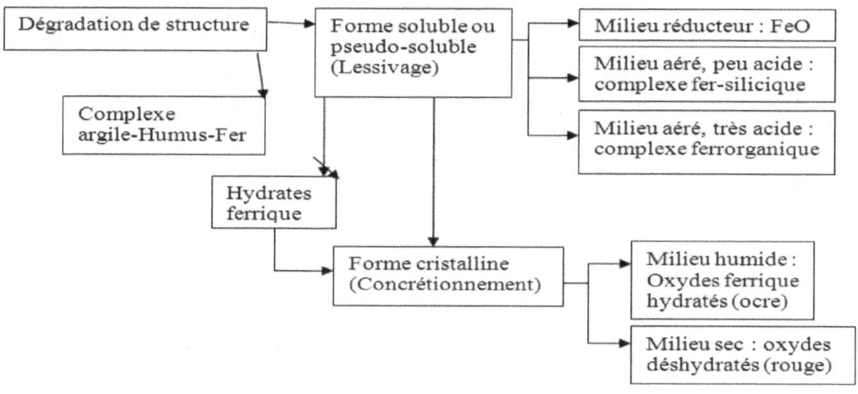

Figure 33. Schema général de l'évolution des oxydes de Fer;

5.5.2.3. L'aluminium

Très abondant dans les sols, cet élément ne forme pas de produits colores : il est donc tout à fait invisible sur le terrain et seules les analyses chimiques permettront de connaitre son abondance et ses différentes formes.

Plus le sol est acide, plus l'aluminium se trouve sous des formes solubles donc assimilables par la plante, au point de devenir toxique. En effet, sous l'action de la forte acidité, l'argile se dégrade avec libération d'ions Al^{+++} qui réagissent avec l'eau pour former des hydroxydes d'alumine $Al(OH)^{++}$ et $Al(OH)_2^{+}$, et des ions H^+, selon les réactions:

$$Al^{+++} + H_2O <=> Al(OH)^{++} + H^+$$
$$Al(OH)^{++} + H_2O <=> Al(OH)_2^{+} + H^+$$

L'effet toxique de l'aluminium intervient au niveau des racines. L'aluminium semble agir d'une part en bloquant l'alimentation en phosphore qui s'insolubilise à l'état de phosphate d'aluminium dans les racines, d'autre part en limitant l'absorption de Ca et Mg par occupation excessive des sites d'échange des racines.

L'excès d'aluminium entraine un ralentissement de la croissance de la plupart des espèces végétales dont les racines s'atrophient, s'épaississent et s'enroulent sur elles-mêmes. Prédominant à $pH < 4,5$, l'ion AI^{+++} est progressivement relaye par les ions hydroxy alumineux quand le pH atteint et dépasse 5. L'apport d'amendement calcaire, sources d'ions OH^- a pour effet :

- de neutraliser les ions H+ : le pH se relevé ;
- d'insolubiliser les ions Al(OH) ++ et $Al(OH)_2^{+}$ en formant de l'alumine insoluble $AI(OH)_3$.

1° L'importance de l'aluminium dans la pédogenèse :

L'aluminium donne un ion amphotère (qui change de signe pour un certain pH) : Cation Al^{3+} en milieu acide et anion AlO_3H^{2+} en milieu alcalin. De plus, il forme des ions complexes, plus ou moins fortement hydrolysés et de propriétés acides, car ils libèrent des ions H^+:

$Al(OH)_2^{+} + H_2O$ ------- > $A1(OH)_2^{+} + H^+$

$A1(OH)_2^{+} + H_2O$ ------- > $A1(OH)_3 + H^+$

$Al(OH)_3$ précipite sous forme de gel colloïdal. Il peut se polymériser sous une forme insoluble et peut s'organiser en cristaux et donner la gibbsite très fréquente dans les sols tropicaux (sols ferralitiques). En dehors des silicates complexes inaltérés et des argiles, l'aluminium existe dans le sol sous quatre formes principales : échangeable, non-échangeable, insoluble, colloïdale et cristalline.

2° Forme échangeable

C'est la forme Al^{+++} trivalent; cet ion est très abondant dans les sols acides, ou il est associé avec les ions H^+. Il sature une partie de la capacité d'échange. ($T = S + H^+ + Al^{3+}$).

Cet Aluminium échangeable équilibre des ions Al^{3+} solubles qui hydrolysent l'eau suivant les réactions indiquées ci-dessus (1), et libèrent des ions H^+ ce qui augmente l'acidité:

Argile Al $\rightarrow$ Argile + Al^{3+} (soluble)

$Al^{3+} + 3H_2O \quad \rightarrow Al(OH)_3 + 3H^+$

3 ° Forme fixée

L'alumine est souvent fixée sous forme non -échangeable entre les feuillets des argiles à réseaux expansibles (vermiculites p.ex.). Ce phénomène s'observe dans les sols très acides (podzols). Cette forme évolue depuis l'état ionique vers une forme polymérisée insoluble qui augmente l'écartement des feuillets de l'argile. Cette évolution pourrait aboutir à une destruction complète des feuillets (montmorillonite).

4° Evolution de l'alumine dans les sols

a) En milieu très acides (sols podzoliques)

L'alumine peut être complexée sous forme pseudo-soluble par la matière organique (comme le cas du fer) et migrer sous cette forme.

Dans les podzols, Al colloïdale s'associe à un gel silicique pour former un gel mixte silico-aluminique (ou allophane) qui peut éventuellement évoluer vers une forme d'argile de néolformation.

b) En milieu biologiguement actif, riche en Ca^{++} échangeable

L'Alumine colloïdale peut s'associer aux complexes argilo-humiques et former dans le sol d'un anion complexe organo-minéral (Mull et Mull calcique des chernozems) en argile cristalline lorsque le milieu est assez riche en ion silicium. Dans le cas contraire, elle reste libre et évolue vers une forme cristalline: gibbsite.

c) Action sur la végétation

Al échangeable et soluble est nuisible à la nutrition minérale et au développement du système radiculaire. Elle exerce une action toxique pour les racines et freine l'absorption des cations bivalents.

5.5.2.4. Le Manganèse

Le manganèse est l'un des oligoéléments les plus importants pour la croissance des végétaux ligneux. La plus grande partie du manganèse est présente sous forme d'oxydes manganiques trivalents ou tétravalents alors qu'une faible fraction se trouve à l'état de Mn^{2+}. Le Mn^{2+} se trouve à l'état soluble ou à l'état échangeable.

Le parallélisme entre l'évolution du fer et celle du manganèse dans les sols est remarquable. Comme le fer, le manganèse existe sous plusieurs formes, plus ou moins oxydées, les formes bivalentes sont plus solubles et plus assimilables.

L'acidité du sol favorise son évolution vers les formes mobiles alors gue les pH basiques favorisent son insolubilisation.

Au point de vue biologique, le manganèse est un oligo-élément important pour la physiologie des plantes gui présentent souvent des carences en cet élément. Mais, à dose élevé, il peut devenir toxique.

Les carences peuvent se rencontrer :

- en sols filtrants à la suite d'un lessivage intense;
- en sols tourbeux pauvres en éléments minéraux ;
- en sols à pH neutre ou alcalin (diminution de la solubilité). C'est dans les sols calcaires que se manifeste le plus nettement la carence.

Dans les sols acides mal drainés et mal aérés, le passage des formes oxydées vers la forme réduite est favorisé. Il peut alors se produire des intoxications dues aux fortes concentrations de Mn^{2+}, surtout dans les sols ou la circulation de l'eau est faible.

En France, on a montré qu'une accumulation dans l'humus conduit à un effet toxique de cet élément vis-à-vis des jeunes semis de Sapin pectiné dans les Vosges. Le manganèse contenu dans les aiguilles de Sapin est sous forme réduite Mn^{2+}. Dans les mulls ou la microflore oxydante est très active, il évolue vers une forme Mn^{3+}, dite manganèse facilement réductible qui s'insolubilise et peut, au cours de l'été, se dismuter :

$$Mn^{3+} \longrightarrow Mn^{2+} + Mn^{4+}.$$

MnO_2 reste insoluble tandis que Mn^{2+} se dissout : les solutions du sol étant alors très concentrées, puisque le sol contient peu d'eau, la toxicité apparait. Dans les moders et les mors au contraire, Mn^{2+} ne s'oxyde pas, reste en solution et est éliminé au cours de l'hiver par les eaux de drainage. De fait, dans les parcelles à régénération difficile, le manganèse facilement réductible est nettement plus abondant que dans les parcelles à régénération abondante.

1° Forme du Manganèse ,

a) Forme échangeable:

- elle est relativement soluble,

- c'est la forme bivalente, (MnO) retenue par le complexe argilo-humique.

b) Formes insolubles et non échangeables:

- il s'agit des oxydes supérieurs: MnO_2 et Mn_2O_3,
- MnO_2 est une forme stable et difficile à réduire, par contre,
- Mn_2O_3 est instable et peut être réduite partiellement:

$Mn_2O_3 \rightarrow MnO + MnO_2$

Donc Mn_2O_3 peut revenir partiellement à la forme échangeable.

2°. Evolution du Manganèse dans le sol

a) Solubilisation : Elle s'opère en milieu acide et réducteur.

La matière organique soluble complexe l'ion Mn^{++} pour donner un complexe "organo-manganeux":

- en milieu drainé; le manganèse est alors lessivé,
- en milieu mal drainé; le manganèse s'accumule et devient toxique pour les plantes.

b) Précipitation:

Deux cas sont possibles:

1. Dans les sols acides, par aération et dessiccation, en saison sèche de certains horizons qui passent par des phases d'hydromorphie temporaire.

- En saison humide, le manganèse est réduit et solubilise, il peut alors migrer et se concentrer en certains points du profil.
- En saison sèche, il précipite par oxydation (en même temps que le fer) en formant des concrétions noires ferro-manganiques.

2. Par élévation du pH qui catalyse l'oxydation de Mn^{++}. Cette précipitation intervient à la limite du chaulage excessif d'un sol.

5.5.3. Les oligo-éléments ; (Fe, Mn, Cu, Zn, Co, Bo etc.)

5.3.3.1. Généralité

Les oligoéléments sont indispensables à la vie des plantes et des organismes du sol: forme anionique (bore et molybdène). Bien qu'ils n'interviennent qu'à faible dose, leur rôle physiologique est considérable. Ils font partie de la constitution de certaines enzymes: enzymes respiratoires (*Cu,* Fe), enzymes de photosynthèse (Mn, Fe, Zn, *Cu),* enzymes de la réduction des nitrates absorbes par la plante (Fe, Mo), ... Par ailleurs, le cuivre, le manganèse, le fer jouent un rôle important dans l'humification. Si les oligoéléments sont indispensables à faible dose, leur excès engendre des phénomènes de toxicité par leur action de blocage sur certains enzymes.

En ce qui concerne les carences, elles se manifestent sous la forme de taches, de décolorations localisées ou de « chlorose » généralisée des parties aériennes. En dehors des carences induites par la pauvreté du substrat, deux autres types de carences sont possibles: l'une provient de l'insolubilisation d'un élément pouvant être abondant dans le sol (Fe, *Cu,* Mn, Zn, en milieu calcaire), l'autre de l'entrainement hors de portée des racines, sous la forme organique complexée mobile (chélates) en sols acides et filtrants.

En régie générale, si le pH s'élève, la solubilité des oligoéléments diminue ; si le pH s'abaisse, elle augmente. Le pH optimum se situe entre 6 et 6,5 afin d'éviter les risques de carences et les risques de toxicité des ologo-éléments (Cu devient toxique sous pH 5).

Plusieurs éléments sont indispensables à la nutrition des plantes, mais à l'état de trace. Ils exercent souvent une action catalytique à l'activité de certaines vitamines ou diastases.
Par contre, une concentration excessive, à l'état soluble, peut exercer un effet toxique.

- Le fer et le manganèse ont été signalés plus haut,
- Cu^{++}, Zn^{++}, Co^{++} sont assimilables sous forme échangeable en milieu acide. Mais, leur lessivage sous cette forme peut provoquer des carences. Inversement, au pH alcalin, ils précipitent sous forme d'hydroxydes, donc diminution de leur assimilabilité.

5.5.3.2. Cuivre

La carence en cuivre peut se manifester sur les sols se développant sur des roches pauvres en cet élément (certains granites, grès, sables). C'est ainsi que des carences en cuivre sont fréquentes sur Douglas et *epicea* de Sitka en Limousin et en Bretagne). Chez le douglas, la carence en cuivre se caractérise par la formation de pousses retombantes et molles (aspect pleureur).

5.6. LES ANIONS ESSENTIELS DU SOL : P, S ET N.

A. Le phosphore.

Le phosphore est un élément important pour les plantes. Il intervient par exemple dans la formation d'ATP et ADP, composés intervenant dans le transport d'énergie nécessaire au déroulement de diverses réactions biochimiques (métabolisme des glucides, synthèse des enzymes, ...). Il a une action sur l'abondance de la floraison et de la fructification (toutes les graines sont riches en phosphore, présent surtout sous forme de phytine).

Les symptômes de carences varient selon les essences. Pour un certain nombre d'essences, comme les *epiceas* et les mélèzes, les aiguilles des sujets carencés prennent une couleur grise ou vert-bleuâtre. Chez le pin sylvestre, quelques fois aussi chez *l'epicea* commun, la coloration tend vers le violet, le brun-violet ou même le rouge. Ce changement de couleur apparait surtout aux extrémités des aiguilles vers la fin de l'été. Les vieilles aiguilles sont généralement touchées avant les jeunes et plus fortement. Elles finissent par se nécroser, mais ne tombent pas et forment contraste avec les aiguilles jeunes restées vertes. Chez les feuillus (jeunes chênes), les feuilles deviennent vert fonce ou rougeâtres. La croissance est ralentie, le feuillage est moins dense et la fructification faible.

Le phosphore est présent dans le sol sous forme minérale et sous forme organique (près de la moitié des réserves du sol). Le phosphore a pour origine les **apatites** des roches-mères. Au cours des processus d'altération et de développement des sols les ions phosphates des apatites sont libérées par dissolution et peuvent être :

- utilises par les plantes et micro-organismes ;
- incorporés à des composés organiques (humophosphates) ;
- transformés à nouveau en phosphates de fer, d'aluminium ou de calcium très peu solubles.

Il semble bien que l'anion phosphate nutritif soit essentiellement $H_2PO_4^-$ et plus accessoirement d'autres anions comme HPO_4^{--} ou des phosphates d'Al que l'on peut trouver dans les solutions du sol. D'après certains auteurs, sous pH 6,8, $H_2PO_4^-$ domine dans les solutions du sol; au-dessus de cette valeur, c'est l'ion HPO_4^{--}. Le trivalent PO_4^{---} ne devient important qu'au-delà de pH 9. La quantité d'ions phosphoriques en solution est faible.

A. Formes de fixation du phosphore dans le sol:

➢ La fixation sur les argiles et les acides humiques :

La fixation est possible par l'intermédiaire des cations Ca^{++} (en milieu peu acide), Al^{+++}, $Al(OH)^{++}$, $Al(OH)_2^+$ (en milieu plus acide).

Elle peut également se faire directement sur les argiles par les charges positives des bordures.

➢ Le calcaire actif :

Il présente des propriétés absorbantes comparables à celles de l'argile, à condition que le pH ne s'élevé pas au-dessus de 7. Sinon, les phosphates précipitent sous formes de phosphates calciques, formes très stables.

➢ Les hydroxydes de Fe et d'Al:

Ceux-ci ($Al(OH)_3$ et $Fe(OH)_3$) ont un pouvoir adsorbant plus élevé mais libère assez difficilement le P, surtout en ce qui concerne l'alumine. En classant les formes minérales de phosphore selon leur disponibilité, on a :

Forme A :

- humophosphates (phophates liés aux matières humiques) ;
- formes échangeables de la fixation sur les argiles, ...
- phosphates bicalciques de la solution du sol;
- phosphates de la solution du sol.

Forme B :

- certains phosphates tricalciques et une partie des phosphates de fer;
- phosphates d'alumine.

Forme C : le phosphore inclus :

- dans certains phosphates tricalciques (présence d'une quantité assez grande de calcaire actif,
- une partie des composés avec le fer

B. Nutrition en phosphore:

Le phosphore est essentiel dans la vie du peuplement : certains disent même que si l'on fertilise, le phosphore est le premier et parfois le seul élément à apporter (il est souvent le facteur limitant). De plus le phosphore favorise la mycorhization mais son effet bénéfique est annulé si l'on lui ajoute de l'azote et du potassium.

Le phosphore n'est mobilisé que de façon progressive: la diffusion du phosphore dans la solution du sol est cent fois plus faible que celle du calcium. Les engrais phosphatés qui sont incorporés au sol, même s'ils sont solubles, s'immobilisent en général rapidement : le problème de la nutrition en phosphore est bien souvent lié à celui de la mobilisation des réserves, qui s'avère parfois difficile aussi bien en milieu acide, qu'en milieu neutre ou basique, l'optimum se situant à un pH 5,5 à 6.

En effet:

- en sols acides, le phosphore se fixe avec l'Al et le Fe pour former des composés peu solubles,
- en sol riches en calcaire actif, le phosphore forme des phosphates tricalciques qui liés au calcaire actif donne des composés franchement insolubles (on parle de rétrogradation du phosphore).

Les connaissances concernant l'état du phosphore du sol et l'alimentation en phosphore des plantes peuvent être résumées comme suit:

P_2O_5 sol <=====> P_2O_5 autodiffusible <==> P_2O_5 solution (P.soluble)

(P absorbe sur les faces internes des réseaux)

Echanges permanentes

1°. Forme échangeable ou autodiffusible

Sous cette forme l'ion PO_4^{3-} est retenu à la surface des colloïdes du sol par les cations Ca^{++}, Fe^{+++}, Al^{+++}.

a) Absorption par des argiles

L'ion PO_4^{3-} est absorbé par les argiles par:

- Les ions Ca^{++} échangeables,
- L'aluminium des feuillets cristallins.

b) Absorption par les hydroxydes libres

- Le pouvoir absorbant du phosphore par des hydroxydes est beaucoup plus élevé que celui de l'argile.
- Rôle très important des hydrates de fer dans la rétention du phosphore notamment dans les complexes fer-argile-humus ou les hydrates de fer libres des sols acides.
- L'aluminium retient le phosphore au même titre que l'Al échangeable ou Al des feuillets cristallins, mais sous une forme moins facile à solubiliser.

c) Absorption par $CaCO_3$

Les sels contenant du Ca actif gardent le phosphore sous forme échangeable en milieu faiblement basique et riche en humus.

2 ° Forme insoluble

Le phosphore qui s'insolubilise perd son caractère "auto-diffusible" par deux processus: par Précipitation et par Cristallisation ou Inclusion.

a) Précipitation

En milieu très acide contenant $A1^{3+}$ ou Fe^{3+} solubles, il se forme du phosphate d'Aluminium ou du Fer insoluble.

b) Cristallisation ou Inclusion

1. Pénétration des ions PO_4^{3-} dans les espaces interlamellaires des feuillets des argiles (lors de phénomène de gonflement des argiles).
2. Fixation par inclusion dans les concrétions d'oxyde de fer (goethite) ou dans la gibbsite (dans les sols ferralitiques).
3. Fixation en milieu calcaire lorsque le pH est supérieur à 8, par "rétrogradation apatique".

$Ca_3(PO_4)_2$ -----> 3 $(PO_4)_2Ca_3Ca(OH)$ -----> 3 $(PO_4)_2Ca_3CO_3Ca$
Phosphate tricalcique Hydroxyde apatite Carbonate apatite

3°. Assimilabilité du Phosphore minéral

L'assimilabilité du phosphore varie avec le type de sol:

- Elle atteint son optimum lorsque le Phosphore est retenu par l'argile des complexes argilo-humiques des Mulls (forme soluble).
- Elle est satisfaisante dans les sols bruns acides: car favorisée par Al^{3+} échangeable.
- Elle diminue fortement dans les podzols par suite:
- • de la fixation et de la précipitation de l'alumine libre,
- • de l'inclusion dans les concrétions ferrugineuses.
- Elle atteint sa valeur plus faible dans les sols ferralliques où les formes "incluses" et cristallisées dominent.
- Enfin, dans les sols très riches en calcaires, c'est la "rétrogradation apatitique" qui diminue l'assimilabilité du phosphore.

4 ° Forme organique

Le phosphore existe dans la matière organique et dans l'humus sous formes diverses: nucléoprotéines, lécithines, phytines etc. Il y a une minéralisation lente du phosphore organique (comme pour l'azote). La libération du phosphore organique est lente dans les sols à faible activité biologique (Mor) mais rapide dans les humus biologiquement actifs.

B. Le soufre

Le soufre, tout en ne figurant pas parmi les éléments minéraux principaux, est absorbé par les plantes en quantité non négligeable. La plus grande partie du soufre se trouve dans la matière organique du sol. Après minéralisation, le soufre est libéré sous forme de sulfate.

Le soufre peut avoir aussi comme origine la réserve minérale du sol (décomposition du gypse, de pyrite par exemple) mais aussi le SO_2 de l'atmosphère qui retombe suite aux précipitations de pluie (ces apports sont estimes à 20-30 kg /ha/an). Le soufre se trouve dans les plantes comme composant des protéines et dans certaines vitamines.

1° Le soufre est un élément essentiel à la nutrition des plantes. Il est indispensable à la synthèse de certains acides aminés, (Cystine, cystéine) et de certaines vitamines. Certaines légumineuses sont particulièrement exigeantes en cet élément.

2° La source principale de soufre est la matière organique. Au cours de la minéralisation, le soufre organique est libéré à l'état de sulfates, forme plus ou moins soluble et absorbable par les plantes.

3° Autres sources de soufre

- par les pluies,
- par l'oxydation et la solubilisation des minéraux sulfureux de la roche mère.
- Dans les sols anaérobiques (sols hydromorphes) : les sulfates sont réduits en sulfures par les bactéries sulfato-réductrices, il se forme des sulfures de fer noires, caractéristiques dans certains "gley"noirs.

4° Absorption de l'ion SO_4^{2-}

Dans le sol, le soufre est souvent à l'état soluble; mais il existe aussi sous forme absorbée par les argiles, ou l'Alumine.

C. AZOTE

L'azote est un composé fondamental de la matière vivante. Il est nécessaire à l'élaboration des composés organiques végétaux : acides aminés, acides nucléiques, protéines, chlorophylle. Il entre dans la composition des enzymes qui dirigent le métabolisme des arbres. Lorsque les autres facteurs de croissance sont près de leur optimum, il détermine l'importance de la production végétale. Les jeunes plants sont plus riches en azote, à l'unité de poids, que les plus âges ayant poussé dans les mêmes conditions. De même, la teneur en azote varie beaucoup d'un tissu à l'autre ; elle atteint le maximum dans les feuilles. **En cas de carence**, les aiguilles et les feuilles sont petites et d'une couleur vert-jaunâtre (chlorose). Ces carences ont souvent lieu dans les stations à mor ou dysmoder.

La réserve d'azote du sol est en très grande partie sous forme organique inassimilable (sauf l'ion NH_4^+ fixé minoritaire), soit au sein de la matière organique fraiche, soit sous la forme de composés humiques. Or, la forme directement assimilable par les plantes est minérale: soit cationique, NH_4^+, se trouvant sous la forme échangeable ; soit anionique, NO^-_3, sous la forme soluble (l'ion NO_3^- n'est pratiquement pas retenu par le complexe anionique du sol).

Pour être assimile, il est donc nécessaire que l'azote organique soit minéralisé. La nutrition azotée des arbres sera donc en étroite relation avec la vitesse de minéralisation de l'azote contenu dans la matière organique.

A. Le cycle de l'azote:

Le sol peut s'enrichir en azote de plusieurs façons :

- l'azote nitrique produit lors des orages et retombant au sol avec les eaux de pluie est estimé dans nos régions à environ 5 kg/Ha/an ;
- certaines bactéries libres comme les azotobacters ou les clostridiums ainsi que certaines bactéries symbiotiques comme les Rhizobiums chez les légumineuses (robinier), fixent dans le sol une certaine quantité d'azote atmosphérique (N_2). Certains auteurs citent le chiffre moyen de 20 à 25 kg N/Ha/an fixés de cette manière (la fixation symbiotique avec les légumineuses comme la luzerne peut s'élever à 300 kg de N/Ha/an dans les meilleures conditions). En forêt, d'autres micro-organismes participent à la fixation symbiotique de l'azote, par exemple les actinomycètes du genre *Frankia* qui s'associent à l'aulne et même aussi le cas de l'*Anabaena-Azzola* dans les rizières inondées.
- la fixation de l'azote atmosphérique par des bactéries libres dans le sol: c'est le cas des bactéries aérobies du genre Azotobacter, *Clostridium* et *Beijerinckia ;*
- la décomposition des matières organiques libère l'azote stocké sous forme organique (protéines, ...).

La plante utilise l'azote sous la forme de NO_3^- *et/ou* de NH_4^+ et l'incorpore dans ses tissus. Deux processus important expliquent la formation de NH_4^+ et de NO_3^- dans le sol, à partir de la decomposition des matières organiques : l'ammonification et la nitrification.

b. **L'ammonification** : C'est la libération de NH_3 à partir de la dégradation progressive des protéines. Les agents sont essentiellement des bactéries *(pseudomonas)* et des champignons.

L'ammoniac formé peut alors évolue de trois façons :

- il peut être fixé sous forme de NH_4^+ sur le complexe adsorbant du sol;
- il peut être transformé en nitrate (nitrification) ;
- il peut se volatiliser dans l'atmosphère.

b. La nitrification: C'est une réaction d'oxydation de l'ammoniac qui peut se faire en deux étapes:

Nitritation ou nitrosation : $2NH_3+3O_2 <=> 2HNO_2 + 2H_2O$

Ou $NH_4^+ + 3/2O_2 \rightarrow NO_2^- + 2H^+ + H_2O$

Agents: bactéries du genre *nitrosomonas, ...*

Le NO_2^- dans le sol est instable, il ne s'accumule pas.

<u>Nitratation</u>: $2\,HNO_2 + O_2 <=> 2\,HNO_3$

Ou $NO_2^- + 1/2O_2 \rightarrow NO_3^-$

Agents: *nitrobacters* (battéries)

Ces deux réactions sont presque simultanées. Les principales conditions d'une bonne nitratation sont les suivantes :

- une teneur en eau s'approchant de la capacité au champ,
- une bonne aération du sol,
- un pH proche de la neutralité.

Le taux de nitrification est le rapport entre la quantité d'azote produite sous forme nitrique et la quantité d'azote produite sous forme ammoniacale. Ce taux est élevé dans les eumulls (forme nitrique prépondérante) et bas dans les moders (nutrition sous forme ammoniacale prépondérante).

Bien que le lessivage des nitrates soit facilite par leur grande solubilité, ce sont les horizons organiques superficiels qui en sont les plus riches.

Les nitrates formés peuvent évoluer comme suit:

- utilisation par les végétaux,
- entrainement par les eaux de ruissellement ou d'infiltration,
- utilisation par les microorganismes du sol,
- dénitrification: certains organismes comme les bactéries du genre **Denitrificans** peuvent transformer le NO_3^- en NH_3^-. On a calculé que la perte d'azote par dénitrification est de l'ordre de 70 kg de N/ha/an.

B. Nutrition azotée des espèces forestières :

La potentialité d'un sol à fournir au peuplement qu'il porte une bonne nutrition azotée, est déterminante pour le niveau de production de ce dernier.

En forêt, la nutrition azotée dépend étroitement du type d'humus : la production annuelle d'azote minéral, très élevée sur les eumulls (150 kg N/ha/an), est encore optimum dans le mull mésotrophe à pH 5,5 (qui fournit 80 à 120 kg N/Ha/an), tandis qu'elle sera réduite de moitié environ pour un Moder, et s'abaisse à quelques kg par ha et par an pour un mor de bruyères à *C/N* élevé.

En d'autres termes, la libération d'azote suite à la minéralisation de la matière organique est:

- très bonne dans les eumulls ;
- bonne dans les mesomulls ;
- assez bonne à moyenne dans les oligomulls jusqu'aux eumoders ;
- très moyenne à médiocre dans les dysmoders

- mauvaise dans les mors.

La nitrification (formation de nitrates à partir de l'ammoniac) intervient très rapidement dans les mulls carbonatés ou eutrophes ; elle reste active quoique plus lente dans les mull mésotrophes et même acides. En revanche, elle est lente et progressive dans les dysmoders et surtout dans les mors.

Les mulls doux sont donc très favorables à la libération d'azote sous forme nitrique, tandis que les humus plus acides libèrent une plus forte proportion d'azote ammoniacal.

Dans les mulls, la production de nitrates a essentiellement lieu dans l'horizon A, tandis que l'ammonification est surtout localisée dans les couches OF des moders.

La forme de nutrition en azote doit être mise en parallèle avec les exigences des espèces arborées forestieres[3] :

➔ les **neutrophiles** (orme, peuplier, frêne, érable champêtre) exigent une nutrition azotée sous la **forme nitrique** : elles sont capables de réduire les nitrates en vue de leurs synthèses protéiques.

➔ les **acidophiles** (pin sylvestre, épicéa commun) au contraire sont mal pourvus en enzymes réducteurs et ne peuvent prospérer sur les milieux riches en nitrates: elles souffrent de chlorose nitrique dans de tels milieux. En revanche, elles sont biens adaptées aux mulls acides et aux Moder qui leur fournissent une nutrition azotée mixte.

➔ les **indifférentes** : les feuillus sociaux (chênes pédoncules et sessiles, hêtre) manifestent une certaine plasticité à cet égard, car ils peuvent prospérer sur des types d'humus variés, allant des mull carbonatés aux dysmoder. Toutefois, l'optimum de nutrition de ces espèces exigerait la présence dans le sol d'azote nitrique : sur les moders d'Ardennes, une corrélation positive a été mise en évidence entre l'aptitude des humus à produire des nitrates et l'accroissement du hêtre.

---

[3] La même démarche peut être effectuée avec les espèces herbacées et arbustives forestières, c'est ainsi que l'on peut distinguer :

- les nitratophiles (*Urtica dioica, Galium aparine, Sambucus nigra, ...*) : se localisent sur les mulls les plus actifs;
- les espèces de mull *(Poa chaixii, Carex sylvatica, Festuca sylvatica, ...)* peuvent s'alimenter à partir de l'azote ammoniacal ou nitrique ;
- les acidophiles et les caractéristiques du mor sont peu exigeantes en azote et se contentent de la forme ammoniacale (*Calluna vulgaris, Vaccinium myrtillus, Luzula albida, Molinia coerulea*).

La présence de calcaire actif dans le sol se traduit par une alimentation azotée en majorité ou en totalité nitrique, de sorte que les espèces qui ne possèdent qu'une faible capacité racinaire de réduction des nitrates subissent un trouble du métabolisme azoté. Ceci est particulièrement net chez *l'epicea* commun : en milieu calcaire, cette essence est fortement carencée en azote (on remarque la même chose pour le phosphore et le soufre).

CHAPITRE 6 :

BIOLOGIE DU SOL

6.1. GENERALITES

Les rapports entre le sol et des êtres vivants sont extrêmement nombreux et revêtent les formes variées puisque le sol supporte une multitude de végétaux et d'animaux, depuis les plus élémentaires jusqu'aux plus différenciés.

Au point de vue pédologique, les rapports du sol et de la vie végétale et animale peuvent être classés en deux groupes:

- Les activités des facteurs biologiques de la pédogenèse (végétation, microfaune, etc.).
- Les phénomènes d'altération de la matière organique du sol, ils intéressent à la fois la pédogenèse et la nutrition végétale.

L'activité des micro-organismes du sol ne se limite pas à assurer la transformation et la minéralisation de la matiere organique; mais elle s'accompagne aussi de la production de composés de synthèse qui interviennent dans les propriétés physiques du sol (substances gommeuses et mucilagineuses comme stabilisants de la structure) et dans la nutrition végétale (facteur de la croissance, auxines).

On peut donc définir la biologie du sol comme la science des interactions entre les micro-organismes et le sol, des interactions entre les micro-organismes et la végétation et des interactions entre les micro-organismes telluriques eux-mêmes (Figure 34).

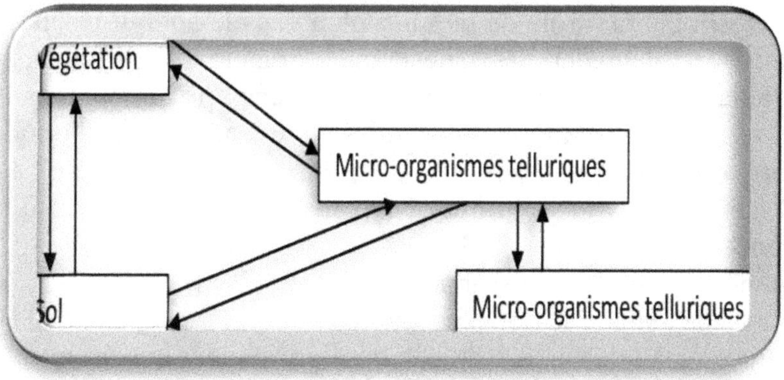

Figure 34. Les quatre systèmes d'interactions dans l'écosystème sol-plante

6.2. LES MICROORGANISMES DU SOL

A. Les différents micro-organismes du sol

La microflore tellurique ou microflore vivant dans le sol est composée d'espèces appartenant aux groupes suivants : bactéries, actinomycètes, champignons, algues et protozoaires.

1° Les virus.

Il en existe dans le sol de nombreux types. Certains sont des parasites de microbes (phage) et d'autres sont des responsables de viroses végétales.

2° Actinomycètes

Ces micro-organismes rappellent morphologiquement les champignons par leur structure mycélienne fréquente. Ils en diffèrent cependant profondément et sont en fait beaucoup plus proches des bactéries. Comme chez ces derniers micro-organismes, l'appareil nucléaire est primitif. Les parois cellulaires des actinomycètes sont constituées de polymères de sucres, d'amino-sucres et de quelques acides aminés comme les parois des bactéries gram+ alors que les parois des champignons renferment de la cellulose ou de la chitine. Le diamètre moyen des hyphes des actinomycètes (1,0 à 1,5 µm) est plus voisin du diamètre du bâtonnet bactérien que du diamètre de l'hyphe fongique (qui est au minimum de 3 µm).

La plupart des actinomycètes sont des organismes telluriques. Mais 2 genres seulement sont bien représentés dans le sol : le genre Streptomyces et le genre Nocardia. Les Streptomyces à eux seuls peuvent représenter presque 70 à 90 % de l'ensemble de la micropopulation d'actinomycètes telluriques.

Bien qu'environ 10 fois moins nombreux que les bactéries, les actinomycètes jouent un rôle de premier plan dans le sol qui résulte de leur aptitude à dégrader les substances organiques difficilement décomposables par les autres micro-organismes (champignons et bactéries) et de leur aptitude à synthétiser des substances biotiques (vitamines) ou antibiotiques. Ce dernier caractère confère aux actinomycètes le pouvoir de limiter l'expansion des espèces sensibles aux substances antibiotiques.

Les actinomycètes sont distribués dans les sols, les composts, les fonds des lacs, les boues des rivières, etc.

Ils sont présents à la surface du sol et en profondeur et sont les plus abondants après les bactéries. Ils sont très abondants dans les milieux à pH élevé et il existe des formes vivant librement qui sont saprophytiques. Certaines espèces causent des maladies aux plantes, aux animaux domestiques et même aux hommes. Parmi les méthodes de recherche écologique, on peut citer

- l'examen microscopique ;
- le comptage (milieu sélectif contenant la chitine).

Dans leurs habitats ordinaires, les actinomycètes se rencontrent sous forme des conidies, des hyphes végétatifs ou toutes les 2 formes peuvent se développer sur la gélose. La dimension de la communauté dépend du type de sol, principalement de ses caractéristiques physico-chimiques, du contenu en matière organique, du pH de l'environnement.

On peut estimer 105 à 108 actinomycètes par gramme dans les zones tempérées. Dans les régions alcalines, spécialement quand elles se dessèchent, l'abondance relative est très élevée. Comparativement aux bactéries, les actinomycètes sont moins communs dans les aires humides que sèches. Les tourbes, les surfaces engorgées et environnements ayant un pH proche de 5, constituent un milieu défavorable pour les actinomycètes. Les régions chaudes ont plus d'actinomycètes que les régions froides. Les groupes formant des conidies sont les plus nombreux dans la forme sporale et la conidie résiste aux conditions défavorables de l'environnement.

3° Les bactéries

Ce sont des êtres unicellulaires à corps rigide et apparemment sans noyau, immobiles ou mobiles grâce à des appareils locomoteurs. Les bactéries sont extrêmement nombreuses dans le sol, et leur variété y est prodigieuse (3.10^8 à 3.10^9 germes/gr de sol ou 40 gr/ha). Elles vivent en général étroitement avec les colloïdes du sol.

a) Elles se différencient les unes des autres grâces à leurs caractères morphologiques, leur mode de fixation des colorants et leurs conditions de développement. On distingue :

1) Les bactéries aérobies : elles exigent pour vivre la présence de l'oxygène à l'état libre ou dissous dans l'eau.
2) Les bactéries anaérobies: elles n'utilisent que l'oxygène à l'état combiné dans les composés chimiques.
3) Les bactéries sont sensibles à la température et à l'humidité.

b) Les bactéries se différencient également entre elles par leur mode de nutrition. On distingue les autotrophes, les semi autotrophes et les héterotrophes.

1. Les autotrophes; ils peuvent se développer sans le secours, de matière organique et en incorporant uniquement des substances minérales. En outre, l'énergie vitale est empruntée à des réactions ou le carbone organique n'intervient pas. A cette

catégorie appartiennent les Bactéries nitrificatrices (*Nitrosommonas, Nitrosococcus, Nitrobacter*, etc.).

2. Les semi-autotrophes: ils peuvent créer des protéines à partir d'azote gazeux; mais l'énergie est formée par la combustion du carbone organique. Dans ce groupe, on retrouve les *Rhizobium, Bradyrhizobium* et les *Azotobacters*.
3. Les Hétérotrophes : ils prennent leur nourriture azotée et carbonée dans les matières organiques dont les combustions partielles, en même temps, l'énergie vitale.

Ces bactéries représentent la proportion la plus importante de la population du sol. Les bactéries doivent dégrader ou détruire les molécules, les composés existant dans le milieu pour en extraire leur nourriture ou leur énergie vitale. Afin de catalyser ces réactions, elles secrètent des substances appelées **Enzymes ou diastases**. Celles-ci sont spécifiques des molécules chimiques dont elles favorisent la transformation et elles sont caractéristiques des bactéries qui les secrètent.

4° Les champignons.

Ce sont des végétaux monocellulaires ou pluricellulaires. Ils sont pourvus de membranes différenciés et de noyaux quand ils sont monocellulaires.

- Ils se distinguent des protozoaires par leur immobilité et par la simplicité relative de leur structure.
- Ils se différent des bactéries par leur taille plus grande et par la présence de leurs noyaux et de leurs membranes,
- Ils se distinguent des algues par l'absence dans leurs cellules de chlorophylles ou d'autres pigments.

Tous les champignons sont hétérotrophes. Leur structure élémentaire est filamenteuse ; ces filaments ou "mycélium" pouvant s'agglomérer pour former des organes massifs.

- Ils sont très abondants dans les sols de forêts, riches en débris végétaux et acides (10^6 germes/g de sol ou l280 kg/ha);
- Ils contribuent largement à la décomposition progressive de la matière organique (les phycomycètes surtout), ils sont localisés dans les couches supérieures du sol où les résidus végétaux s'accumulent.
- D'autres peuvent vivre à l'état symbiotique avec les phanérogames en se fixant sur leurs racines et en facilitant leur nutrition : les Mycorhizes.

5°. Les algues

Ce sont des végétaux unis ou pluricellulaires pourvus de membranes et de noyaux. Ce sont des organismes autotrophes, car elles contiennent dans leurs cellules de la chlorophylle, qui leur permet d'assimiler le carbone du gaz carbonique (CO_2) de l'air. Les algues qui se développent dans le sol sont des algues d'eau douce. A la surface du sol elles assimilent le CO_2 atmosphérique. Mais, il semble que, dans l'obscurité des pores du sol, elles perdent l'usage de fonction chlorophyllienne et qu'elles deviennent capables de se nourrir de substances organiques. Elles secrètent souvent des substances mucilagineuses qui les enrobent et sur cette gaine on rencontre presque toujours les bactéries. La densité de la population d'algues est d'environ 10^5 germes par gramme de sol ou 130 kg/hectare.

6° Les protozoaires

Ils appartiennent au règne animal. Ce sont des êtres unicellulaires dont la taille varie de 5 à 100µ en moyenne.

- Ils présentent toujours un noyau bien défini; mais la membrane et l'organisation de leur cellule sont assez variables avec les espèces.
- Leur mobilité est assurée:
  - soit par des mouvements du protoplasme (reptation), cas des amibes.
  - soit par des cils vibratiles (flagellés).
- Dans les conditions de vie défavorables, ils s'enkystent et leur diffusion, à l'état de kystes, se fait très facilement, même par voie aérienne.

Les protozoaires sont hétérotrophes et se nourrissent de matières organiques. Ils secrètent des diastases qui dégradent les matières azotées et les hydrates de carbones.

- Certains d'entre eux peuvent absorber des particules solides, et pour la plupart, ils sont des prédateurs d'autres microorganismes du sol, en particulier des bactéries.
- Ils préfèrent les milieux acides, et également les couches superficielles du sol, notamment sous l'influence de l'humidité et de l'abondance de la matière organique; la densité de population varie entre 500 et 5.10^5 individus par gramme de terre ou 350 kg/hectare.

7° La faune plus évoluée.

Avant d'être la proie des microorganismes que nous venons de passer en revue, les détritus végétaux sont fréquemment attaqués, dégradés et digérés par les animaux plus évolués, appartenant aux groupes des Arthropodes (arachnides, myriapode, insectes, termites et crustacés) et des Annélides (vers de terre) et dont l'activité facilite surtout les phénomènes d'humification.

B. Rôle des microorganismes dans le cycle de la vie Géobiologique

La microbiologie apparait comme le point essentiel de l'étude de la vie à la surface de la terre et de la biosphère. En effet, les représentants du règne animal, qui sont incapables de synthétiser à partir d'éléments minéraux leur propre substance, sont entièrement dépendants du règne végétal. Les végétaux, eux, peuvent faire cette synthèse, utilisant le carbone atmosphérique grâce à l'énergie solaire et à la chlorophylle, et l'azote minéral sous forme de NH_3 et de NO_3^-. Or, ils auraient très rapidement épuisé les réserves en carbone et azote minéral si les microorganismes (microbes) du sol n'étaient pas la pour minéraliser à nouveau le carbone et l'azote organique provenant des animaux et des végétaux après leur mort et pour fixer l'azote moléculaire plus ou "moins atmosphérique. Le carbone se trouve en effet régénéré sous forme de CO_2, grâce à la respiration et aux fermentations microbiennes et l'azote sous forme de NH_3 et de NO_3^- également par voie strictement bactérienne. Leur rôle est tout aussi important dans la solubilisation des éléments minéraux indispensables à la vie des végétaux supérieurs: Ca, P, K, etc. Les processus microbiens apparaissent donc comme des chaines indispensables et complexes du cycle de la vie à la surface du Globe (à la fois bactérien, végétal et animal). Grâce à la diversité de leur fonction physiologique, les microorganismes forment également sur eux-mêmes un cycle vital, au sein du sol où Carbone et Azote passent alternativement sur leur forme minérale et organique.

C. Microorganismes et Cycle du carbone •

1° Cycle propre des microorganismes

Certaines bactéries autotrophes (c'est-à-dire qui peuvent faire la synthèse de leurs constituants avec le carbone minéral, l'énergie étant fournie par l'oxydation de Fe, S, NH_3, sont capables de proliférer en utilisant le C du CO_2 et de faire leur synthèse protéique à partir de C, NH_3 ou NO_3^-. Le cycle du Carbone se forme très facilement par la respiration des bactéries vivantes, dégageant du CO_2 et par la dégradation des protéines et glucides des bactéries mortes, grâce à d'autres germes, protéolytiques et glucidolytiques au sein du sol.

2° Cycle mixte: Microorganisme-végétaux supérieurs

a) Le premier chainon du cycle est également autotrophe: les végétaux supérieurs fixent le C minéral du CO_2 atmosphérique, l'énergie étant fournie directement par l'énergie solaire, grâce à la synthèse chlorophyllienne.

b) Avec ce C et H_2O, NH_3 et NO_3^- du sol, ils font la synthèse de leur tissus. Le cycle du carbone se forme pour la première fois (sans intervention des microorganismes) par les respirations de ces végétaux qui libèrent du CO_2. Mais, la plus grande partie du C reste fixée à l'état organique dans les tissus. Ceux-ci sont essentiellement constitués par la cellulose (plus ou moins liée à la lignine) et par des chaines de glucides polymérisées (hémicelluloses, pentosannes, hexosannes, pectine. . .). C'est le carbone de ces substances, qui, après la mort du végétal, sera ramène, par les microorganismes du sol à l'état minéral, pour former le cycle.

C) La dégradation de la cellulose : qui est l'élément essentiel du cycle du carbone, peut se faire par voie aérobie ou anaérobie.

1° Les processus anaérobies. Ils se déroulent :

- dans les sols lourds, plus ou moins saturés en eau;
- dans les sols riches en azote minéral ou organique;
- dans les sols neutres ou alcalins.

Les bactéries sont les seules responsables, elles se fixent directement sur la fibre cellulose et l'hydrolysent avec formation:

- de gaz : CO_2, CH_2, H_2 ;
- d'acides fixes et volatils (ex: acide formique, acide butyrique)
- et d'alcool éthylique (essentiellement).

Pour fermer le cycle, d'autres bactéries et champignons vont agir secondairement sur les acides et alcools avec combustion complète jusqu'au stade de CO_2.

2° Les processus aérobies.

Ils se déroulent dans les sols légers, bien aérés.

Si le sol est neutre ou plus ou moins alcalin : ce sont les bactéries qui travaillent surtout.

Si le sol est acide: ce sont des champignons qui dominent.

3°. Les produits d'hydrolyse de cellulose par voie aérobie et anaérobie peuvent être directement utilisés comme substance énergétique de base par les microorganismes hétérotrophes, qui par ailleurs, prennent directement leur Azote dans l'atmosphère sous forme moléculaire. Ces organismes, par leur respiration très active, libèrent de grande quantité de CO_2.

*4°. **De ce cycle principal***, une partie de carbone va s'échapper pour entrer dans la constitution de substances de réserve, substances dites "humiques" et les microorganismes du sol jouent dans leur élaboration un rôle primordial par les processus très varies:

- Des noyaux cycliques de lignine seraient liés avec les molécules protéiques complexes d'origine bactérienne.
- Des produits d'oxydation de la cellulose par les bactéries seraient repris et liés à des molécules protéiques élaborées par les bactéries fixatrices d'Azote moléculaire.
- Enfin ces mêmes bactéries fixatrices peuvent oxyder certains noyaux cycliques qui entreraient également dans la constitution de l'humus.

5° A partir de l'humus, le cycle de carbone se fermera, grâce à la combustion lente et retardée réalisée par certains microorganismes "humivores" qui libèrent du CO_2.

D. Microorganismes et cycle de l'Azote

1 ° Cycle propre des microorganismes

a) Fixation

Un certain nombre de Bactéries hétérotrophes sont capables grâce à l'énergie libérée par l'oxydation du carbone organique, de fixer l'Azote moléculaire de l'atmosphère et de faire la synthèse de leurs constituants cellulaires. C'est le fait essentiel, qui explique l'enrichissement, de l'azote d'une terre mise en jachère nue. Cette fixation peut être réalisée dans le sol par les bactéries diverses, soit en anaérobiose, soit en aérobiose.

- ✓ En Aérobiose: - Les Azotobacters travaillent dans les sols meubles bien aérés, riches en C et P, pauvres en N assimilable.
- ✓ En Anaérobiose: Essentiellement *Clostridium pastorianum* travaillent au contraire dans les, sols lourds, imprégnés d'eau, mal aérés ou bien dans les couches assez profondes d'un sol meuble.

L'oxygène ayant été éliminé par la présence de nombreux germes aérobies. Ce sont essentiellement des espèces butyriques qui libèrent une grande quantité de cet acide à partir des glucides. La fixation de l'azote moléculaire aboutit à la formation de substances azotées organiques, essentiellement les protéines des cellules bactériennes.

b) Ammonification

Cet Azote organique bactérien (N organique végétal et animal) va être maintenant repris par d'autres microorganismes et ramène à une forme minérale: NH_3. En pratique la totalité des microorganismes qui utilisent l'azote organique libèrent de l'ammoniaque.

c) Nitrification

L'azote ammoniacal ainsi libéré est immédiatement oxydé en NO_3^- qui est la forme principale d'utilisation de l'N par les végétaux supérieurs.

La nitrification est le fait des bactéries autotrophes utilisant l'énergie de cette oxydation de l'azote minéral pour assimiler le carbone minéral. Certaines espèces oxydent le NH_3 en NO_2^- (Nitrification), ce sont les Nitrosobactéries, les autres oxydent le NO_2^- en NO_3^- (nitratation), ce sont les Nitrobactéries.

d) Dénitrification

Normalement, la presque totalité de l'azote nitrique est utilisé par les végétaux supérieurs pour la synthèse de leurs tissus. Cependant, dans certaines conditions, un certain nombre de microorganismes Sont capables d'utiliser en anaérobie, l'oxygène (O_2) des nitrates pour réaliser leurs propres oxydations. La réduction de ces nitrates peut se transformer en nitrite, hydroxylamine, ammoniaque et même azote moléculaire. Ainsi se forme définitivement le cycle bactérien de l'Azote et ses chainons essentiels sont: fixation, ammonification, nitrification, dénitrification.

2°. Cycle Mixte ; microorganismes - Végétaux – animaux

Il faut cependant envisager le cas particulier des légumineuses qui, grâce à une symbiose avec certains microorganismes fixateur d'azote moléculaire, peuvent faire directement la synthèse de leurs tissus. Ces fixateurs symbiotiques du groupe de *Rhizobium* se trouvent dans le sol à l'état latent, sous forme de bactéroïdes au contact avec des poils absorbants des racines de légumineuses, ils pénètrent dans les tissus, s'y multiplient et fixent l'azote moléculaire utilisé symbiotiquement par la plante.

Des associations d'un autre type sont réalisées par d'autres végétaux sous formes de mycorhizes. Les végétaux supérieurs utilisent les nitrates de formations bactériennes pour faire la synthèse de leurs tissus. Ceux-ci, lors de la mort du végétal, retournent au sol. Leur fraction azotée sous forme organique, sera reprise par la flore ammonifiante et rentre ainsi dans la partie bactérienne du cycle.

3° Bilan de l'Azote du sol

Un certain nombre de processus tendent:

- soit à enrichir le sol en azote;
- soit l'appauvrir en cet élément;
- soit à modifier la forme de N.

Les plantes ne sont pas les seuls organismes vivant à absorber l'azote ammoniacal et nitrique. De nombre micro-organismes telluriques ont aussi besoin de ces formes minérales pour satisfaire leurs exigences en cet élément ; ils exercent vis-à-vis de plantes une concurrence très vive à ce point de vue lorsqu'ils disposent d'un substrat énergétique abondant (lors de l'apport de paille par exemple).

L'absorption d'azote minéral par les micro-organismes est appelée **immobilisation** (allusion à l'effet de concurrence vis-à-vis des plantes). On l'appelle réorganisation (allusion à la transformation de l'azote minéral en protéines microbiennes). Quand les processus d'immobilisation sont plus intenses que les processus de minéralisation, la teneur du sol en azote minéral diminue.

On désigne sous le terme de "cycle interne de l'azote", les transformations cycliques qui font intervenir successivement ou simultanément les processus d'ammonification, de nitrification et d'immobilisation. Sous le terme de « cycle biogéochimique », on désigne le cycle externe de l'azote ; ce cycle part de l'azote ammoniacal et nitrique, passe par les plantes et aboutit au stock d'azote de la matière organique fraîche du sol. La figure 35 illustre le schéma du cycle de l'azote :

Figure 35. Transformations microbiennes de l'azote

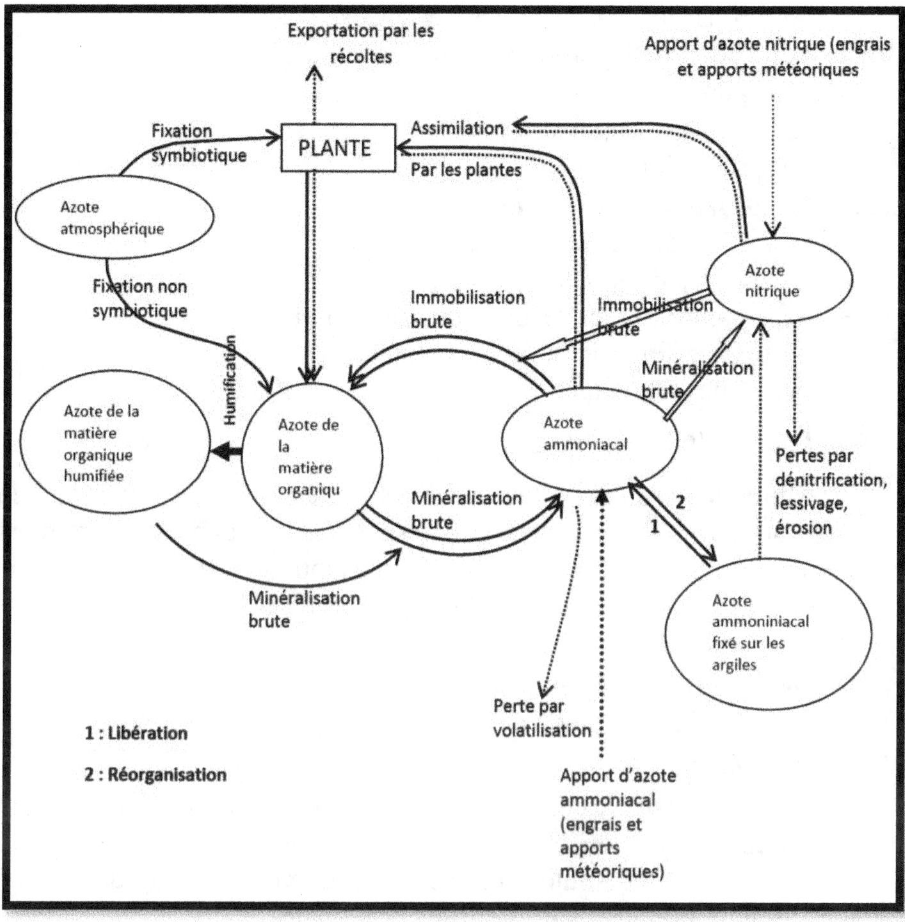

Le cycle *interne de l'azote est représenté par un trait double.*
Le cycle externe *ou biogéochimique est représenté par un trait plein doublé d'un trait interrompu.*

Ce double cycle de l'azote n'est pas fermé : en effet aux processus que nous venons de définir se superposent des processus qui entraînent d'une part :

- des gains de nature microbienne :
    - fixation d'azote moléculaire par les micro-organismes vivant en symbiose avec les plantes supérieures appartenant essentiellement, mais non exclusivement, à la famille des légumineuses ;
    - fixation d'azote moléculaire par les micro-organismes fixateurs libres, c'est à dire non symbiotiques.
- **des gains de nature non microbienne**

- ➢ apport par les eaux météoriques et d'irrigation ;
- ➢ apport par les engrais et les semences ;
- ➢ adsorption de l'ammoniac atmosphérique.

D'autre part par :

- **des pertes de nature microbienne**
  - ➢ dénitrification
- **pertes de nature non microbienne**
  - ➢ volatilisation de l'ammoniac ;
  - ➢ réactions chimiques diverses ;
  - ➢ exportation par les récoltes ou mise à feu ;
  - ➢ pertes par l'intermédiaire des plantes ;
  - ➢ pertes par lessivage.

6.3. LA FAUNE DU SOL

En dehors de certains vers, termites et autres animaux fouisseurs, la grande partie de la faune du sol est localisée dans les premiers centimètres du sol, c'est-à-dire dans l'horizon ou est consommée le potentiel énergétique et alimentaire que représentent les apports de matières organiques.

A. Animaux constituant la faune du sol.

On peut diviser la faune du sol en quatre groupes:

1°. La microfaune.

Les individus sont généralement plus petits que 0,2 mm et sont constitués essentiellement par des édaphons hydrobiontes, c'est-à-dire des groupements à vie souterraine qui ne peuvent vivre que dans l'eau (et dans les capillaires du sol). Espèces principales :

- les protozoaires.
- les nématodes.
- les rotifères.

2°. La mésofaune.

- Grandeur environ 0,2 à 4 mm
- est constitué :
  - soit par des édaphons hygrobiontes: qui cherchent seulement l'humidité (air riche en vapeur d'eau) ;
  - soit par des édaphons xérophiles; qui résistent à la sécheresse, dans les sols secs

Espèces principales sont les colemboles et les acariens.

3°. La macrofaune.

- Dimension : 4 à 80 mm.

- Espèces principales:
    - les lombricidés (vers de terre),
    - les insectes supérieurs,
    - les myriapodes, et
    - les arachnides.

4°. La mégafaune.

- Dimension : 80 mm à 1,6 m.
- L'activité biologique se limite essentiellement à une remontée des matériaux correspondant à la confection de leurs terriers ou de leurs habitats.

Exemples:

- les crabes de terres tropicales,
- certains reptiles,
- de nombreux insectivores (taupes),
- des rongeurs (rats).

A. Facteurs déterminant la faune du sol.

1°. La nourriture (matière organique).

L'ensemble des bactéries et des organismes de la faune du sol est hétérotrophe et trouve son énergie dans la dégradation des matières organiques.

Le produit de la population par son activité augmente, proportionnellement à l'accroissement des aliments énergétiques et cela jusqu'à une limite définie par l'équilibre présent du sol, si d'une part les animaux plus nombreux et plus actifs ne modifiaient progressivement le milieu en leur faveur (auto amélioration des conditions du milieu) et si d'autre part, les débris végétaux tendant à s'accumuler ne créaient les conditions d'un nouvel équilibre.

2°. Les possibilités de colonisation (vent - eau)

Les animaux qui participent à la dégradation énergétique des matières organiques du sol sont nécessairement ceux qui ont pu parvenir dans ce sol et ensuite y trouver des conditions de vie favorables pour s'y implanter. Les conditions de colonisation animale d'un sol sont multiples:

- De nombreux animaux peuvent être transportés par le vent, plus particulièrement ceux qui résistent à la sécheresse, (tels que les protozoaires, les nématodes, les rotifères, etc.), ceux-ci peuvent aussi être transportes par les insectes.
- L'animal contribue à modifier des caractéristiques physiques et physico-chimiques du milieu par:

- les transports du sol qu'il effectue;
- son action de dégradation des matières végétales;
- son influence sur la microbiologie du sol.

- Le bon équilibre air - eau du sol ne peut exister que grâce à une activité biologique suffisante pour agir efficacement sur la porosité, la structure et la capacité de rétention en eau.
- Concernant le cycle de l'azote, les animaux non seulement participent à la minéralisation de l'N_2 organique par leur digestion mais ils constituent aussi par eux-mêmes une réserve d'N_2 souvent importante et mobilisable à leur mort.
- Les protozoaires augmentent la fixation de l'N_2 de l'air en ingérant les bactéries fixatrices.
- Les animaux favorisent plus ou moins les processus d'humification, ils permettent un stockage de l'azote dans les matières humiques; azote qui est libéré ensuite au cours des processus de déshumification.

c) Action sur les propriétés biochimiques du sol

Les animaux possèdent tous des enzymes ou diastases très spécifiques. Plus la faune d'un sol est riche et variée, plus son potentiel enzymatique est important.

De nombreux animaux ne peuvent digérer les celluloses, les hémicelluloses et les lignines, mais entre deux digestions partielles, les excréments peuvent être colonisés par des champignons ou des bactéries attaquants ces constituants organiques. La faune a enfin une action catalytique ou métabolite des sols. Elle entretient l'état des populations bactériennes (des protozoaires, des azotobacters). Elle contribue à la dissémination des bactéries et des spores.

2°. Action de la faune dans la dégradation et l'humification des litières végétales

La décomposition des litières en milieu sec est principalement l'œuvre de bactéries et d'insectes (coléoptères), elle fournit des produits volatils et contribue peu à la formation des sols. Les phénomènes de putréfaction conduisent à des corps volatils (méthane, H_2S, NH_3) et laissent s'écouler dans les sols des substances généralement toxiques. Pour ce qui est de la dégradation normale des litières en milieu aéré et saisonnièrement ou constamment humide, en se basant sur la consommation des divers animaux, on en arrive à la conclusion que sous forêt toute la litière végétale peut être ingérée par eux. La faune fragmente les débris végétaux, elle les travaille chimiquement et par ses déjections, elle enrichit les matières organiques du sol de divers enzymes; ces modifications chimiques du milieu s'accompagnent d'un changement de la flore microbienne. On peut distinguer dans la faune des sols certains groupes d'animaux qui exercent une action directe sur l'humification des débris végétaux.

a) Les nématodes de par leur taille, peuvent pénétrer dans les plus fins capillaires de sol et se retrouver, dans les cellules des débris végétaux en cours d'altération, directement au contact des plasmas bactériens synthétisant les acides humiques. La teneur en acide humique augmente avec la densité de la population des nématodes.

b) Les vers de terre (les lombricidés) exercent une action favorable à l'humification des sols, tout au moins dans les régions tempérées.

Ils contribuent à multiplier les surfaces des débris végétaux, ils neutralisent le sol par leurs excrétats; ils accroissent l'aération du milieu grâce à leurs galeries souterraines, et ils contribuent par leurs cadavres à ammonifier ce milieu tout en y apportant divers acides aminés. De plus, ils modifient profondément la microflore, ils contrecarrent le développement des champignons en diminuant le nombre des azotobacters et en favorisant les actinomycètes.

Enfin les vers contribuent, par mixage des débris végétaux avec la terre, à la stabilisation des acides humiques formés dans les complexes colloïdaux qui enrobent les particules en donnant un "humus doux" (type mull). Présents dans les sols d'humus brut, les Enchytraeides y remplacent les vers de terre, leur action sur les processus d'humification y apparait étroitement liée à celles des microarthropodes, dont ils reprennent en général les déjections.

c) Les larves des Diptères influencent beaucoup la décomposition des débris végétaux, d'autant plus qu'elles peuvent mélanger activement ceux-ci avec le sol minéral.

d) Les Diplopodes et les lules. On note un léger accroissement des matières humiques dans les excréments de ces animaux.

e) Les Collemboles et les Acariens, paraissent par leur activité, accélèrent les divers processus bactériens, aussi bien de l'humification que de la déshumification.

f) A l' opposé de ces divers animaux, généralement jugés favorables à l'humification des débris végétaux, il y en a d'autres qui ont une action négative, bien reconnue sur cette humification : tels que les Termites des régions intertropicales qui, poussant très loin la dégradation chimique des matières organiques, contrecarrent les synthèses humiques.

Les termites assimilent surtout les produits de décomposition de la cellulose, hémicellulose, amidon, sucres, tous les corps les plus abondants dans les bois morts déjà fortement colonisés par les bactéries et les champignons. De nombreux termites "ouvriers" paraissent aussi pouvoir détruire les matières humiques déjà existant dans les horizons supérieurs de sol et n'excréter qu'un sol libre d'humus (cas des Cubitermes, Apicotermes, Thoracotermes). Les galeries de termites souterrains facilitent la pénétration de l'eau et de l'air du sol. Les termites sont souvent très denses dans certaines régions des sols ferrallitiques, leurs galeries contribuent à freiner l'érosion. Les termites poussent très loin, la dégradation des matières organiques et les teneurs en C et N sont généralement plus faibles dans les matériaux des termitières que dans les sols voisins. Dans les termitières, les valeurs T et S sont souvent supérieures à celles du sol en place. Le pH du sol est amené à une valeur proche de la neutralité. Des horizons de nodules calcaires se trouvent souvent associés à certaines grandes termitières d'Afrique. Ce calcaire neutralise le sol qui en est généralement dépourvu, sature son complexe absorbant et améliore sa structure. Les grosses termitières de la région de Lubumbashi, renferment de la montmorillonite alors que l'on ne trouve que de la Kaolinite dans les sols ferrallitiques environnants (synthèse de la montmorillonite se rattache à la nature de leur milieu ionique calcique et à leur pH voisin de 8).

CHAPITRE 7.

GENESE ET EVOLUTION DES SOLS

7.1. L'EVOLUTION DES SOLS ET DES MODALITES

A. Définitions.

Nous avons vu que le sol était distinct du substratum géologique ou "roche mère" qui le supporte : il résulte de l'action sur cette roche mère, des facteurs biologiques et climatiques. Il y a donc deux catégories de facteurs qui interviennent dans la formation du sol.

- Les « facteurs passif », notamment la roche mère qui fournit la matière minérale du sol;
- Les "facteurs actifs". Climat et végétation qui transforment, façonnent cette matière minérale.

La végétation joue un rôle essentiel, par la matière organique qu'elle y incorpore et qui peut avoir de propriétés très variables. On peut donc définir différentes phases dans l'évolution du sol; ainsi, alors qu'une roche est mise à nu par l'érosion, le sol est inexistant ; on le dénommé: lithosol (roche mère dure) ou régosol (roche mère meuble).

- Un sol jeune subit un début d'évolution, mais offre des propriétés très voisines de celles de la roche mère.
- Un sol mur est un sol qui a terminé son évolution, qui se trouve en équilibre avec la végétation et le climat, donc stable: si la végétation correspond elle-même au climat de la région considérée, on peut parler d'un "sol climacique" (ou pédoclimax ou climax édaphique).
- Il existe également des sols dégradés, c'est-à-dire des sols qui ont subi une évolution différente de l'évolution normale, par suite d'une modification de la végétation, en général du fait de l'homme.

Enfin, on peut signaler l'existence de sols morts. Véritables sols fossiles, formés sous d'autres climats et pouvant être même enterrés sous des dépôts nouveaux.

B. Climat du sol

Le climax du sol, ou pédoclimax est un sol ayant termine son évolution, se trouvant donc en équilibre avec le climat et la végétation, à condition que celle-ci constitue elle-même le "climax", c'est-à-dire la végétation stable, caractéristique du climat, par conséquent non modifiée par l'homme: A une végétation climacique donnée correspond donc un sol climacique.

Etant donnée l'influence considérable du climat et de la végétation sur l'évolution du sol, le climax est relativement indépendant de la roche mère: en effet, au fur et à mesure que l'évolution du sol progresse, les propriétés primitives de la roche mère s'estompent peu à peu. Ainsi, en Russie, au Canada, on constate que les groupes de sols coïncident presque exactement avec les " zones" climatiques successives. Malgré les variations de roche mère, à l'intérieur d'une zone donnée, l'homogénéité du sol est remarquable: d'où le terme de **sols zonaux** employé par les premiers pédologues, pour designer ces sols qui dépendant du climat, mais qui sont indépendants de la roche mère. Les **sols zonaux** sont des sols climaciques dans la mesure où l'évolution est terminée. Par example, au Canada, on trouve du nord au sud la succession suivante (Tableau 15):

Tableau 15. Les successions de sols signalées au nord et au sud de Canada

Sol	**Végétation**
Toundra	Mousses et Lichens
Podzol boréal très développé	Forêt boreal à *Picea mariana*
Podzol boreal moyen	Forêt à *Abies balsamea* et *Betula papyrifera*
Sol podzolique	Forêt mixte à *Betula lutea, Acer rubrum, Pinus strobus, Picea rubra.*
Sol ocre podzolique et sol brun ocreux	Erablière: *Acer saccharum*

Un sol-climax présente des caractères propres, qui le rendent relativement indépendamment de la roche mère primitive; ces caractères nouveaux doivent être imputés à l'action combinée du climat et de la végétation, cette dernière agissant sur la matière minérale, par l'intermédiaire de l'humus qu'elle lui incorpore. Ainsi, la matière organique joue un rôle essentiel dans cette évolution. Aussi est-il facile de comprendre que les horizons supérieurs, humifères, évoluant plus vite que les horizons inférieurs, les horizons minéraux. Dans de nombreux cas, les horizons profonds conservent, même quand le stade climacique est atteint, des caractères propres, qui sont liés à ceux de la roche mère. Il s'ensuit que les sols-climax formés, sous une même association végétale, sur des roches mères différentes, ont des horizons humifères de morphologie et de propriétés semblables, alors que les horizons profonds sont différents.

On a désigné ces sols par l'expression "**sols analogues**", que nous reprendrons ici. Nous donnerons plus loin quelques exemples de sols analogues, que nous comparerons à des sols dégradés, dans les mêmes secteurs climatiques.

Cependant, il existe à cette loi de l'évolution des sols, une exception importante: dans certains cas, la roche mère (surtout lorsqu'elle agit en liaison avec des conditions spéciales de topographique par exemple), présente des propriétés très particulières qui, non seulement freinent l'évolution normale du sol, mais encore arrivent à modifier son cours. A l'intérieur d'une zone climatique, on trouvera donc sur ces roches mères des sols évolués, mais différents des sols qui caractérisent habituellement cette zone : ces sols ont été souvent appelés " **sols intrazonaux**".

Ainsi, les calcaires suffisamment tendres, et soumis à l'érosion, ne donneront jamais naissance au sol climacique indiqué, mais à une rendzine à pH supérieur à 7, même en surface. Il en est de même des bas-fonds, caractérisés par la présence permanente d'un plan d'eau, dans lesquels se développent des sols marécageux d'un type spécial (sol à Gley).

C. Différents types d'évolution du sol

On peut distinguer deux types fondamentaux d'évolution du sol: l'évolution progressive. Orientée vers le climax, et l'évolution régressive, qui s'éloigne du climax.

1° Evolution progressive

La plus caractéristique est celle qu'on observe sur une roche mère à nu, au fur et à mesure de sa colonisation par la végétation. Son point de départ peut être la dénudation de la roche mère, par suite de l'enlèvement du sol par l'érosion; il peut aussi résulter d'un dépôt nouveau, par exemple alluvionnement, qui a "enterré" l'ancien sol (on retrouve souvent d'anciens horizons tourbeux de surface, enterrés sous des alluvions récentes).

Un lithosol primitivement neutre et riche en cations métalliques peut évoluer vers un sol à humus brut décalcifié, montrant des horizons tranchés par lessivage du fer. Ainsi, le sol en évoluant acquiert des propriétés nouvelles qui l'éloignent de celles de la roche mère. Les sols d'alluvions anciennes sont toujours plus évolués que les sols d'alluvions récentes: ils sont, à la fois, plus lessivés et plus acides par suite de l'entrainement progressif des ions Ca

2° L'évolution régressive

C'est celle qui s'éloigne du climax; on peut en distinguer deux types:

- Rajeunissement par l'érosion, qui décape les horizons supérieurs, ou même le sol en entier ("régression").
- Nouvelle évolution différente de l'évolution normale progressive, provoquée par un changement de la végétation, provenant le plus souvent de l'intervention humaine ("dégradation").

Les cas de rajeunissement sont fréquents, en dehors de l'érosion, on peut citer le cas de recouvrement d'un ancien sol par un dépôt nouveau (dunes, alluvions récentes). Ainsi, la destruction de la chênaie méditerranéenne de chêne vert, sur un calcaire, marneux tendre, aboutit à la destruction du sol brun forestier primitif et son remplacement par une rendzine jeune, pauvre en humus et très riche en carbonate actif.

Il existe également des cas très caractéristiques des "dégradations" du sol, par suite de l'intervention humaine : citons celui de la chênaie atlantique, transformée en chênaie clariérée, puis en lande Bruyères sur podzol, par des défrichements abusifs et répétés (roche mère gréseuse ou sableuse). Les processus de dégradation dépendent étroitement de la nature de la roche mère: alors que les sols climaciques "**analogues**" sont très voisins, les nouveaux sols formés sont nettement différents, suivant le type de roche mère.'

Si l'intervention destructive de l'homme vient à cesser, une nouvelle évolution progressive, résultant d'une colonisation lente du sol par les espèces climaciques, peut s'amorcer. Mais ce type d'évolution progressive partant d'un sol préalablement dégradé dans une large mesure de l'évolution progressive est d'autant plus rapide et plus facile que la dégradation pédologique du sol est moins accentuée. Ainsi, on peut admettre que la forêt primitive se réinstalle rapidement d'elle-même, sur les sols se trouvant à un stade " intermédiaire".

Si, au contraire, le sol est fortement dégrade, quelle que soit la nature de la dégradation: podzol pseudogley, ou rendzine, le retour à la forêt primitive est rendu très difficile.

Le nouveau type génétique de sol est en équilibre avec l'association, qui a remplacé la forêt; cette association secondaire et son sol constituent un "para climax relativement stable. Cela explique l'extrême difficulté par les reboiseurs pour reconstituer la forêt sur les stations à sol très dégradé.

7.2. LES PROCESSUS PHYSICO-CHIMIQUES DE LA PEDOGENESE

A. Généralités.

Nous avons vu comment un sol s'édifie peu à peu aux dépens d'une roche mise à nu, après une érosion brutale ou provenant d'un dépôt récent. Initialement, c'est la roche mère qui affleure, le sol étant presque inexistant (lithosol). Puis un sol encore "jeune" prend naissance: il est peu profond, pauvre en matière organique, mais contient de nombreux fragments de roche mère inaltérée. Un sol arrivé au terme de son évolution est, au contraire, en général profond, riche en matière organique et peu caillouteux; en outre, des "horizons", nettement différenciés par la couleur et leurs propriétés, apparaissent au sein du profil. Ainsi, l'évolution d'un sol est caractérisée par trois processus distincts :

1. Décomposition et altération progressive des roches aboutissant à la formation d'un complexe d'altération aux dépens des minéraux primitifs.
2. Augmentation de la teneur en matière organique fabriquée par la végétation qui colonise le sol en formation. L'équilibre est atteint plus ou moins rapidement suivant les cas, lorsque les apports en débris frais compensent exactement les pertes par minéralisation.
3. Déplacement des ciments solubles ou colloïdaux, d'un point à un autre du profil, sous l'influence des courants qui circulent dans le sol: ce sont les migrations, qui aboutissent à la constitution des horizons appauvris (horizon A) ou enrichis (horizon B).

Les phénomènes de décomposition des roches et l'évolution de la matière organique, ayant été traités dans le premier et le deuxième chapitre, nous étudierons plus particulièrement ici les phénomènes de migration, et nous efforçant de montrer comment ces derniers dépendent essentiellement des mouvements de l'eau du sol, ainsi que de la quantité et de la nature des complexes humiques formés.

B. La décomposition des roches, formation du complexe d'altération. (Voir les détails dans le 1er chapitre)

Elle résulte d'un double processus: la désagrégation physique et l'altération chimique.

1°) Désagrégation physique

C'est la fragmentation de la roche en éléments de plus en plus petits, sous l'action des agents physiques; les principaux mécanismes en jeu sont :

a) La fissuration sous l'action de la dilatation et du retrait causes par les variations de température;
b) Eclatement de la roche et élargissement des fissures sous l'effet du gel;
c) Usure par les agents d'érosion, eau de ruissellement, vent, etc.

La désagrégation physique est le phénomène essentiel de la décomposition des roches en climat froid ou désertique.

2°) Altération chimique

L'altération chimique est surtout conditionnée par deux facteurs: le facteur eau, qui véhicule les agents chimiques actifs (oxygène, acides humiques, CO_2, etc.), et le facteur température, qui intervient dans la vitesse des réactions d'attaque. En conséquence, la vitesse de l'altération est maximum en climat chaud et humide, elle reste très lente en climat froid ou désertique. L'altération, des minéraux primitifs, en général complexes, donne naissance à des minéraux simples, plus ou moins solubles (carbonates alcalins ou alcalino-terreux) ou colloïdaux (argiles, oxydes de fer, parfois d'aluminium): 1'ensemble constitue le "complexe d'altération".

Cercaires auteurs ont défini le degré d'altération d'un sol par le rapport Al_2O_3 des colloïdes /Al_2O_3 total. Ce quotient peut dépasser 90% dans les sols tropicaux: il reste très faible dans les sols alpins et les sols désertiques.

a) Principaux processus d'altération

1) Dissolution: Dissolution rapide des sels solubles, dissolution lente des carbonates alcalino-terreux, dans l'eau chargée de gaz carbonique ou d'acides organiques.
2) Hydratation: Hydratation de sels ferriques, primitivement peu hydratés, qui constituent le ciment de certains grès (grès vosgien). Sous l'effet de l'augmentation de volume qui en résulte, la roche se décompose et devient meuble; en même temps, sa couleur change et, de rose violacé, elle devient rouille.
3) Réduction et oxydation: Sous l'action d'eaux chargées de matière organique, les oxydes de fer sont réduits à l'état ferreux, ils deviennent plus solubles et par conséquent mobiles (voir migrations). En milieu réducteur, le sol prend une teinte gris bleuâtre, caractéristique du fer ferreux (horizon de Gley). Inversement, l'oxydation du fer, la présence d'air ou d'eau de

pluie riche en oxygène dissous, amène sa précipitation à l'état ferrique (taches rouille à la partie supérieure du Gley).

4) Hydrolyse: C'est l'action chimique exercée par les ions H^+ ou OH^- contenus dans l'eau. Dans le cas général, lorsque l'eau est chargée d'acides humiques ou de gaz carbonique, on a affaire à une hydrolyse acide. Exceptionnellement, il peut s'agir d'hydrolyse alcaline; c'est le cas de certains sols tropicaux très profonds, dans lesquels l'eau, dépourvue d'acides humiques, se charge des ions OH^- libérés progressivement par l'altération de la roche elle-même.

C. Facteurs influençant l'altération

On considère trois facteurs:

*1°. **Le climat***: qui oriente la tendance de l'altération;

*2°. **La station*** : conditionnée par le milieu local, qui modifie plus ou moins complètement cette tendance ;

*3°. **L'évolution pédologique***: joue un rôle non négligeable dans l'altération, et est liée au type d'humus.

1° Influence du climat général:

Les différents types d'altération climatiques se différencient par la quantité de sesquioxydes libérés (Fe_2O_3, et Al_2O_3) et le type d'argile formée.

Généralement : l'Illite domine en climat tempéré; la Kaolinite domine en climat tropical; le mélange Illite et Kaolinite en climat inter médiate, c'est-à-dire climat tropical sec et intertropical (Tableau 16).

Tableau 16. Influence du climat sur le type d'altération

Climat	Végétation	Argiles	Sesquioxydes
Sec	Steppe	Montmorillonite	Trace
Tempéré	Forêt feuillue	Illite	Fe_2O_3 (peu)
Subtropicale	Forêt sèche	Kaolinite + Illite	Fe_2O_3 (bcp)
Equatoriale	Forêt dense	Kaolinite + Gibbsite	Fe_2O_3 + Al_2O_3

Selon le tableau, on voit que:

Si l'on progresse des régions tempérées vers les régions chaudes, on note une perte de silice de

Plus en plus grande au cours d'altération et une immobilisation de plus en plus forte des sesquioxydes.

2°. La station

Il s'agit du milieu "local" c'est-à-dire des conditions de roches mères et drainage liées à la topographique.

Exemple typique: " Rôle de calcium" de la roche mère :

- En climat tempéré: il est abondant, il favorise la conservation.
- En climat tropical: s'il subsiste dans les solutions du sol: synthèse de Montmorillonite
- En climat chaud et humide: synthèse de Montmorillonite qu'en stations mal drainées. C'est pourquoi les "sols noirs tropicaux" (à montmorillonite) sont des sols à la fois Calcimorphes et hydromorphes.

En ce qui concerne les roches éruptives: si le drainage est médiocre et sous n'importe quel climat: on aura une néosynthèse des argiles.

3°. L'évolution pédologique :

- Elle est liée au type d'humus et résulte: soit de l'action du climat (et de la végétation), soit des conditions de stations.
- Le rôle de la M.O. et le type d'humus est important, car les feuillets cristallins des argiles s'ouvrent sous l'action de composés organiques solubles et acides.
- Si ces composés organiques proviennent d'un "mor" (humus brut), l'altération des argiles peut être plus complète et il s'ensuit une libération de la silice et de l'alumine libre (Ex.: Podzolisation).

D. Horizon d'altération.

Cet horizon, non coloré par l'humus, mais coloré par les oxydes de fer résultant de l'altération, est désigné généralement par la lettre (B) dans les classifications Internationales; il correspond à l'horizon diagnostic, appelé " Cambique" dans la classification américaine de 1960. Cet horizon n'existe que dans les profils à altération suffisamment profonde, donc évolués; un tel profil est dit A(B) C. Lorsque l'altération est localisée en surface, la libération de fer étant alors masquée par l'accumulation de matière organique, le profil est de type AC, plus précisément A1C.

a) Horizon (B) Cambique: C'est un horizon brun ou ocre, parfois rouille, coloré par Fe_2O_3 libre, donc plus riche en cet élément que l'horizon C, et aussi .plus riche en argile. La structure est différente de celle de C: elle est polyédrique ou prismatique; la microstructure ne montre pas d'enrobements d'argile orientée à la surface des unités structurales. En général, il n'y pas d'augmentation de fer et d'argile par

rapport à A (sauf s'il y a une altération sur place plus intense qu'en A: c'est le cas de certains horizons humides, sous forêt, très riches en racines). Lorsque l'argile résulte d'une néosynthèse, la microstructure est en stries ou en fibres parallèles. Dans la majorité des cas, l'argile offre une orientation variée, diffuse au sein des unités structurales.
On désigne plusieurs variétés d'horizons cambiques qui s'écartent quelque peu du type, riches en fer ferrique, formés en climat tempéré humide, et en milieu drainé:

- B Hydromorphe: à taches rouille sur fond beige ou gris, à petites concrétions, tendance à la ségrégation du fer;
- B Structural, de certains sols steppiques: en général, il coïncide avec la partie profonde de l'horizon A1, et il n'est pas toujours considéré par les pédologues européens comme un véritable horizon (B). Il se distingue de l'horizon de surface par sa structure: cet horizon caractérisé par une néosynthèse d'argile, mais pauvre en fer, offre une structure prismatique à gros éléments. La néoformation d'argile est favorisée par de courtes périodes d'hydromorphie temporaire (certains chernozen et sols châtainstirsifiés, de dépressions humides).

b) Horizon Oxique (classification américaine, 1960):
En climat équatorial et tropical, cet horizon remplace le B cambique: il est riche en sesquioxydes libres (Fe_2O_3 et Al_2O_3; plus de 12% du poids d'argile), très pauvre en minéraux altérables, de structure massive ou polyédrique, mais dépourvu d'enrobements argileux. L'argile caractéristique étant la Kaolinite mélangée d'une proportion très variable de gibbsite, la capacité d'échange est très faible et tombe en dessous de 20 milliéquivalents pour 100 g de fraction fine. Cet horizon offre une couleur plus vive que l'horizon cambique des sols tempérés. Les enrobements d'argile cristalline qui ont tendance à se former dans certains sols de climat chaud lessivés sont progressivement détruits et remplacés par des enrobements amorphes.

E. Les migrations des éléments du complexe d'altération.

1° Généralités

Les déplacements des éléments du complexe d'altération, qui se produisent au sein du profil, aboutissent à la constitution des divers horizons caractéristiques du sol, les horizons appauvris étant désignés, nous l'avons dit, par la lettre A, alors que les horizons enrichis sont affectes de la dénomination B.

Les migrations peuvent être classées d'après leur direction:

a) Migrations descendantes: C'est le phénomène d'éluviation ou de lessivage, qui est beaucoup le plus général en climat humide. L'horizon "lessivé" ou " éluvial" est alors évidemment situé au-dessus de l'horizon "illuvial" ou horizon d'accumulation.
b) Migrations obliques: Fréquentes, le long des pentes, elles ont pour effet d'appauvrir, en calcium ou en colloïdes, les sommets est d'enrichir, en ces mêmes constituants, les dépressions située au pied des pentes (lessivage oblique).
c) Migrations ascendantes: Elles sont plus rares et ne s'exercent guère qu'aux dépens d'éléments complètement solubilisés (fer à l'état ferreux, ou humâtes alcalins dans certains sols à alcalis).

Dans des cas très particuliers, la présence d'une zone saturée d'eau, à une faible profondeur, ainsi qu'une évaporation superficielle intense sont les conditions nécessaires à l'établissement du courant ascendant, véhicule de ces éléments. Dans ce cas, l'horizon d'accumulation B est situé en surface et au-dessus de l'horizon A. Le seul cas typique de migrations ascendantes concerne l'enrichissement en fer de la zone de sol situé au-dessus d'une nappe d'eau, riche en fer ferreux, migrant par ascension capillaire, précipité par oxydation; sous forme ferrique, dans les horizons les plus aérés (taches rouille).

2° Conditions générales de l'illuviation (formation de l'horizon d'accumulation).

Les sols alcalino-terreux (carbonates) provenant du lessivage, ne s'accumulent en profondeur que dans des conditions suffisamment arides; il se forme alors un horizon enrichi en carbonates, généralement désigné par le symbole "Ca".

Dans les sols formés en climat humide, les sels de calcium sont entrainés profondément dans les eaux de drainage. Le plus souvent, on ne les retrouve pas dans le profil: l'horizon d'accumulation est alors constitué, dans la majorité des cas, par les éléments colloïdaux, fer et argile (sols lessivés), fer et humus (podzols), qui se déposent à un niveau détermine du profil (sols du groupe de " pedofers"). Ces horizons sont désignés par la lettre B.

a) Causes de la formation de l'horizon d'accumulation.

La formation des horizons B est un processus très complexe, qui relève de plusieurs causes, agissant, le plus souvent, simultanément: causes physiques, biologiques, chimiques.

1. Causes physique: - la limite de pénétration des pluies d'été correspond, en général, au niveau de densité maximum des racines absorbantes, qui provoquent la concentration des solutions, puis la précipitation par déshydratation partielle des colloïdes entrainés.

Il se constitue ainsi l'amorce d'un horizon plus compact qui, par la suite, freine de plus en plus activement les processus d'entrainement, les éléments fixés retenant par absorption les éléments mobile. La profondeur de l'horizon d'accumulation est donc liée à celle de l'enracinement de la végétation existante.

Dans bien des cas, c'est une zone saturée d'eau, de manière temporaire ou permanente, qui arrête les courants descendants. L'horizon B se forme au-dessus de ce plan d'eau, à la limite de remontée des eaux capillaires ascendantes, ou interviennent, en général des floculations chimiques (alios).

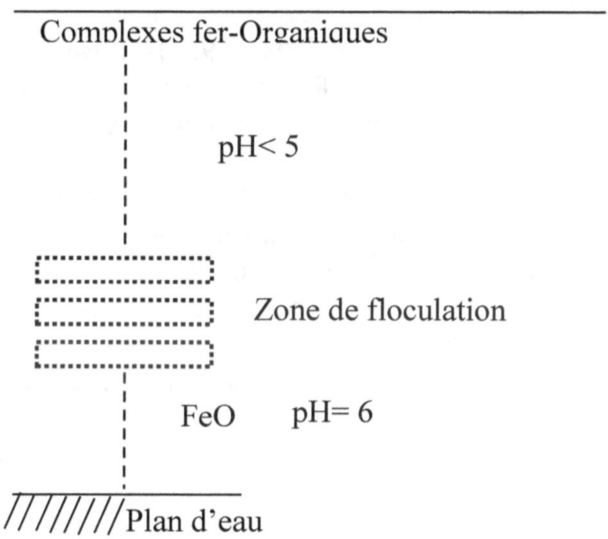

2. Causes biologiques: - Dans les sols biologiquement actifs, la matière organique des complexes pseudo-solubles est progressivement minéralisée au cours de migration. La fraction minérale de ces complexes voit alors sa concentration augmenter jusqu'à ce que l'insolubilisation s'ensuive. Lossaint (1959) a montre la rapide diminution du pouvoir complexant des extraits de litières forestières les plus fermentescibles, par rapport à ceux qui résistent à l'action microbienne.

3. Causes chimiques: Encore mal connues, elles ont donné lieu à plusieurs théories:

- Les ions calcium, plus abondants en profondeur (voisinage de la roche mère) qu'en surface, peuvent provoquer la destruction de certains complexes (complexes ferrosiliciques(?), complexes argilo-organiques), accompagnée de l'insolubilisation et de la précipitation des constituants.
- Selon plusieurs auteurs, certains complexes dispersés floculent par ce que le pH isoélectrique des colloïdes amphotères est atteint dans les zones profondes. Or, ce pH correspond au minimum de stabilité des colloïdes. Cela pourrait être le cas de certains complexes fer-organique et Al-organique dispersés en surface, à pH inferieur à 5, floculés au contraire en profondeur à un pH supérieur à 5, fixent de nouvelles quantités de cation (Fe^{++}) en cours de migration: cette surcharge positive arrive à annuler la charge négative et provoque la précipitation.

Enfin, les expériences de Betremieux (1951) et Bloomfiel (1952 à 1955) tendent à prouver que le fer migre surtout à l'état ferreux et précipite en B à l'état ferrique. Les complexes pseudo-solubles dispersés, par exemple les complexes fer-organique, sont détruits par oxydation, soit au contact de l'oxygène de l'air (migrations ascendantes formant les cuirasses en climat chaud), soit même en profondeur, dans les cas de migrations descendantes; les oxydes de fer précipitent alors dans des cavités laissées par les racines mortes (concrétions) ou au contact d'une nappe phréatique à eau suffisamment oxygénée. Les Bastéres oxydantes du fer pourraient jouer dans cette précipitation un rôle important.

Cette troisième théorie est la plus plausible et la plus séduisante, mais, à première vue, elle s'applique difficilement aux sols à horizon B compact et mal aéré, car on ne peut guère concevoir comment une oxydation pourrait intervenir dans ces conditions au sein de cet horizon.

b) Remonté de l'horizon B: Au cours d'une première phase de l'évolution des sols (phase de jeunesse), le profil s'approfondit, l'horizon A devient plus épais et l'horizon B se déplace vers le bas. Par la suite, lorsque sa compacité augmente, l'horizon B s'épaissit au contraire par sa partie supérieure; les nouveaux éléments entrainés se déposent en effet de plus en plus prés de la surface : c'est la "remontée" de l'horizon B.

S'il y a un changement dans les conditions de la pédogenèse (par exemple de la végétation), en cours d'évolution du sol, celui-ci se traduit en général par une variation de la nature des éléments qui sont lessivés; il s'ensuit que l'aspect et la composition de la partie superficielle de l'horizon B (la plus récente) sont différents de ceux de la partie profonde (la plus ancienne). L'examen des tranches successives de cet horizon peut renseigner efficacement sur les différentes phases de révolution du sol.

3°. Influence du milieu sur la nature des horizons illuviaux

a) Milieu alcalin: "Horizon natrique"

En présence de carbonate de sodium, à pH élevé, les acides humiques et les argiles sont complètement dispersés (sols à alcalis et solonetz): il se forme un horizon riche en argile à structure "columnaire" très caractérisé, à enrobements noirs de matière organique: c'est le "B natrique".

b) Sols faiblement acides: Mull forestier biologiquement actif: "B Argillique".

Dans ce cas, les processus d'illuviation physique et biologique dominent.

L'argile et le fer migrent sous forme de "complexes dispersés", l'agent peptisant étant la matière organique soluble; cette matière organique étant fermentescible en cours de migration il ne se produit pas d'accumulation humique en B. L'horizon B "argillique" (classification américaine 1960) se forme par précipitation mutuelle de fer et d'argile, avec fixation de Fe_2O_3 sur l'argile. Cet horizon se caractérise par sa structure et sa microstructure; la structure est polyédrique; autour des polyèdres, on observe la présence d'enrobements de zones d'argile cristalline à molécules orientées. Ces enrobements ont, à l'œil nu, l'aspect de facettes brillantes.

L'indice d'entrainement de l'argile (argile B/argile A) est supérieur à 1,2. L'argile ne subit pas de modifications d'ordre chimique (par exemple le rapport SiO_2/Al_2O_3 des argiles est peu différent en A et en B). Cependant les argiles les plus fines migrent préférentiellement et constituent l'essentiel des enrobements ou " clay-skin" de l'horizon B.

Le rapport C/N de cet horizon est faible, inferieur à 14 et le plus souvent de l'ordre de 10 (contient peu d'acides humiques, mais de l'ammoniaque "fixé").

c) Sols très acides à humus brut: "B Spodique"

Dans ce cas, les processus physico-chimiques d'illuviation dominent. Les composés organiques, migrent en abondance : les processus de dessiccation et d'oxydation, l'action floculente des ions

Aluminium et Fer jouent un rôle essentiel dans leur précipitation.

L'horizon spodique est caractérisé par une forte accumulation des composés humiques et fluviques, et de sesquioxydes à l'exclusion d'argile cristalline (podzols).

On note la formation soit d'enrobements amorphes provoquant souvent un concrétionnement en masse (alios), soit d'une microstructure meuble en petits granules concrétionnés de 20 à 50 μ de diamètre (sol ocre podzolique). Le rapport SiO_2/Al_2O_3 de la fraction fine est plus faible en B qu'en A; le rapport C/N de matière organique de cet horizon B, riche en composés humiques peu azotés, est supérieur à 14.

F. Les processus de formation des sols ; schéma général.

On peut résumer comme suit, les processus fondamentaux de la formation des sols, en combinant les résultats généraux du mode d'altération, l'état du complexe absorbant et la nature des migrations.

On distingue **huit processus fondamentaux** d'évolution des sols; il faut noter qu'un même sol peut subir successivement plusieurs de ces processus; les "soloths" procèdent d'une colonisation, suivie d'une podzolisation. Il y a des sols ferrallitiques podzolisés; enfin sols podzoliques à gley résultent d'une podzolisation en surface et d'une gleyification en profondeur.

1. LESSIVAGE:

- Altération: perte moyenne ou faible de silice: formation d'illites.
- Complexe absorbant: équilibre entre les ions H^+ et les ions Ca^{++}.
- Migrations: lessivage plus ou moins intense de l'argile et du fer; pas de migration de la matière organique.

2. PODZOLISATION

- Altération: forte libération de silice, par destruction de la partie minérale du complexe absorbant en A, libération d'une certaine quantité de sesquioxydes.
- Complexe absorbant : en grande partie saturé d'ions H^+ (forte acidité).
- Migrations: lessivage maximum des colloïdes (composés humiques sesquioxydes)

3. RUBEFACTION OU FERRUGINATION

- Altération : perte moyenne de silice, libération d'oxydes ferriques, mais pas d'allumine; souvent déshydratation des oxydes de fer.
- Complexe absorbant: saturé en ions calcium.

- Migrations: lessivage total des carbonates de l'horizon A; variable en ce qui concerne les oxydes de fer.

4. CALCIFICATION
   - Altération: perte de silice très faible, donnant des argiles à rapport SiO_3/Al_2O_3 élevé et à fort pouvoir absorbant. Liaison étroite argilo-humus
   - Complexe absorbant: capacité d'échange élevée saturée de calcium et magnésium.
   - Migrations: lessivage partiel des alcalino-terreux, avec parfois accumulation de carbonate dans l'horizon inférieur: nul ou faible des colloïdes.
5. FERRALITISATION
   - Altération: perte maximum de silice, totalernent libérée en cours d'altération; libération des sesquioxydes, Fe_2O_3 et aussi Al_2O_3 ;
   - Complexe absorbant: faible capacité d'échange, kaolinite abondante, très désaturée ;
   - Migrations: lessivage très important de silice et de Ca et Mg: parfois accumulation de sesquioxydes plus ou moins déshydratés, en surface (cuirasses).
6. SALINISATION
   - Altération: même caractère que dans la calcification ;
   - Complexe absorbant: presque saturé de calcium (ions Na^+: moins de 15%) ;
   - Migrations: migrations ascendantes de sels alcalins (NaCl) ef alcalino-terreux, en provenance d'une nappe salée.
7. SOLONISATION
   - Altération: début de destruction du complexe absorbant en A, par perte de silice (atteignant son maximum dans les soloths).
   - Complexe absorbant : Ions Na^+ majoritaire dans l'horizon B.
   - Migrations: lessivage important des argiles, en milieu très alcalin (carbonate de soude).
8. GLEYFICATION
   - Altération: variable suivant le pH et la teneur en calcium de la roche mère; formation de fer ferreux plus ou moins soluble, par un phénomène réduction ;
   - Complexe absorbant: variable ;
   - Migrations: lessivage localisé du fer ferreux, dans certains cas (pseudogley), ou, au contraire, remontée des sels ferreux, en saison sèche, dans la partie moyenne du profil, où ils précipitent à l'état ferrique (gley).

G. Le climat

Nous avons vu son importance toute particulière, dans l'évolution des sols. A grande échelle, les sols sont disposés en zones de latitude; indépendantes de la roche mère et dépendant uniquement du climat: ce sont les sols zonaux. En Russie, on observe, du nord au sud, les zones successives suivantes: toundra, podzols, sol gris forestiers et chernozems dégradés, Chernozem, sol châtain et sols bruns des steppes.

1°. Action de la température

La température influence l'évolution du sol de deux façons:

- Par son action sur la vitesse et le mode d'altération des roches: très rapide en climat chaud, celle-ci ne progresse que lentement en climat froid. Alors que les sols tropicaux offrent souvent plusieurs mètres d'épaisseur, les sols alpins restent des "Rankers", à profil AC. La question des variations climatiques du mode d'altération a été traitée antérieurement.
- Par son action sur la rapidité de la décomposition de la matière organique: alors que celle-ci s'accumule dans les sols de climat froid, elle disparait très vite des sols tropicaux.

2°. La pluviosité et sa répartition

L'humidité du climat intervient aussi dans l'altération; ainsi les climats secs sont caractérisés par des sols peu évolués à profil AC (xérorankers). Mais c'est surtout par son action sur les processus d'entrainement qu'elle joue un rôle essentiel. C'est le facteur "drainage climatique", c'est-à-dire la différence pluviosité moins évaporation, qui régit l'importance du lessivage. Nous avons donné plus haut la formule du "drainage calculé" D, qui permet de définir dans leur ensemble, les types de climat.

H. Nomenclature et désignation internationale des horizons.

A l'issue de différents congrès, la nomenclature et la désignation des principaux horizons, adoptés par la plupart des auteurs, sont décrits comme repris ci-après. Les lettres majuscules servent à désigner les horizons principaux, et les lettres minuscules apposées en indice désignent les subdivisions des horizons principaux. Les choix de la lettre font allusion à la nature du composant essentiel. Les indices numériques désignent le plus souvent les variations quantitatives de ce composant.

1° Horizons principaux.

A : Horizon de surface, contenant de la matière organique ; souvent appauvri en éléments fins ou en fer par lessivage.

B : horizon enrichi par illuviation en éléments fins ou amorphes, argile, oxydes de fer et d'aluminium, parfois d'humus.
C : matériau originel aux dépens duquel sont formés A et B.
G: horizon de couleur gris verdâtre, riche en fer ferreux, à taches rouille, se formant au sein ou à la limite supérieure d'une nappe permanente.
R : Roche dure sous-jacente.

2° Subdivision des horizons principaux.

a) Horizon A

A_{00} (ou L) : litière, débris végétaux identifiables.
A_0 (ou O) : horizon organique à structure modifiée ou détruite (plus de 30% de matière organique). Il y a lieu de souligner que la classification de FAO désigne par O, les horizons organiques, et H les horizons tourbeux, alors que la classification du Soil Survey (Grande-Bretange) propose l'inverse.
A_1 (ou Ah): horizon mixte contenant en mélange de la matière organique (moins de 30% de la matière minérale).
A_p: horizon humifère labouré, donc homogénéisé, et à limite inférieure nette.
A_2 (ou A_e) : horizon pauvre en matière organique, souvent lessivé en argile et en sesquioxydes, de couleur claire (horizon dit "éluvial").
A/B ou A_3 : horizon de transition entre l'horizon éluvial et illuvial marquant un début d'accumulation des éléments fins ou amorphes.

b) Horizons B et G

B_t : accumulation d'argile (T = Ton, argile en allemand).
B_h: accumulation humique.
B_s : accumulation dominante des sesquioxydes.
G_o : gley oxydé à taches et concrétions.
G_r : gley réduit, gris verdâtre à fer ferreux dominant.
Certains indices s'appliquent, suivant les cas, à des horizons principaux différents, A, B ou C:
g : pseudogley, à hydromorphie temporaire, bariolage de taches grises, blanches et rouille, parfois de concrétions noires.
ca ou k : horizon enrichi en carbonate de calcium ;
sa : horizon enrichi en sels.

3. CLASSIFICATIONS MODERNES

La plupart des classifications modernes mettent l'accent sur les caractères intrinsèques des sols, ceux-ci ne sont pas choisis au hasard :

ils sont choisis et hiérarchisés dans la mesure ou ils traduisent au mieux un ou plusieurs processus évolutifs de base qui sont eux-mêmes conditionnés par le milieu. En d'autres termes, l'histoire du sol, les étapes de son évolution liées au milieu, ne doivent être perdues de vue. Les principales classifications mondiales existant actuellement admettent tous les principes fondamentaux de base ; mais elles s'opposent sur les détails de leur application. Les plus connues sont : la classification russe, française, belge, américaine et celle de FAO.

<u>Exemple</u>

La classification russe a conservé son cadre écologique primitif; les classes restent à définition zonale ou climatique.

La classification américaine et F.A.O. mettent l'accent sur les caractères des profils, définis par voie statistique, indépendamment des processus et des conditions de milieu ; mais dans un second temps, les classificateurs ont essayé de mettre en lumière les processus génétiques, et même l'écologie des unités (US Soil Taxonomy, 1973). Ce sont ces deux dernières classifications que nous allons décrire pour une meilleure compréhension.

A. Critères utilisés par les classifications modernes.

Les premières tentatives des classificateurs ont d'abord considéré les caractères des profils de façon indépendante les uns des autres ; elles ont alors essayé de les classer par ordre d'importance décroissante, de façon à définir les niveaux successifs des unités. Des nombreuses difficultés étant apparues, les tentatives plus récentes ont au contraire tenté de relier les caractères de base entre eux, de façon à définir un certain nombre de familles à parenté génétique certaine (ordres ou classes); le caractère synthétique des classifications s'est donc affirmé de plus en plus nettement.

1°- Premiers critères utilisés par les classifications génétiques.

Les critères de base des différentes classifications génétiques telles qu'elles existent actuellement sont les suivantes :

- Le degré de développement du profil, en liaison avec le degré d'évolution.
- L'altération chimique.
- Les mouvements de matière.
- Le pédoclimat (Il s'agit du climat interne du sol, caractérisé d'une part par ses variations saisonnières de températures, d'autre part par celles de la teneur en eau).

2°. Les tendances actuelles.

Elles intègrent le facteur temps et le rôle intégrateur qu'exerce la matière organique dans le domaine de la dynamique des sols.

- L'utilisation du facteur temps. Le temps peut être considéré comme un facteur écologique de base, dont il est impossible de ne pas tenir compte dans une classification.
- Le rôle intégrateur de la matière organique. Le rôle de la matière est double : d'une part, la matière organique du sol intègre l'ensemble des facteurs du milieu, d'autre part, elle joue un rôle moteur dans la pédogenèse y compris l'altération, parce qu'elle conditionne la formation des complexes organo-minéraux spécifiques dont dépendent toutes les propriétés du sol.

B. Classification américaine (soil taxonomy).

1°. Généralités, principes : horizons.

La première version de la classification américaine a été publiée en 1960 ; plusieurs révisions et modifications ont été faites depuis cette année 1960, et ont abouti à une version définitive (Soil Taxonomy, 1975; Flach, 1978).

Le concept profil qui est une coupe plane du sol est remplacé par celui de pédon, considéré comme un volume, dont les horizons forment des couches superposées. Cette classification est basée sur l'identification précise d'horizons diagnostic, soigneusement hiérarchisés et définis par un ensemble de propriétés, physiques, morphologiques et chimiques, décrites et chiffrées avec une grande précision : ces horizons dianostic, du moins les plus importants, ont permis de définir les principaux ordres distingués par la classification, sauf deux d'entre eux, les aridisols et les vertisols. Ces horizons diagnostic fondamentaux sont classés en deux grands groupes :

l) les horizons diangostic de surface, contenant de la matière organique, appelés "**épipedon**", et définis de façon à conserver leurs propriétés principales, même s'ils sont mis en culture ;

2) les horizons diagnostic de profondeur, essentiellement minéraux, correspondant par conséquent aux horizons B. Un certain nombre d'horizons diagnostic secondaires sont également définis et sont utilisés surtout pour distinguer certains groupes. En général, les ordres sont divisés en sous-ordres, essentiellement sur base du pédoclimat. Le pédoclimat est defini d'une manière très précise par le régime d'humidité et le régime thermique; les régimes de saturation par l'eau (hydromorphie) sont considérés comme un type de pédoclimat et

n'apparaissent qu'au niveau des sous-ordres, à l'opposé de la plupart des autres classifications occidentales qui comportent une ou deux classes hydromorphes. Un seul ordre, celui des aridisols, à régime désertique ou semi-désertique, est défini par le pédoclimat.

2°. Tableau d'ensemble des horizons diagnostic.

a) Horizons diagnostic fondamentaux : épipédon.

Ce sont les horizons diagnostic de surface plus ou moins imprégnés d'humus: ils correspondent à l'ensemble des horizons A, parfois même à la partie supérieure de B, s'il est imprégné d'humus.

Horizon ochrique : horizon peu coloré, pauvre en matière organique.

Horizon mollique : horizon foncé, fortement coloré par la matière organique, épais (plus de 10 cm sur couche dure ou 25 cm sur matériau limoneux meuble), contant plus de 1% de matière organique ; structure meuble et non massive ; taux de saturation supérieur à 50% ; rapport C/N en général inférieur à 17.

Horizon umbrique : mêmes caractéristiques de couleur, d'épaisseur, de structure. Mais, le taux de saturation est inférieur à 50% ; C/N en général supérieur à 17.

Autres types d'épipédon : histique (organique, généralement tourbeux), anthroque et plagen, provenant d'anciennes cultures.

b) Horizons diagnostic fondamentaux (profondeur).

Essentiellement minéraux, ils correspondent soit à un horizon B d'altération (cambique, oxique), soit un horizon B illuvial, enrichi par migration (argilique, spodique, natrique).

Horizon cambique: horizon d'altération, caractérisé par une structure altération incomplète des minéraux primaires et une capacité d'échange supérieure à 16 m.éq./100 g d'argile ; si le matériau contient du calcaire, la teneur en carbonates de l'horizon cambique est plus faible que celle de C. Pour les autres matériaux, la couleur est généralement plus vive que celle de C, et la teneur en argile plus élevée.

Horizon oxique : horizon d'altération, caractérisé par une altération poussée et la disparition complète des minéraux primaires, sauf le quartz. La capacité d'échange est basse et toujours, 16 m.éq./100 g d'argile (mesure a pH 7 ; 10 méq, si mesuré au pH du sol). La couleur est en général vive, en raison de la teneur élevée en oxydes métalliques libres (oxydes de fer, souvent aussi alumine).

Horizon argilique : horizon B, caractérisé par la présence d'argile d'origine illuviale, conférant à l'horizon une microstructure particulière ("argillanes" autour des unités structurales en formant des ponts entre les grains de sable si la texture est sableuse) : l'indice d'entrainement

pour un matériau limoneux ou limono-argileux doit être supérieur à 1/1,2. Pour les matériaux à texture sableuse, l'augmentation de teneur en argile de B par rapport à A doit être supérieure à 3% ; ce chiffre doit être porté à 8 % pour les matériaux argileux.
Horizon spodique : horizon d'accumulation de composés orgamques et minéraux amorphes (B_h ou B_s), caractérisé par une microstructure particulière (soit cimentée en masse, soit meuble et à base de speudo-limons de type "agrégats intergranulaires").
Horizon nutrique : c'est une variété d'horizon argilique typique des sols sodiques lessivés ; on le caractérise par sa structure en colonnes arrondies et la teneur élevée en sodium échangeable (saturation en ion sodium supérieure à 15%).
c) Horizons diagnostic secondaires.
Horizon calcique : enrichi en carbonate de calcium (Ca).
Horizon gypsique : enrichi en gypse ($CaSO_4$).
Horizon salique : enrichi en NaCl.
Horizon albique : horizon éluvial, décoloré, blanchâtre.
Horizon placique : horizon spodique hydromorphe durci, sorte d'alios peu épais, souvent sinieux.
Duripan : horizon durci non calcaire.
Frafipan : horizon limoneux, tassé, très compact mais fragile.
Plinthite : horizon argileux, massif, de climat tropical, en général hydromorphe, tacheté rouge, susceptible de durcir lorsqu'il est asséché.

C. Les Groupes de sols de référence

Après relecture de la Légende Révisée de la FAO, 30 groupes de sols de référence furent identifiés pour constituer la Base de Référence Mondiale des Ressources en Sols. Ils incluent trois nouveaux groupes de sols de référence, à savoir les Cryosols, les Durisols et les Umbrisols. Les Greyzems ont été abandonnés et ont fusionné avec les Phaeozems tandis que les Podzoluvisols sont devenus les Albéluvisols.

Les 30 groupes de sols principaux de la BRM sont les Acrisols, Albéluvisols, Alisols, Andosols, Anthrosols, Arénosols, Calcisols, Cambisols, Chernozems, Cryosols, Durisols, Ferralsols, Fluvisols, Gleysols, Gypsisols, Histosols, Kastanozems, Leptosols, Lixisols, Luvisols, Nitisols, Phaeozems, Planosols, Plinthosols, Podzols, Régosols, Solonchaks, Solonetz, Umbrisols, et les Vertisols.

DEUXIEME PARTIE

PEDOLOGIE INTERTROPICALE

CHAPITRE 8.

NOTIONS INTRODUCTIVES EN PEDOLOGIE INTERTROPICALE

8.1. INTRODUCTION

Plus le sol s'altère plus il aura beaucoup de kaolinite, laquelle est l'argile dominante dans les sols tropicaux et intertropicaux. Le processus dominant dans la pédogenèse des sols tropicaux, équatoriaux et intertropicaux est quelque peu différent de celui qui prédomine dans la formation des sols des régions froides et tempérées à cause de l'agressivité du climat équatorial, tropical et intertropical.

La genèse des sols tropicaux est largement dominée par l'altération associée au lessivage, alors que le processus chimique d'altération dominant est l'hydrolyse intense des minéraux, qui peut être partielle ou totale selon que le climat est plus ou moins chaud ou humide. L'hydrolyse se traduit par la destruction des minéraux primaires, des argiles de type montmorillonite ou illite et par la formation de la kaolinite. Cette dernière peut, à son tour, donner de la silice éliminée par drainage, et de la gibbsite qui s'accumule dans le profil quand les conditions d'altération deviennent extrêmes. L'ensemble de ces processus d'altération est communément appelé **"altération ferralitique"** conduisant à la formation des oxisols ou ferralsols qui dominent ces régions. L'intensité de **l'altération ferralitique** est d'autant plus prononcé que le climat est chaud et humide : climat équato-tropical (Am)> climat équatorial (Af) > climat tropical (Aw) > climat de régions montagneuses à 6 mois de période humide (Cw).

Quant au **lessivage**, il affecte essentiellement les colloïdes et aboutit à l'accumulation des argiles dans les horizons B sous forme de revêtements orientés à la surface des unités structurales et de la macroporosité. L'altération et le lessivage aboutissent à la séquence suivante caractéristique des sols tropicaux (Sys *et al.*, 1961 et Sys, 1972) :

Sols tropicaux récents→ → Sols bruns tropicaux→ → Ferrisols→ → Ferralsols.

Le passage des sols tropicaux récents aux Ferralsols ou oxisols peut prendre plusieurs années (Figure 36).

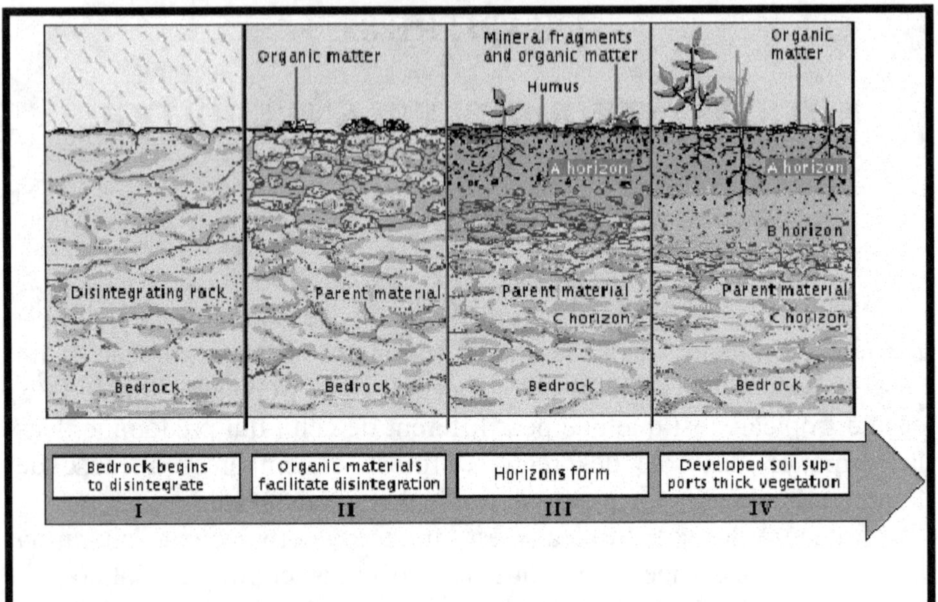

Etapes de la formation d'un sol[1]

[1] Le passage de la roche-mère à un sol productif peut prendre des milliers d'années

Figure 36. Etapes de la formation d'un sol

8.2. INFLUENCE DES FACTEURS ECOLOGIQUES SUR LA FORMATION DU SOL SOUS TROPIQUES

D'une manière générale, les facteurs qui influencent la pédogenèse sous tropiques sont : le temps, le climat, la roche mère et la végétation.

8.2.1. Le facteur temps

Le facteur temps est important étant donné l'influence considérable du climat et de la végétation sur le sol, le climat est relativement indépendant de la roche mère, parce qu'au fur et à mesure que l'évolution du sol progresse, les propriétés primitives de la roche mère diminuent et disparaissent peu à peu ; le sol est donc en relation avec le climat.

8.2.2. Le climat comme facteur pédogénétique

Les éléments du climat qui influencent la pédogénèse sont :

- La température et
- Les précipitations ainsi que ses variations respectives.

A) Action de la température

Elle influence l'évolution du sol de deux façons :

- d'une part par son action sur la vitesse et le mode d'altération de roches qui est très rapide sous climat chaud et lente sous climat froid. Ainsi, les sols tropicaux offrent plusieurs mètres d'épaisseurs alors que les sols tempérés n'en offrent que quelques cm.

- D'autre part par son action sur la rapidité de la décomposition de la matière organique. Donc, il y a accumulation de la matière organique dans le sol sous climat froid et disparition très vite dans les sols tropicaux.

B) La pluviométrie et sa répartition

L'humidité de l'eau intervient dans l'altération des roches. Les climats secs sont caractérisés par les sols peu évolués ayant le profil AC. C'est surtout son action sur le processus d'entrainement (facteur de drainage = différence entre pluviosité et évaporation) que la pluviométrie joue un rôle essentiel. Ainsi, c'est le facteur de drainage qui recommande l'importance du lessivage (ex. : dans une région à 8 mois de précipitation, le lessivage est élevé par rapport à une région où il pleut toute l'année). En effet dans cette dernière, les pluies sont reparties tout au long de l'année et l'infiltration d'eau est moindre, et il n'y a pas beaucoup de problèmes d'érosion.

C) L'influence générale des facteurs du climat

L'ensemble de la température et l'humidité continue influence l'évolution du sol.

Ainsi, sous climat sec, l'altération est réduite et le lessivage porte surtout sur les carbonates de chaux, le profil reste riche en calcium. On a ainsi le groupe des sols appelés sols calcimorphes (qui contiennent beaucoup de calcium).

Par contre, sous climat humide, le profil est décalcifié, les colloïdes migrent ; c'est le groupe de **pédofers** qui regroupe les sols **ferralitiques (oxisols)** sous climat chaud et les **podzols** sous climat froid.

8.2.3. La roche mère

Dans certains cas, la roche mère présente une importance spéciale. C'est le cas des sols jeunes peu évolués (sols azonaux) qui offrent les propriétés voisines que celles de la roche mère.

EXEMPLE :

- Alluvions récente ;
- Sols d'érosion.

C'est aussi le cas pour les sols évolués, mais qui présente certaines particularités de la roche mère sous un processus climatique normal. Ce sont des sols intrazonaux

1. Action de la perméabilité de la roche mère

L'importance de ce facteur est liée à la teneur en argile de la roche mère. En effet, l'argile s'oppose au lessivage d'une part par son action sur la perméabilité et d'autre part en tant que stabilisateur d'humus favorisant la formation d'un complexe argilo-humique floculeux (ex. : Yaourt et lait).

Sous climat chaud, les sols noirs tropicaux se développent sur les roches mères qui libèrent beaucoup d'argiles par altération. Il en résulte que ces sols sont peu perméables.

2. Composition chimique de la roche mère joue également un rôle dans l'évolution du sol

La richesse en Ca^{++} et en Mg^{++} de la roche mère joue un rôle essentiel dans l'évolution des sols, parce qu'elle conditionne en grande partie le taux de participation des complexes absorbant et elle agit sur la vie biologique. La richesse en cation intervient de la façon suivante :

1°. Elle stimule l'activité minéralisatrice de l'humus et surtout le taux d'humification.

2°. Elle freine le lessivage parce qu'elle assure une bonne structure et elle diminue le pouvoir complexant des composés organiques solubles à l'égard du fer.

3°. Elle retarde l'altération des roches parce qu'elle permet la saturation des acides organiques susceptibles de décomposer les minéraux complexes et de libérer le fer.

On peut déduire que : si une roche est riche en Ca^{++}, les sols sont caractérisés par une matière organique active et bien humifiée, une absence de lessivage et une faible altération. Le profil qui en résulte est du type AC.

A contrario, les sols formés sur les roches mères pauvres en cations acides, sont fortement desaturés, leurs humus est inactif et mal humifié, l'altération et le lessivage sont souvent accentués et le profil évolue vers le type ABC.

8.2.4. Le relief

a) Actions directes

Catena : type progressif des sols sur un flanc d'une colline dû à l'érosion des eaux d'infiltration qui coulent latéralement ou horizontalement par rapport à la pente.

NB : sous l'action directe on a d'une part l'érosion et d'autre part le lessivage oblique ou latéral par rapport à la pente.

b) L'action indirecte

Concerne l'hydromorphie. Ainsi, le sol qui se forme ici est un sol pauvre très sec sur les crêtes des collines ou montagnes alors que le sol qui se forme au piedmont ou au pied de la colline est un sol riche et fertile puisqu'il a tous les éléments qui proviennent du versant (depuis la crête jusqu'au thalweg) de la colline.

8.2.5. La végétation

Elle peut agir de 4 manières différentes :

- Par le microclimat qu'elle favorise : La forêt protège l'humus par l'ambiance pour l'environnement ombrageux et humide qu'elle contribue à créer. Lorsque la forêt est détruite, l'humus se décompose rapidement sous l'action de l'insolation, ce qui provoque des modifications des structures du sol ;
- Par la profondeur de l'enracinement : sous forêt, l'enracinement profond favorise au maximum le courant d'eau descendant (infiltration) ce qui provoque le lessivage des éléments colloïdaux. Dans les sols sous pelouses à enracinement très superficiel, le lessivage est moins accentué. De même, l'altération est plus profonde et plus rapide sous forêt que sous pelouse étant donné que l'humidité permet les racines des arbres de s'enfoncer d'avantage dans le sol.
- Par l'humus qu'elle produit : la matière organique est l'intermédiaire entre le monde vivant et le monde minéral par lequel le premier peut modifier les propriétés du second dans un sens déterminé. La végétation façonne l'humus du sol qui est l'agent essentiel de la pédogenèse par la nature de débris qu'elle incorpore au sol et par la microflore et microfaune qu'elle favorise.
- Par la protection plus ou moins efficace contre l'érosion : la forêt protège mieux le sol contre l'érosion que la pelouse et la steppe. Les sols nus ou cultivés sont ceux qui sont plus érodés facilement comparativement aux sols couverts. C'est donc sous forêt qu'on trouvera les sols pédologiquement plus évolué.

8.2.6. L'Homme

L'homme peut orienter dans un sens positif ou négatif l'évolution d'un sol :

- Son action est négatif quand il détruit la forêt en abattant les arbres ou en travaillant avec des motoculteurs ou tracteurs sans aucun reboisement subséquente ;

- Son action est positive lorsqu'il fait des cultures pérennes par conservation de la forêt (ex. : agroforesterie) ou lorsqu'il fait le reboisement.

Néanmoins, l'homme est plus destructeur de la végétation, il impose à la végétation des modifications qui ont un impact positif ou négatif sur l'évolution du sol.

- ✓ Il agit positivement en plantant les arbres et
- ✓ Il agit négativement en coupant les arbres pour placer sa culture vivrière.

8.2.7. Action d'ensemble des facteurs du milieu sur la pédogenèse

Le climat et la végétation climatique qu'il conditionne étroitement sont les deux facteurs essentiels de la pédogenèse. Dans les pays tempérés où l'action de l'homme est intervenue, les cartes des sols à petite échelle se limitant à la représentation des grands groupes de sols montrent leur zonation en latitude et leur étalement en altitude.

La végétation climatique a la possibilité de modifier les propriétés chimiques de la roche mère dans un sens qui lui est favorable par le jeu du cycle biologique. L'association climatique, de même que les sols climaciques sont des réalités vivantes ; mais les facteurs humains (homme) perturbent cet équilibre originel et provoquent la formation des nouveaux équilibres des nouvelles associations secondaires caractérisées par des sols dégradés qui prennent la place des sols climaciques.

Il existe 3 catégories des sols liées intimement à la station ; il s'agit de :

- Sols dont l'évolution climatique normale est entraînée par une particularité de la station. Ce sont des sols éternellement jeunes ; de forte pente ;
- Soit des sols intrazonaux dont l'évolution est étroitement conditionnés par les caractères très particuliers de la roche mère ou de la topographie. La végétation fait perdre aux sols ses caractéristiques héritées de la roche mère et le sol aura des propriétés intermédiaires influencées par le climat.

CHAPITRE 9.

LES SOLS ACIDES DE REGIONS INTERTROPICALES

9.1. INTRODUCTION

Dans les régions tropicales humides, les risques d'acidification du sol sont élevés. L'acidification du sol est un processus naturel ayant d'importants effets sur la croissance des plantes. À mesure que le sol devient de plus en plus acide, particulièrement lorsque le pH descend en-dessous de 4,5, il est de plus en plus difficile de produire des cultures vivrières. Lorsque le pH descend, l'approvisionnement de la plupart des nutriments des végétaux diminue alors que l'aluminium et quelques micronutriments deviennent solubles et toxiques pour les plantes.

Ces problèmes sont particulièrement aigus dans les régions tropicales humides dont les sols ont été très altérés par les éléments. Selon Sanchez et Logan (1992), par exemple, un tiers des tropiques, soit 1,7 milliards d'hectares de terres, sont suffisamment acides de sorte que l'aluminium soluble soit toxique pour la plupart des plantes vivrières. Dans le présent chapitre, nous examinons quelques-unes des causes de l'acidification et décrivons certains des résultats prévus tant de l'acidification que de la pratique du chaulage pour neutraliser l'acide.

9.2. QUELLES SONT LES CAUSES DE L'ACIDIFICATION DES SOLS?

Le concept de l'acidité est l'un des premiers principes de la chimie enseignés dans les cours de sciences de base à l'école. Les enfants apprennent qu'un pH de 7,0 représente la neutralité, qu'un pH plus élevé que 7,0 indique un état alcalin et qu'un pH en-dessous de 7,0, un état acide. Les milieux très alcalins et très acides nuisent généralement à la vie des plantes. Ces affirmations sont indéniables mais même dans un milieu neutre, certaines réactions chimiques se produisent spontanément. On s'inquiète des pluies acides mais presque toute pluie est acide. La pluie pure n'est rien d'autre que de l'eau distillée, et le pH de l'eau distillée en équilibre avec l'atmosphère est d'environ 5,6 en raison de la réaction du dioxyde de carbone (CO_2) avec l'eau.

$$\mathbf{H_2O + CO_2 = H_2CO_3 = H^+ + HCO_3^- = 2H^+ + CO_3^{2-}}$$

Lorsque l'eau pure est en équilibre avec le dioxyde de carbone de l'atmosphère, la concentration d'ions d'hydrogène (H^+) pousse le pH à 5,6, la valeur indiquée ci-dessus. Les plantes produisent également du dioxyde de carbone lorsqu'elles respirent et durant les périodes de croissance active, leurs racines peuvent accroître la concentration de dioxyde de carbone à plusieurs fois celle de l'atmosphère. Il en résulte une augmentation de la quantité de dioxyde de carbone dissoute dans l'eau du sol et ainsi une acidité plus élevée, c'est-à-dire un pH plus bas.

Cependant, le dioxyde de carbone n'est pas la seule source d'ions d'hydrogène dans le sol. Dans les sols cultivés, les engrais peuvent devenir une importante source d'ions d'hydrogène. Les engrais modernes contiennent généralement de l'ammonium (NH_4^+) en tant que source de l'azote, mais la conversion éventuelle de l'ammonium en nitrate (NO_3^-) comporte la libération d'ions d'hydrogène.

$$\mathbf{NH_4^+ + 2O_2 = NO_3^- + 2H^+ + H2O}$$

En d'autres termes, deux ions d'hydrogène sont créés lors de la conversion d'un ion d'ammonium en nitrate. L'urée est un engrais azoté populaire qui, dans un sol dont le pH est inférieur à 6,3, elle est décomposée comme suit :

$$\mathbf{CO(NH_2)_2 + 2H^+ + 2H_2O = 2NH_4^+ + H_2CO_3}$$

Autrement dit, deux ions d'hydrogène sont consommés lors de la décomposition d'une molécule d'urée. Cela tend à accroître le pH du sol environnant, *mais* l'ion d'ammonium est ensuite converti en nitrate conformément à la formulation indiquée ci-dessus, avec quatre ions d'hydrogène libérés par les deux ions d'ammonium. Ainsi, même si le pH peut augmenter à court terme lorsque l'urée est appliquée, l'ensemble des réactions ont en définitive comme effet d'acidifier le sol. (Si le pH du sol est supérieur à 6,3, la réaction est similaire, et l'augmentation à court terme du pH peut causer une perte d'ammonium par volatilisation). Cependant, même si le phosphate monocalcique [$Ca(H_2PO_4)_2$], souvent utilisé dans les formulations d'engrais, acidifie moins que l'ammonium, il peut également être un facteur d'acidification non négligeable. Il réagit avec l'eau pour former le phosphate bicalcique ($CaHPO_4$) et l'acide phosphorique (H_3PO4) comme suite :

$$\mathbf{Ca(H_2PO_4)_2 + H_2O = CaHPO_4 + H_3PO_4}$$

L'acide phosphorique libère peu à peu les ions d'hydrogène dans le sol à mesure que le pH augmente de 3,0 à plus de 7,0.

$$\mathbf{H_3PO_4 = H^+ + H_2PO_4^- =2H^+ + HPO_4^{2-} =3H^+ + PO_4^{3-}}$$

En général, le troisième ion d'hydrogène est perdu seulement lorsque le pH est supérieur à la neutralité, de sorte qu'il n'est habituellement pas un facteur d'acidification. Cependant, comme deux des trois ions d'hydrogène sont facilement perdus dans les sols acides, ils constituent un facteur d'acidification. Or, les engrais phosphoreux sont généralement déposés dans une zone ou bande étroite parallèle à une rangée de plantes. Étant donné que le H_3PO_4 a tendance à libérer une partie de ses ions d'hydrogène, le pH du sol dans ces bandes peut être très bas. Cette acidité s'étendra graduellement dans le sol autour de cette bande. Selon Lindsay et Stephenson (1959), on a déjà observé un pH de seulement 1,5 dans la zone immédiatement autour d'une bande d'engrais. Toutes les réactions de ce type ont comme effet secondaire de libérer des ions d'hydrogène dans le sol et sont donc acidifiantes. Une des réactions d'acidification inorganique les plus importantes est l'oxydation du soufre. En fait, le soufre est normalement utilisé si le pH du sol est plus élevé que désiré et qu'il faut réduire le pH. Il y a des milieux, comme les aires de déblais miniers et de bonification (libéralité) de mangroves, qui ont une teneur naturellement élevée en soufre et où l'acidification constitue un problème majeur. Par exemple, si de la pyrite est présente, la réaction :

$$\mathbf{2FeS_2 + 6H_2O + 7O_2 = 4SO_4^{2-} + 8H^+ + 2Fe(OH)_2}$$

se produit facilement et produit 2 ions d'hydrogène par ion de soufre oxydé. Jusqu'à 300 cmol (H^+) kg^{-1} (1 cmol est égal à 0,01 de masse moléculaire relative) de H_2SO_4 libre ont été rapportés (Thomas et Hargrove, 1984). Pour donner une idée, 300 cmol (H^+) kg^{-1} est de 10 à 30 fois supérieur à la charge négative généralement mesurée dans les sols. Par conséquent, les particules de la plupart des sols ne possèdent pas une charge négative suffisante pour attirer tous les ions d'hydrogène à leur surface. Les ions d'hydrogène libres restants dans la solution du sol réduisent le pH du sol. Ainsi, si une source abondante d'amendement calcaire n'est pas disponible, le pH du sol peut atteindre une valeur très faible, comme il a été rapporté dans le cas de marais de mangrove drainés en Afrique.

De nombreuses formes de matière organique peuvent également être acidifiantes, selon le type de plante dont la matière organique est dérivée. Certaines plantes contiennent d'importantes quantités d'acides organiques. Lorsque leurs résidus sont décomposés, les acides organiques influent naturellement sur l'acidité du sol.

D'autres plantes sont acidifiantes simplement parce qu'elles contiennent de faibles concentrations de bases. Si la plante ne contient pas suffisamment de bases pour satisfaire aux besoins des microorganismes, la décomposition des résidus de plante produira du dioxyde de carbone et extraira des nutriments basiques du sol comme le calcium et le magnésium. Même la croissance des plantes contribue à l'acidification ; un important processus d'assimilation des nutriments consiste à échanger des ions d'hydrogène à la surface des racines pour des cations basiques (ions chargés positivement) comme le calcium, le magnésium et le potassium. Les légumineuses sont particulièrement acidifiantes parce qu'elles assimilent plus de cations comparativement aux anions (ions chargés négativement) que les plantes non légumineuses.

Elles absorbent une faible quantité de nitrates dans le sol parce que la majeure partie de leurs besoins en nitrogène est comblée par la fixation de nitrogène microbien, un élément de la structure de la plante. Dans le cas des plantes non légumineuses, l'absorption de nitrate compense partiellement l'assimilation de cations basiques (par exemple, Ca^{2+}, Mg^{2+} et K^{+}), de sorte que moins d'hydrogène est échangé dans les racines pour obtenir ces nutriments.

Les pluies acides contribuent également à l'acidification, mais étant donné tous les autres processus en cours dans le sol, la contribution des pluies acides est mineure sauf dans le cas des sols plus sensibles comme les sables acides ayant une capacité d'échange de cations très faible. En général, les sols tropicaux ont une teneur élevée en sesquioxydes (Les sesquioxydes sont techniquement des oxydes d'ions trivalents. Lorsque ce terme est utilisé en science du sol, il se réfère aux oxydes précipités (qui ne sont plus dissous en solution) et aux oxydes hydriques d'aluminium, de fer et de manganèse) et sont déjà très acides de sorte que la contribution des précipitations acides n'a qu'un effet minime sur le pH. (Note : ce point vaut seulement pour le sol car de nombreuses plantes sont assez sensibles aux pluies acides). Le Tableau 17 présente un résumé des causes de l'acidité du sol décrites ci-dessus.

Tableau 17. Processus qui contribuent à accroître la quantité d'ions d'hydrogène (H^+) dans des solutions de sol, et à créer des conditions plus acides.

Source d'ions d'hydrogène	Réaction
Dioxyde de carbone	$H_2O + CO_2 = H_2CO_3 = H^+ + HCO_3^- = 2H^+ + CO_3$
Ammonium	$NH_4^+ + 2O_2 = NO_3^- + 2H^+ + H_2O$
Engrais phosphoreux	$Ca(H_2PO_4)_2 + H_2O = CaHPO_4 + H_3PO_4$ $H_3PO_4 = H^+ + H_2PO_4^- = 2H^+ + HPO_4^{2-} = 3H^+ + PO_4^{3-}$
Pyrite (fer/soufre)	$2FeS_2 + 6H_2O + 7O_2 = 4SO_4^{2-} + 8H^+ + 2Fe(OH)_2$
Matière organique	Processus de décomposition
Assimilation de nutriments par les racines de plante	Libération de H^+ en échange de cations de nutriments
Pluie acide	Réaction dans l'atmosphère entre l'eau et des polluants

9.3. RAPPORTS ENTRE LE pH ET L'ALUMINIUM

Lorsque le pH est supérieur à environ 5,5, la capacité du sol à tamponner (*Une réaction tampon met en jeu un sel et son acide associé. Par exemple, dans le sol, la réaction* ***Ca-Sol + 2H⁺ → 2H-Sol + Ca²⁺*** *est une réaction tampon. Ca-sol est le sel et H-sol est l'acide qui y est associé. Puisque H^+ tend à être plus fortement attaché aux particules du sol que Ca^{2+}, l'hydrogène aura tendance à déplacer le calcium de la surface et jusqu'à ce que la majeure partie du calcium, ou tout le calcium, soit déplacé des particules de sol, la réaction permet au sol de résister au changement de pH*) les modifications du pH dépend de la quantité de calcium disponible. Toutefois, lorsque le pH atteint 5,5, la majeure partie du calcium présent dans le sol a habituellement été épuisée. Ainsi, lorsque le pH est inférieur à 5,5, d'autres éléments présents dans le sol doivent jouer ce rôle de tampon. Et justement, la quantité d'aluminium dans la plupart des sols est suffisante pour que cet ion joue ce rôle lorsque le pH est sous 5,5. Dans les réactions dites « d'hydrolyse », les composés d'aluminium [$Al(OH)_3$, par exemple] - lorsque le pH est à un niveau approprié - réagissent avec les ions d'hydrogène pour libérer l'aluminium. Bien qu'il y ait plusieurs réactions intermédiaires, la réaction tampon globale est :

$$Al(OH)_3 + 3H+ = Al^{3+} + 3H_2O$$

En d'autres mots, pour chaque ion d'aluminium, trois ions d'hydrogène peuvent être « consommés » de sorte que le pH change à un rythme très lent par rapport aux réactions d'acidification. Mais ce processus comporte un problème sérieux : l'hydroxyde d'aluminium est sous forme solide et lorsque les ions d'hydrogène y sont ajoutés, il passe à une forme liquide. L'aluminium dans une phase solide est un élément normal de tous les sols et est bénin ou même bénéfique, mais en solution, il peut devenir toxique pour les plantes. De plus, en solution, l'aluminium peut s'infiltrer dans les sources d'eau superficielles et souterraines, où il peut être toxique pour les animaux (y compris les êtres humains) s'il se trouve à une concentration assez élevée. Aussi, l'aluminium libre remplace les ions de nutriment végétal comme le calcium, le magnésium et le potassium dans les couches de sol chargées négativement, en les déplaçant dans la solution du sol. À court terme, il peut rendre ces ions plus disponibles aux plantes, mais à long terme, il les rend susceptibles à leur extraction du sol par lixiviation.

9.4. EFFETS DU PROCESSUS D'ACIDIFICATION

Les sols portent généralement une charge négative à la surface des particules et ces surfaces attirent et retiennent les cations basiques chargés positivement comme le calcium, le manganèse, le potassium, le sodium et d'autres. À part quelques exceptions mineures, les particules du sol retiennent mieux les ions d'hydrogène que ces autres ions. Cela signifie que lorsqu'une des réactions d'acidification a pour effet d'augmenter la concentration d'ions d'hydrogène dans le sol, une partie des ions d'hydrogène déplace ces ions basiques, lesquels deviennent susceptibles à la lixiviation. Avec le temps, les sols bien drainés des régions humides deviennent assez acides et perdent leurs ions basiques si les bases ne sont pas remplacées par la nature ou les êtres humains. À mesure que ce processus se poursuit, la concentration d'hydrogène (H^+) à la surface devient assez élevée pour que les structures minérales elles-mêmes soient attaquées et libèrent de la silice (Si^{4+}), du Fer (Fe^{3+}), de l'aluminium (Al^{3+}) ainsi que d'autres ions présents dans les minéraux. Alors que les ions de silice sont lessivés vers les couches plus profondes du sol, les ions de fer et d'aluminium libérés tendent à sortir de la solution du sol et à former des oxydes hydriques (sesquioxydes) qui demeurent dans le sol. À la fin, les oxydes hydriques d'aluminium et de fer amorphes (Les minéraux amorphes sont des minéraux dotés d'une structure cristalline faible ou nulle) et insolubles, ainsi que la kaolinite, deviennent les solides dominants dans le sol.

Comme les sols tropicaux ont tendance à être très altérés par les éléments, les minéraux qu'ils recèlent ont tendance à avoir une faible capacité de rétention de nutriments. La plupart des minéraux ayant une charge négative significative, ou même tous ces minéraux, disparaissent sous l'effet des processus d'altération décrits ci-dessus, ce qui laisse la kaolinite (La kaolinite est un minéral argileux relativement stable et presqu'inerte produit par altération chimique dans les régions tropicales), qui a une charge très faible, comme minéral cristallin dominant dans les sols. Les matériaux amorphes non cristallins deviennent alors la principale source de charges négatives. Ces matériaux sont principalement les sesquioxydes formés durant le processus d'altération. Tel que noté ci-dessus, les oxydes d'aluminium commencent à se dissoudre lorsque le pH est d'environ 5,5. Si le pH diminue en dessous de 4,0, les ions d'aluminium libres dans la solution du sol augmentent à des niveaux toxiques pour de nombreuses plantes. La perte des charges négatives accompagnant la diminution du pH signifie également qu'il y a moins de sites d'adhérence disponibles aux cations de nutriments. Par ailleurs, à mesure que la concentration d'ions d'aluminium augmente dans la solution, ceux-ci livrent une forte concurrence aux autres cations pour les sites négatifs restants. Ainsi, alors que les rares minéraux contenant des nutriments encore présents dans le sol sont altérés, les nutriments basiques ont une forte tendance à être lessivés du sol au lieu d'être retenus dans des sites négatifs. L'altération des sols par les éléments est donc la principale raison pour laquelle de nombreux sols tropicaux ont une fertilité naturellement faible.

Un autre effet négatif de l'acidification des sols est la tendance du phosphore à cesser d'être disponible aux plantes. À mesure que l'aluminium et le fer sont libérés durant le processus d'acidification/ d'altération, ils deviennent plus accessibles dans les sites d'échange de cations, en solution ou simplement sur les surfaces exposées. Ces deux ions réagissent spontanément avec le phosphate pour former des composés relativement insolubles dans un processus appelé fixation du phosphate. La fixation du phosphate constitue un problème difficile dans les sols tropicaux ayant une forte teneur en fer car l'« appétit » du fer pour le phosphate peut parfois devenir insatiable.

9.5. SOLUTION AU PROBLÈME

L'ajout d'écailles d'huître et d'autres matériaux semblables finement broyés est une pratique ancienne mentionnée dans les écrits de Cato, un auteur de l'ère romaine. Il était bien connu que l'amendement de tels matériaux produit de meilleures récoltes. Cependant, ce phénomène ne fut expliqué qu'au 19ème siècle quand Edward Ruffin, un fermier de la

Virginie, a argumenté avec raison que de telles pratiques réduisent l'acidité du sol. Les écailles et les sables coralliens broyés, s'ils sont disponibles, demeurent encore aujourd'hui des sources acceptables et peu coûteuses d'amendement calcaire. La solution courante à l'acidité aujourd'hui consiste à ajouter du calcaire ($CaCO_3$), s'il est disponible ; on peut aussi utiliser le CaO ou le $Ca(OH)_2$ qui sont encore plus efficaces lorsque la situation économique du paysan le permet. Ces matériaux sont plus dispendieux que le calcaire mais leur coût d'expédition plus faible peut les rendre moins dispendieux si l'on tient compte de leur potentiel de neutralisation.

En agriculture de subsistance, cependant, il arrive souvent que l'achat d'amendements calcaires ne soit pas une option. La culture itinérante, souvent connue sous le nom de culture sur brûlis, constitue la stratégie agricole probablement la plus ancienne dans les tropiques humides. La forêt est habituellement coupée et brûlée, même si d'autres systèmes de défrichement sont également utilisés (Norman, 1979). Des cultures sont plantées et récoltées durant environ trois ans avant que le couvert forestier ne recommence à couvrir l'espace utilisé pour l'agriculture. La végétation à la surface du sol constitue une source de nutriments principale dans les systèmes tropicaux humides.

Ainsi, le feu permet de libérer des nutriments pour les cultures vivrières plantées dans la cendre. Le brûlage entraîne une diminution de l'acidité du sol ; les cations basiques comme le potassium (K^+), le calcium (Ca^{2+}) et le magnésium (Mg^{2+}) rendent la cendre alcaline et, par conséquent, capable de neutraliser une partie de l'acidité du sol. La terre est semée avec une combinaison de plantes annuelles, biannuelles et pérennes, ces dernières étant des plantes qui peuvent pousser à l'ombre d'arbres plus âgés. Cette pratique culturale est durable ***uniquement si*** la période de jachère moyenne est suffisante pour que la communauté de plantes primaires puisse s'établir à nouveau – soit bien souvent au moins 20 ans. Si le terrain est cultivé plus fréquemment, le sol devient de plus en plus infertile et acide, car la végétation sub-climacique (initialement établie après le défrichage) ne rétablit pas aussi efficacement la matière organique, la fertilité et la structure du sol (Norman, 1979). La période de jachère est requise pour permettre à la végétation climacique d'accumuler les nutriments requis et pour établir les conditions chimiques et physiques associées.

Les os sont également une bonne source de calcium et peuvent être utilisés comme amendement calcaire sur un terrain aux dimensions réduites. Habituellement, les os sont bouillis pour en enlever toute la viande et pour les ramollir. Ils peuvent alors être facilement broyés et ensuite être amendés au sol. Les quantités d'os disponibles sont toutefois habituellement insuffisantes pour couvrir de grandes superficies. Dans quelques milieux limités, d'autres matériaux comme les crasses ou les cendres volantes d'usines peuvent être disponibles. Ils ont généralement une capacité de neutralisation beaucoup plus faible mais ils peuvent parfois être obtenus à un prix très abordable, ce qui rend leur utilisation intéressante. Il faut cependant faire attention lorsque l'on utilise ces matériaux car ils contiennent souvent des métaux lourds comme le cadmium, le cuivre, le chrome, le nickel, le plomb, le mercure ou le zinc. De nombreux sols peuvent accepter une petite quantité de ces métaux et des quantités infimes de certains d'entre eux sont même nécessaires aux plantes et aux animaux. Mais si les ions de ces métaux s'accumulent dans le sol, ils peuvent devenir toxiques pour les plantes.

Les cendres de bois augmentent le pH du sol mais il n'est pas recommandé d'amender le sol avec de la cendre de bois provenant d'une source externe pour en accroître le pH. Le bois a normalement un ratio de potassium au calcium élevé de sorte que l'amendement de cendre de bois peut créer un déséquilibre entre ces deux nutriments dans le sol. La cendre du bois poussant sur place est assez sûre. Par contre, mieux vaut utiliser avec parcimonie la cendre de bois provenant d'une source externe en tant que fertilisant de potassium plutôt qu'amendement calcaire.

Si le pH du sol n'est pas trop faible, il est possible de développer la fertilité du sol sans ajouter un amendement calcaire. En Amérique centrale, par exemple, la *Mucuna* (pois mascate) a été utilisée en tant que culture intercalaire et engrais vert. Tel qu'indiqué ci-dessus, on considère généralement que les légumineuses sont des plantes acidifiantes parce que leur absorption d'éléments nutritifs cationiques et anioniques est déséquilibrée en raison de la fixation de nitrogène produite dans la structure même de la plante.

L'absorption d'un surplus de cations se produit à travers l'échange d'ions d'hydrogène avec des cations du sol à la surface des racines. Il semble que cette action acidifiante ne se produit probablement pas lorsque la *Mucuna* est utilisée. Buckles et al. (1998), par exemple, indique que le pH de sols a été maintenu et possiblement augmenté légèrement dans une rotation continue de *Mucuna* et de maïs. Cela est peut-être causé par la grande quantité de matière sèche produite par cette légumineuse et les nutriments basiques que cette matière contient.

Toutefois, la *Mucuna* ne pousse pas bien dans les sols très acides dont le pH est de 4,5 ou moins de sorte que si le pH du sol est proche de ce niveau, il faut chauler le sol.

9.6. QUE SE PASSE-T-IL LORSQU'UN SOL EST CHAULÉ?

Comme le note McLean (1971), un certain nombre d'événements se produisent lorsque de la chaux est ajoutée à un sol acide. La plupart de ces événements se produisent simultanément. Peu importe la forme dans laquelle le calcium est ajouté au sol, en présence de dioxyde de carbone atmosphérique, celui-ci devient du carbonate de calcium ($CaCO_3$) Par exemple,

$$\mathbf{CaO + CO_2 = CaCO_3}$$

ou

$$\mathbf{Ca(OH)_2 + CO_2 = CaCO_3 + H_2O}$$

Dans les sols acides, le carbonate de calcium se dissocie :

$$\mathbf{CaCO_3 + H_2O = Ca^{2+} + HCO_3^- + OH} \text{ et,}$$

1) les ions d'hydrogène dans le sol sont neutralisés

$$\mathbf{OH^- + H^+ = H2O}$$

2) la saturation basique (La saturation basique est une expression du ratio entre les bases (Na^+, K^+, Ca^{2+} et Mg^{2+}) et H^+ ainsi que Al^{3+} dans le sol) s'accroît à mesure que le calcium (et le magnésium, si celui-ci est présent) remplace les ions d'hydrogène à la surface du sol,

$$\mathbf{2H\text{-}soil + Ca^{2+} = Ca\text{-}soil + 2H^+}$$

alors que les ions d'hydrogène sont neutralisé, tel qu'indiqué et qu'il en résulte une augmentation du pH et une modification des ratios de cations basiques absorbés (dans les particules du sol) et en solution. Ces deux résultats rendent habituellement le sol plus propice à la croissance des végétaux.

3) les ions d'aluminium fixés par des sites négatifs à la surface des particules de sol sont déplacés dans la solution du sol et, avec les ions d'aluminium déjà présents dans la solution, sont retransformés en sesquioxydes à l'état solide [par exemple, $Al(OH)_3$],

$$\mathbf{Al^{3+} + 3OH^- = Al(OH)_3}$$

ce qui réduit la concentration d'aluminium en-dessous du niveau qui pourrait être toxique pour les plantes. À mesure que la quantité de sesquioxydes d'aluminium solides augmente,

4) la capacité du sol à tenir et à échanger les nutriments végétaux cationiques s'accroît et inversement,

5) la capacité du sol à tenir et à échanger des anions, laquelle dépend du pH, diminue et force les anions comme le sulfate à se dissoudre dans

la solution où ils sont plus facilement absorbés par les plantes ou lessivés hors du sol. Plusieurs changements associés se produisent dans le sol alors que les réactions décrites ci-dessus ont cours.
6) L'augmentation du pH du sol a une incidence sur la solubilité des nutriments des plantes, rendant la plupart d'entre eux plus disponibles aux plantes tout en rendant quelques autres moins disponibles.
7) Les concentrations toxiques d'aluminium, de manganèse et possiblement d'autres substances sont neutralisées (ou autrement désactivées).
8) Le nitrogène devient habituellement plus disponible en raison de l'existence de conditions favorables à la fixation de l'azote (Altération microbienne de N_2 présent dans l'atmosphère en ammonium, NH4+) et à la minéralisation de l'azote (Altération de N organique dans les résidus de plante en NH_4^+ et NO_3 inorganiques disponibles aux plantes, un sous-produit de la décomposition microbienne des résidus de plante) à partir des résidus de plantes. Finalement,
9) l'usure des minéraux primaires et secondaires sous l'effet de l'acide est réduite.
De plus, le chaulage peut avoir un effet sur les propriétés physiques et microbiennes du sol. La perméabilité du sol peut soit augmenter ou diminuer, selon la nature du sol auquel la chaux est ajoutée. En générale, l'augmentation de la teneur en calcium et du pH du sol stimule la croissance microbienne, ce qui a une incidence sur la disponibilité du nitrogène, tel que noté, ainsi que sur celle de certains autres nutriments. À l'inverse, la croissance microbienne accrue peut entraîner une perte plus rapide de matière organique dans le sol, ce qui est généralement considéré comme négatif.

9.7. LES DANGERS DU SURCHAULAGE

Dans les régions tempérées, il y a peu de risques d'amender le sol avec trop de chaux, mais ce n'est pas le cas des sols tropicaux. En fait, mieux vaut considérer le chaulage de la plupart des sols tropicaux comme une fertilisation en calcium plutôt qu'une modification du pH, et le pH cible ne devrait probablement jamais dépasser environ 6,0, avec une cible idéale entre 5,0 et 5,5. Dans cette plage de pH, les concentrations d'aluminium et de manganèse dans la solution du sol sont substantiellement réduites et ces ions ne sont plus toxiques pour les plantes. Par contre, une augmentation plus importante du pH peut rendre le molybdène toxique. De plus, les plantes peuvent devenir déficientes en nutriments comme le cuivre, le zinc, le bore et le manganèse. Cela résulte de la solubilité réduite de ces nutriments lorsque le pH est élevé et à l'usure acide réduite des rares nutriments contenant des minéraux encore présents dans le sol.

Un des plus importants problèmes relatifs au surchaulage des sols tropicaux est probablement de nature physique plutôt que chimique. Tel que noté, la perméabilité du sol peut être affectée par le chaulage. Les taux d'infiltration élevés et le lessivage rapide des bases qui s'ensuivent dans de nombreux sols tropicaux sont causés par la structure très stable de ces sols, laquelle résulte de la tendance des oxydes de fer et d'aluminium à lier les particules du sol dans ce qui est appelé des agrégats. Le surchaulage peut causer une déstabilisation de cette structure laquelle, à son tour, a pour effet de briser les agrégats du sol et causer une perméabilité réduite et un drainage inadéquat. L'addition de calcium et de magnésium au sol– avec la chaux – a pour effet d'augmenter le nombre de petits agrégats au détriment des gros agrégats. Vraisemblablement, il s'agit d'agrégats stabilisés par des sesquioxydes (de Fe et d'Al) et brisés par le Ca^{2+}. Comme les sols stabilisés par les sesquioxydes se trouvent généralement dans les tropiques humides, la perméabilité réduite, causée par la déstabilisation des agrégats, peut entrainer des sols gorgés d'eau et une transformation complète de l'écosystème.

9.8. RESUME

L'acidification des sols comporte deux effets importants pour les plantes : la solubilisation de l'aluminium et la perte de nutriments cationiques dans le sol. Lorsque le pH des sols tropicaux est très acide, la toxicité de l'aluminium semble être le principal facteur limitant la croissance des plantes. Les réponses favorables des cultures au chaulage semblent être causées avant tout par la désactivation de l'aluminium. Ainsi, les sols tropicaux nécessitent en général seulement assez de chaux pour élever le pH à environ 5,5. Ce pH suffit pour désactiver l'aluminium et fournir suffisamment de calcium pour répondre aux besoins des cultures. L'élévation du pH du sol peut causer des carences de certains micronutriments et des effets physiques nuisibles comme la destruction d'agrégats du sol accompagnée d'une réduction de la perméabilité du sol. Il faut se rappeler, cependant, que chaque espèce de plante a sa propre tolérance à la toxicité de l'aluminium ainsi que des besoins nutritionnels et un pH spécifiques pour une croissance optimale. De plus, les sols n'ont pas la même teneur en nutriments et peuvent contenir des ions potentiellement toxiques en solution peu importe leur pH. Pour déterminer la meilleure méthode pour modifier le pH dans un site donné, il est conseillé d'effectuer des essais à petite échelle de différents matériaux à diverses concentrations.

9.9. CONSEILS PRATIQUES

1. Choisir des engrais qui contribuent peu ou pas d'acidité. Choisir le nitrate plutôt que l'ammonium comme source de nitrogène. Le sulfate d'ammonium, par exemple, est très acidifiant alors que le nitrate de calcium n'est pas acidifiant. Le phosphate monoacide d'ammonium et le triple super phosphate sont moins acidifiants que le phosphate d'ammonium diacide. La *Mucuna* est moins acidifiante que d'autres sources légumineuses de matière organique.
2. Appliquer les engrais organiques et inorganiques avec sagesse pour maintenir les nitrates dans la zone des racines de la culture et en se rappelant que l'absorption des anions de nitrate par la plante réduit l'échange d'ions d'hydrogène pour des cations basiques au niveau des racines. Éviter d'appliquer trop d'engrais, appliquer les engrais en deux temps au lieu d'une seule fois et/ou utiliser des engrais à libération lente.
3. Réduire au minimum la perte de cations basiques par lessivage ou par ruissellement. Planter des cultures de couverture durant la saison morte. Sur les terrains en pente, établir des barrières le long des contours pour prévenir le ruissellement.
4. Utiliser des plantes non légumineuses dans le système agricole. Les herbes plantées autour des arbres légumineux en suivant le contour sur les terrains en pente aident à réduire l'érosion.
5. Ajouter du calcium – sous n'importe quelle de ses multiples formes – aux sols acidifiés. Surveiller les réponses du pH du sol et/ou des plantes à ces matériaux de manière à éviter d'augmenter le pH à un niveau trop élevé.
6. Planter des cultures qui tolèrent l'acidité et/ou l'aluminium. Le document « Nitrogen Fixing Tree Start-up Guide » comprend une liste d'espèces d'arbres qui tolèrent les sols acides. En général, n'importe quelle plante qui pousse bien dans les régions tropicales humides est assez tolérant de l'acidité.

CHAPITRE 10.

LES SOLS FERRALITIQUES

10.1. CARACTERISTIQUES

La différence qui existe entre le processus d'altération qui caractérise le climat tempéré ou froid d'une part et les climats tropicaux ou chaud d'autre part est que :

- Sous climat tempéré ou froid l'altération est du type biochimique, c'est-à-dire qu'elle est essentiellement gouvernée par la matière organique ;
- Dans les zones à climat chaud (tropicales, subtropicales et équatoriales), c'est l'altération géochimique qui est plus lente, mais plus complète qui prédomine. La prédominance est d'autant plus marquée que le climat est plus chaud. Les processus de néoformation des argiles remplacent les transformations et conduisent à une monosialisation par perte de silice.

Par contre, sous climat tempéré l'altération est très incomplète, les Feldspaths en particulier sont encore peu altérés. Il y a peu d'argiles provenant surtout de la transformation des micas. Les ¾ de complexes d'altération sont constitués d'éléments solubles qui sont éliminés du profil par drainage profond, les pertes portent non seulement sur les sesquioxydes, mais surtout sur l'Al^{+++}.

- L'altération sous climat équatorial est pratiquement totale, sauf pour le quartz. Les feldspaths disparaissent complètement et font l'objet d'une kaolinisation massive. Les pertes à l'état soluble en silice et en base sont beaucoup plus importantes que dans les régions tempérées. [En effet, dans les régions tempérées ce sont les sesquioxydes et l'Al qui sont éliminés (sols alcalins) alors que dans les régions tropicales ce sont les silices et les bases qui sont éliminées (sols acides)]. Les pertes en sesquioxydes et en Al sont alors faibles ou moindres dans les régions tropicales.

En général, le complexe d'altération est constitué d'une fraction importante de kaolinite et d'une fraction minoritaire de sesquioxydes. Dans un milieu peu acide ou même alcalin, que constitue la roche mère en cours d'altération, la silice a tendance à se dissoudre et à migrer par drainage profond en entrainant le Ca^{++}, le K^{+} et le Mg^{++} et inversement les oxydes d'Al et du Fe qui se trouvent au voisinage de leur point Isoélectrique, s'insolubilisent ou précipitent et restent sur place. Mais, sous l'influence de lessivage de base, le profil s'acidifie plus ou moins rapidement au-dessus de la zone d'altération et devient de plus en plus acide.

Les modalités d'altération ferralitique varient en fonction des conditions de la roche mère et les conditions de drainage.

Résumé :

Les deux types d'altération dont celui de climat froid et celui du climat chaud diffèrent essentiellement par trois caractères :

- ✓ Altération plus complète sous climat équatorial et incomplète sous le climat tempéré ;
- ✓ Mobilisation de la silice par rapport à l'Al beaucoup plus forte sous climat chaud (équatorial, subtropical et tropical) que sous climat tempéré ;
- ✓ Une kaolinisation massive de Feldspaths est des autres phyllosilicates caractérise le climat chaud.

La ferralitisation affecte la totalité de minéraux primaires silicatés sauf le quartz. Elle conduit à une perte de silice par lessivage et une libération non seulement **d'oxydes de fer (Goethite et Hématite)**, mais aussi **d'aluminium** (**Gibbsite**). L'argile est exclusivement du type **kaolinite**. Le sol subit parfois un durcissement et forme une **cuirasse** dont les éléments sont cimentés par les sesquioxydes à l'état cristallin. Les sols ferralitiques sont alors les sols riches en sesquioxydes de Fe et d'Al.

10.2. LES SOLS FERRALITIQUES DE LA REGION TROPICALE HUMIDE

10.2.1. Profil type de sols ferralitiques

Il y a des horizons suivants :

- ❖ Horizon supérieur peu lessivé faiblement humifère et riche en concrétion, sa profondeur peut atteindre 1 m ;
- ❖ Horizon B d'accumulation cuirassé ou en voie de cuirassement pouvant atteindre 6 m d'épaisseur ;
- ❖ Horizon d'argile tacheté pouvant atteindre 2 m ;
- ❖ Horizon du départ qui évolue entre 2 à 3 m ;
- ❖ La roche mère riche en minéraux ferromagnésiens.

L'horizon d'accumulation B est caractérisé par :

- Une épaisseur importante et souvent de couleurs vives ;

- Une acidité forte ; une CEC et une teneur en bases échangeables faibles ; un degré de saturation faible ;
- L'absence ou présence en quantité faible de minéraux altérables ;
- Une concentration relative ou absolue des minéraux secondaires généralement de petite taille. C'est l'horizon B qui caractérise les sols étant donné que l'horizon A est détruit souvent dans la pratique agricole.

La zone tropicale humide ou guinéenne forestière est caractérisée par les pluviométries variant entre 1,3 à 3 m soit 1300 à 3000 mm par an avec des saisons sèches de 2 à 3 mois. La température moyenne annuelle est comprise entre 25 et 30 °C.

10.2.2. Les sols formés sur les roches acides

Il s'agit principalement des granites et de gneiss (roche composée de feldspath, de mica et de quartz). Le mica est le minéral brillant formé de silicate d'aluminium et de potassium. La formation se fait de deux façons :

- La 1ère itinéraire concerne le cas ou une nappe phréatique ne s'séjourne pas d'une manière prolongée ou permanente. 2 types de profil sont à distinguer :

- 1er Type : ce type se retrouve dans les dalles granitiques exposées à des pluies éphémères et aux fortes variations des températures à la surface des grands dômes granitiques. L'altération ne se développe que sur quelques mm d'épaisseur et le microclimat réalisé sur ses parois est celui qu'il convient d'être appelé **Climat Tropical et Forestier**.
- 2ème Type correspond aux parois granitiques où les eaux s'infiltrent avec aisance.

L'altération est épaisse dans les 2 types de profils, l'altération se caractérise par une micro-division de minéraux de granites à la quelle, les Plagioclase et le quartz sont les plus résistants. Il y a apparition de la Gibbsite et accessoirement de la Goethite. Simultanément, les études minéralogiques révèlent l'apparition de la Gibbsite, parfois de la biotite dans le sol.

Ici dans les 2 types de profil l'altération se caractérise par une microdivision des minéraux de granites à laquelle les plagioclases et le quartz sont plus résistants.

- La 2ème itinéraire : il s'agit d'une altération massive souterraine avec un drainage moins intense qui maintient la nappe permanente. Le lessivage est ménagé à la base du profil si bien qu'on y trouve la kaolinite, la montmorillonite et d'autres minéraux stratifiés ; néanmoins, ces minéraux sont transitoires et disparaissent au fur et à mesure qu'on remonte dans le profil pour laisser la place à la kaolinite avec la Goethite mais sans gibbsite.

10.2.3. Sols dérivés sur les roches basiques telle que le basaltique

Les phénomènes sont plus marqués et sont sous la dépendance de l'hydrodynamique de mouvement de l'eau au sein de profil.

- Si le drainage est excellent, la roche mère se transforme directement en Biotite et Gibbsite avec permanence de structure et de volume. Si la roche est alumineuse comme la Dolrite, la Gibbsite règne dans le profil. Par contre, si la roche est feldspathique ou ferromagnésienne, c'est la Biotite qui règne dans le profil.
- Si le drainage est insuffisant, une zone humide s'installe à la base du profil. L'aluminium libéré est présente sous forme de Kaolinite et l'altération de la roche est argileuse.

10.2.4. Cas des sols ferralitiques de la zone équatoriale

C'est un sol de forêt dense caractérisé par :

- La saison sèche courte ;
- Précipitations variant entre 2000 à 3000 mm/an
- La pluviométrie n'atteint pas le sol.

➢ Le manteau d'altération sous forêt dense peut atteindre 10 à 30 m et reste toujours humide. Sur les roches mères acides telles que la granite, où il a toujours de l'eau, la kaolinite règne. L'abondance de lessivage évacue la faible proportion de Fe et on retourne alors aux sols Kaolinitiques de couleur pâle connus sous le nom des « **argiles jaunes équatoriales** ».

➢ Sur les roches basiques (basaltes), l'engorgement du profil par la nappe ne permet que l'altération kaolinitique. Le Fe plus abondant subsiste dans le profil et ces sols sont connus sous le nom « **d'argiles rouges équatoriales** » qui sont 5 à 10 fois plus épaisses que les sols formés sur les roches acides.

Dans les deux cas, la Gibbsite est très peu abondante. Le phénomène de cuirassement est nul dans la zone équatorial par manque d'oscillation des nappes suite à l'humidité permanente.

10.2.5. La néoformation de produit secondaire dans les sols ferralitiques

- **La Goethite, la Gibbsite et la Kaolinite**

En milieu intertropical, la température favorise l'hydrolyse complète de silicates ; à partir des ions libérés, les 3 minéraux qui se constituent sont : la Kaolinite, la Goethite et la Gibbsite. Leurs conditions de formation sont sous dépendance du pH du milieu, du drainage de la pluviosité, etc. également de la nature de la roche mère.

- **Equilibre hydrodynamique**

La représentation de la Goethite est générale, par contre, la Kaolinite et la Gibbsite se ventilent différemment :

- En milieu bien drainé d'une façon excessive avec une nappe non permanente, la Gibbsite accompagné de la Goethite se forment directement à partir des solutions d'hydrolyse de silicates.
- En milieu bien drainé, mais avec une nappe permanente, la teneur en silice de solution augmente et permet la néoformation de la Kaolinite.
- En milieu mal drainé, les cations subsistent et la montmorillonite peut se présenter à titre transitoire à la base de profil (qui ne pourra pas rester longtemps).

10.3. GENESE ET EVOLUTION DES SOLS FERRALITIQUES

Dans le processus de l'évolution d'un sol sous forêt, on distingue 3 zones de profils :

✓ **Zone profonde, neutre ou légèrement alcaline**

C'est la zone de départ, caractérisée par une altération intense de la roche mère. Les oxydes de Fe, d'Al, de la Si vont s'y retrouver et les bases échangeables sont libérées. Une partie de la silice et une partie des bases échangeables sont évacuées par drainage profond.

✓ **Zone intermédiaire**

Elle est plus acide. Elle est ensuite caractérisée par la saturation par l'eau pendant toutes les périodes humides. C'est dans cette zone que la Kaolinite prend naissance parce que la silice qui est restée se combine avec la grande partie d'Al pour former les silicates d'Al. Cette zone est appauvrit en Fe par remontée capillaire.

✓ **Zone de surface**

Elle est normalement drainée et plus acide. Elle est soumise au mouvement descendant de l'eau et à l'action plus ou moins intense des acides humiques dispersant l'Al et le Fe qui migrent alors en profondeur. Un horizon d'accumulation de sesquioxydes se forme ; il est enrichi par le Fe issu d'une part de mouvement descendant et d'autre part de mouvement ascendant.

En saison sèche une déshydratation partielle des oxydes de Fe peut se produire dans cet horizon, et cette déshydratation peut être accompagnée par un concrétionnement en gravitation d'autant plus marqué que le climat général est sec.

En résumé : Les phases successives de formation d'un sol rouge forestier sont les suivantes :

1°. La phase initiale d'altération : il y a perte de silice et des bases par lessivage ;

2°. La formation de la zone hydromorphe riche en Kaolinite qui s'épaissit de plus en plus et forme une zone tachetée.

3°. En surface, il y a accentuation du lessivage des oxydes de Fe sous l'influence de l'humus forestier (couleur ocre vers rouge due à la présence d'acides humiques).

10.3.1. La limite de la ferralitisation

a) Limite dans le domaine des constituants (Kaolinite, Goethite et Gibbsite)

Parmi les constituants ferrugineux, la Goethite et l'hématite sont courants et normaux. On les retrouve dans tous les sols ferralitiques, mais aussi dans d'autres sols à hydroxydes et dans d'autres sols de régions tempérées.

Parmi les constituants alumineux, la Kaolinite est également très banale, mais caractéristique puisqu'elle existe dans toutes sortes des sols.

La Gibbsite par contre paraît être le constituant plus sûr puisqu'elle résulte de l'altération la plus poussée tant pour les minéraux primaires que pour les minéraux secondaires. **On peut alors dire que la présence de ce minéral (la Gibbsite) dans un horizon B est un signe de la ferralitisation.**

Certaines conditions d'évacuation incomplète de la silice, ne permettent pas à l'Al individualisée de se maintenir. Dans ce cas, la Kaolinite est la seule argile à être observée (toute la silice n'est pas partie).

Par conséquent, l'absence de la Gibbsite, ne permet pas de conclure qu'un sol n'est pas ferralitique. Néanmoins, la Gibbsite seule, suffit à caractériser la ferralitisation. En plus, la Kaolinite et les minéraux ferrugineux (Goethite et Hématite) sont aussi propres à la ferralitisation, mais ne sont pas specifiques.

Les autres minéraux en dehors de ceux qui ont été cités ici, sont les signes de stade jeune ou de mauvais drainage local.

b) Limites dans les caractéristiques physiques et chimiques

1°. La granulométrie

Il n'y a pas des limites dans le domaine de granulométrie proprement dit et rien ne s'oppose pour qu'un sol sableux soit ferralitique.

2°. Le pH

Un pH acide est de règle au cours de la ferralitisation et descend rarement au dessous de 4. Les pH neutres sont à exclure car ils indiquent la présence des bases échangeables en quantité incompatible avec la ferralitisation.

3°. Le complexe absorbant

La Kaolinite est le plus souvent le seul produit à posséder une CEC, c'est la raison pour laquelle les valeurs mesurées sur cette argile sont toujours très faibles ; 0,3 à 13 méq/100 g d'argile. La somme de base fixées sur le complexe absorbant dans l'horizon B est toujours très faible alors que les valeurs peuvent être élevées dans l'horizon A. en effet il y a la matière organique qui sert à fixer les cations.

Le degré de saturation est normalement faible à très faible, et la valeur souvent retenue est fixée à 40 %.

4°. Matière organique

Les teneurs en matière organique ne doivent pas entrer dans le compte puisqu'il existe des sols ferralitiques dans certaines régions montagneuses. Normalement le rapport C/N est compris entre 8 et 12.

c) Les limites dans le domaine de la morphologie

Il n'y a pas des limites dans le domaine de la morphologie. Car il n'y a pas des caractéristiques chiffrées dans ce domaine.

Conclusion

Le processus de la ferralitisation peut être envisagé sous 3 aspects :

- Minéralogique ;
- Physicochimique ; et
- Morpologique.

Chacun de ces aspects a des caractéristiques qu'il est parfois difficile de définir, mais il y a eu lieu de considérer tous ces aspects.

10.3.2. Le cuirassement ferralitique

Le phénomène de cuirassement se développe fréquemment et intensément sous climat intertropical. Les cuirasses se forment d'ordinaire à une certaine profondeur, ou au niveau de l'horizon B. très souvent, lorsque le profil vieilli. Ainsi, dénudés par l'érosion ; les horizons B affleurent et durcissent.

Le processus de cuirassement est lié à une très forte accumulation des sesquioxydes libres qui cristallisent et durcissent sous l'action de températures élevées. Ce sont des oxydes de fer qui jouent le rôle majeur dans le phénomène de cuirassement. Notons que l'accumulation de sesquioxydes peut avoir une double origine :

- Elle peut être relative c'est-à-dire résulter de l'élimination des autres constituants ; ou
- Elle peut être absolue c'est-à-dire résulter d'un apport à l'état soluble par les eaux.

Les oxydes de fer jouent un rôle majeur dans les cuirasses dites d'accumulation absolue ; tandis que celles les cuirasses d'accumulation relative dites Bauxitiques contiennent une forte proportion de Gibbsite.

NB :

- La forte concentration en minéraux de fer provoque la foudre ;
- On exploite l'Al quand l'accumulation est encore en dessous de la surface du sol.

10.3.3. Processus physique et chimique de cuirassement

Il y a 4 étapes :

1°. Libération du fer

Les minéraux ferromagnésiens libèrent leur fer par oxydation et hydrolyse sous les différents climats.

Sous climat tropicale humide, le fer est totalement libéré à partir de silicates qui sont complètement altérés ou hydratés. La zone de libération de fer est appelé **zone de rubéfaction**, à cause de la couleur rouge qui lui est caractéristique.

2°. La mobilisation du fer

- Sous sa forme ionique :
- L'ion ferreux a une très grande solubilité qui se conserve en milieu réducteur c'est-à-dire aussi longtemps que les matières organiques réductrices sont présentes.
- Les ions ferriques et ferreux peuvent donner avec la silice les complexes solubles dans l'eau. Ce sont des complexes ferro- et ferri-siliciques qui augmentent généralement la CEC.
- Les phénomènes biologiques qui participent à la décomposition de la matière organique joue le plus grand rôle dans la migration ou soit par le phénomène de réduction lié à la vie de

microorganismes réducteurs de forme ferrique soit par résidus de la fermentation qui donnent des complexes pseudo-solubles.

3°. La migration du fer

A partir du moment où le fer est en solution ou en pseudo-solution dans l'eau du sol, son destin (devenir) coïncide avec les migrations de cette dernières (l'eau). En effet, l'eau est soumise à la pesanteur de deux manières :

- Par percolation des eaux des pluies à travers les profils. Cette percolation est considérable, l'eau rejoint rapidement le niveau de la nappe qui aussi d'un mouvement lent ;
- Les produits solubilisés migrent avec l'eau tant que leurs conditions de solubilité sont maintenues.

4°. Immobilisation du fer

Le principale mécanisme qui favorise ou provoque l'immobilisation du fer transporté par les nappes, c'est l'oxydation. Ceci concerne les ions ferreux et les complexes ferro-organiques. Une fois oxydé, le fer n'est plus protégé et finit par précipiter. Ce mécanisme d'oxydation se produit dans les nombreux cas :

- Approche de la surface du sol quand les nappes souterraines affleurent ;
- Zone de battement de la nappe ;
- Parcourt des matériaux grossiers ;
- Parcourt d'une cuirasse plus ancienne, pierreuse ou caverneuse ;
- Disparition de la forêt qui fait tarir l'alimentation de matière organique complexante ;
- Augmentation de drainage naturel, aération accélérée de l'eau de percolation.

Ces phénomènes sont saisonniers :

- A la saison humide il y a mobilisation et lessivage
- A la saison sèche, il y a immobilisation brutale dans la zone de battement de nappe.

Ceci rencontre en particulier l'absence de cuirasse au sein du profil toujours humide comme dans les zones équatoriales où le lessivage remporte sur l'immobilisation.

Au contraire, dans la zone tropicale à la saison sèche marquée des nombreuses occasions saisonnières, provoque l'immobilisation de fer transporté par les nappes et par conséquent le cuirassement. Les cuirasses se forment dans la zone tropicale alors que dans la zone équatoriale le profil est toujours humide.

Les cuirasse se forment dans les régions tropicales car la saison sèche est marquée tandis que dans les régions équatoriales le profil est toujours humide et donc pas de cuirassement dans la région équatoriales.

10.3.4. Induration de cuirasses

C'est le durcissement de cuirasse.

Phénomène de durcissement

Dans certains cas, le sol subit une évolution particulière vers la formation de carapace ou cuirasse durcie (duripan)

Cette formation est liée à des circonstances précises :

- Accumulation de sesquioxydes libres (oxyde de fer et d'Al) qui subissent un changement d'état, ils se déshydratent plus ou moins et durcissent sous l'action de rayons solaires.
- Processus de cuirassement par accumulation absolue, c'est-à-dire enrichit par suite de l'apport par les eaux des oxydes de fer mobilisés en milieu acide. Le fer est mobilisé sous l'action de la matière organique acide dans l'horizon A et transporté par voie latérale sur une distance plus ou moins grande ; il (le fer) se concentre et précipite sous forme de Goethite là où les conditions d'aération sont meilleures.
- La mobilité du fer est très favorable à la formation des cuirasses et explique que le processus de cuirassement soit plus fréquent sur les roches acides pauvres en fer que sur les roches basiques riches en fer.

Ce mode de durcissement peut être considéré comme un processus général subissant d'importantes variations dans lesquels le facteur temps joue un grand rôle. Il y a lieu de distinguer les cuirasses de formation rapide ou cuirasses de nappes et les cuirasses de formation lente. On distingue d'ordinaire trois types de cuirasses.

Rappels :

- Les roches basiques s'altèrent facilement et rapidement et le fer part ; tandis que les roches acides s'altèrent difficilement et lentement et le fer reste sur place. Et ce fer sera secondé par le fer issu de l'altération des roches basiques qui est parti.

a) Cuirasse d'érosion ou cuirasse de plateaux

On les appelle cuirasses d'érosion, parce que les horizons de surfaces supérieurs restés meubles ont été progressivement éliminés par les eaux de ruissellement, ce qui entraine le durcissement de l'horizon B qui affleure.

Ces cuirasses se localisent dans les zones à climat contrasté de l'Afrique Tropicale actuellement occupée par les savanes secondaires. La destruction progressive des forêts par l'homme via la pratique de jachères forestières et le feu de brousse a contribué à accélérer ce processus de cuirassement. En effet, le défrichement, la destruction de la forêt favorisent la mobilisation d'une certaine quantité de fer et favorise l'extension latérale et l'épaississent de noyau durci, primitivement formé.

La cuirasse se généralise et peut atteindre plusieurs mètres d'épaisseurs. Son vieillissement s'accompagne d'une modification des oxydes de fer. La Goethite cède la place à l'hématite qui devient dominante.

b) Cuirasse de nappe

Ces cuirasses proviennent d'une accumulation absolue des sesquioxydes qui proviennent de migration. Il s'agit surtout des cuirassements enrichis en oxydes de fer liés à des situations particulières qui sont :

- Rupture de pente ;
- Bords de cuvettes ;
- Dépression en nappes phréatiques ou le bas de pente.

Le fer apporté par circulation latérale de nappes de pentes s'accumule dans le point le plus bas, où il cristallise sous forme de Goethite et d'hématite. L'accumulation du fer se fait aussi dans un milieu trop humide au sein de la nappe (cas de milieu équatorial). Les altérations d'humectation, dessiccation, ne permettent qu'une ségrégation très locale du fer avec formation des taches rouges d'hématites.

c) Les cuirasses d'accumulation relative

C'est un cas particulier de formation des ferrallites sur roche basique et en milieu bien drainé.

Ce type de cuirasse est souvent très riche en Gibbsite. On aura la cuirasse bauxitique si les roches sont pauvres en fer, les oxydes d'aluminium étant dominants.

L'accumulation de sesquioxydes résulte du départ des autres éléments.

10.3.5. Le bauxites

Les bauxites sont des cuirasses assez riches en aluminium. Pour rendre leur exploitation industrielle faisable (profitable) il faut :

1°. La formation directe à partir de la roche mère de bauxite

L'itinéraire direct exige une roche mère riche en Al et une altération directe de silicates en Al ou en alumine libres. Ceci nécessite que l'altération se produise en milieu bien drainé et au-dessus de la nappe phréatique.

2°. Formation indirecte à partir de produits d'altération

Une quelconque roche alumique provoque la formation de la bauxite, mais à une certaine distance par le biais du lessivage plus la migration.

Exemple : Al → Bauxite : on a ici une roche riche en aluminium qui après altération libère l'Al qui migre et s'éloigne du site de production pour aller former plus loin la bauxite.

10.3.5. Matière organique dans les sols ferralitiques

On nomme matière organiques du sol, tous les composés à base de COHN.

La matière organique comprend les résidus végétaux et animaux non décomposés.

L'humus résulte de leur décomposition et des produits de synthèse de microorganismes ainsi que tous les produits intermédiaires entre les résidus végétaux et animaux.

10.4. DIFFERENTS STADES D'ALTERATION DES SOLS CONGOLAIS

10.4.1. La phase récente d'altération chimique

Elle comprend des minéraux peu altérés ayant une même caractéristique que la roche mère. La teneur d'un sol en Kaolinite est fonction du degré d'altération. Ainsi, dans ces régions, la Kaolinite apparaît en quantité faible et ne dépasse pas 20 % de la fraction argileuse. Ce même critère est pris pour la phase récente d'altération dans les régions intertropicales. La majeure partie de la fraction argileuse de ces sols est constituée par les argiles micassées (illites) ou par les montmorillonites.

10.4.2. La phase intermédiaire ou ferrisoliques

Les sols formés sont des ferrisols. Cette phase comprend des minéraux en grande partie altérés et qui approchent la maturité. Les complexes argileux se caractérisent par un mélange de Kaolinite, d'argiles micassées (illites) et d'oxydes de fer libre dans lesquels la teneur de la Kaolinite varie entre 20 et 60 % environ.

Les matériaux représentant une fraction argileuse uniquement de nature Kaolinitique mais qui contiennent encore une réserve appréciable en minéraux altérables peuvent être groupés en cette phase d'altération.

Le stade ferrisolique se caractérise par des sols de couleur brun-rouge ou jaune ou bien des sols rouges ou jaune à revêtement argileux bien prononcé.

10.4.3. La phase vieille ou ferralitique

Cette phase comprend des matériaux complètement altérés représentant une fraction argileuse constituée en grande partie par la Kaolinite et souvent mélangée par ordre d'importance en grande quantité d'oxydes libres.

10.5. CLASSIFICATION DES SOLS FERRALITIQUES

Il y a deux types extrêmes des sols ferralitiques pouvant être signalés :

10.5.1. Les sols ferralitiques à Kaolinite

Ils sont formés sur les roches acides formant des affleurements à reliefs usés en plate forme horizontales.

a) Le profil de ferralites

Formé sur les roches basiques pauvres en silices dans les stations très bien drainées souvent sur pente.

1. Sols ferralitique à Kaolinite

Le profil de ces sols compte 2 parties soumises à deux pédogenèses de types opposés :

- La partie supérieure relativement drainée caractérise une pédogenèse acide qui met en jeu la matière organique superficielle avec une redistribution du fer et appauvrissement superficiel en argile.
- La partie inférieure correspond à la ferralitisation proprement dite. Le milieu est semi confiné souvent gorgé d'eau et permet la saturation presque complète par la silice et l'Al libérés par l'altération et la formation de Kaolinite.

2. La partie supérieure du profil soit les horizons A et B

- Les horizons A sont caractérisés par un Mull acide assez peu épais, malgré l'apport considérable de débris végétaux 7 à 15 tonnes de matière organique /ha/an.
- La décomposition de litière est très rapide, mais l'humification est faible suit à l'absence de la saison sèche marquée. Il se forme beaucoup des produits organiques solubles ayant un pouvoir complexant qui reste à l'état d'acides fulviques après insolubilisassion. Ces horizons sont fortement appauvris en argiles et en fer.
- L'horizon B est le plus souvent enrichi en fer et présente une teinte vive. La couleur et la texture de l'horizon B sont étroitement liées aux conditions de pédoclimat.

3. La partie inférieure du profil

Elle comprend 2 types d'horizons ; d'une part, la zone tachetée dont l'épaisseur pouvant atteindre plusieurs mètres, caractérisée par la présence de larges taches ocre, rouge ou blanche. C'est la zone de néoformation de la Kaolinite où règne une hydromorphie constante du type capillaire. L'acidité est moyenne et le pH varie entre 5 et 6. D'autre part, la zone d'altération qui se situe à la base et offre un pH voisin de 7. L'altération dans cette zone est souvent irrégulière ; des fragments des roches pourries coexistent dans cette zone déjà très altérées. Le milieu est très filtrant et permet l'élimination verticale ou latérale des eaux entrainant ainsi l'élimination de la silice et des bases.

10.5.2. Les ferralites

Ce sont des sols de pentes formés sur les roches basiques. Ils sont beaucoup moins épais que les sols ferralitiques à Kaolinite. La zone tachetée fait défaut, c'est-à-dire qu'il n'y a pas de zone tachetée et elle est remplacée par les fragments des roches altérées. La néoformation de la Kaolinite est faible à cause de l'insuffisance de la silice de sorte que la Kaolinite reste minoritaire par rapport à la Gibbsite dans le complexe d'altération.

10.5.3. Les sols ferralitiques à Gibbsite

Dans ces sols, la Gibbsite est présente mais reste minoritaire par rapport à la Kaolinite. Elle constitue une fraction non négligeable du complexe d'altération. La localisation est différente selon qu'il s'agit de Gibbsite secondaire ou primaire.

10.6. LES PRINCIPAUX TYPES DES SOLS FERRALITIQUES OU OXISOLS

Ces sols sont dits ferralsols (Belge) ou oxisols (USA). Ils constituent une famille très complexe d'altération et couvrent plusieurs étendues ans le monde tropicale. Néanmoins, d'entre ces types de sols, nous prendrons seulement 3 sous-classes de sols ferralitiques qui sont communs ici chez nous:

10.6.1. Sols ferralitiques dans le sens strict du mot

Ce sont des sols à Kaolinite qui est une argile dominante dans le complexe d'altération. On en distingue ici deux groupes :

1°. Les sols ferralitiques à Kaolinite proprement dits

Dans ces sols, la Gibbsite est absente ou minoritaire.

2°. Les sols ferralitiques à Gibbsite

Contrairement au premier groupe, dans ces sols la Kaolinite reste dominante alors que la Gibbsite constitue une fraction importante du complexe d'altération.

10.6.2. Les ferralites à sesquioxydes d'Al et de Fe

Dans ces sols le Fe et l'Al sont dominant dans les complexes d'altération. On en distingue deux types :

1°. Les sols ferritiques ou ferrites

Ce sont des sols qui se forment sur les roches ultrabasiques pauvres en Al par élimination de la silice et du Mg, il ne reste pratiquement que le Fe sous forme de **Goethite** sous le climat humide avec abondance de la matière organique alors que sous climat sec, le Fe reste sous forme d'**hématite**.

2°. Les sols allitiques ou les allites

Ces sont des sols hydromorphes formés en milieu drainé et filtrant sous climat très humide. Dans ces conditions, le Fe a été mobilisé par réduction et entrainé hors du profil de sorte qu'il ne reste sur place que la Gibbsite, le profil étant uniformément blanc.

10.7. LA CLASSIFICATION DES SOLS

Il y a plusieurs types de classification des sols

10.7.1. Classification climatique

Les classifications climatiques divisent les sols en 3 groupes :

1°. Les sols zonaux (sous toundra)

Ce sont les sols qui ont évolués relativement indépendamment de la roche mère, mais dépendants étroitement du climat et de la végétation.

2°. Les sols azonaux (alluvionnaires)

Ce sont des sols peu évolués ayant de caractères voisins de ceux de la roche mère. Ce sont des sols jeunes et leur formation dépend de la roche mère.

3°. Sols intrazonaux (milieu hydromorphe)

Ce sont des sols évolués mais qui ont suivi une évolution différente que celle qui caractérise l'ensemble de la zone climatique où ils sont observés suite à certaines particularités physiques ou chimiques de la station.

Pédon : la partie supérieure qui est un volume de terre.

10.8. GENERALITE SUR LES PRINCIPAUX HORIZONS

Le concept profil qui est une coupe plane du sol est remplacé par celui de pédon considéré comme un volume dont les horizons forment des couches superposées.

Les horzons diagnostics fondamentaux sont classés en 2 grands groupes.

- D'une part les horizons diagnostics de surface contenant de la matière organique appelés épipédon ;
- D'autre part les horizons diagnostics de profondeur essentiellement minéraux correspondent aux horizons B.

Ces deux groupes permettent de définir un sol, c'est-à-dire l'épipedon et horizons diagnostiques de profondeur.

10.8.1. Les épipedons

Ce sont les horizons diagnostiques de surface plus ou moins imprégnés d'humus, correspondant à l'ensemble des horizons A parfois même à la partie supérieure de l'horizon B s'il est imprégné de l'humus. On distingue trois types qui sont :

1°. L'horizon ocrique

C'est un horizon peu coloré et pauvre en matière organique.

2°. L'horizon Mollique

C'est un horizon foncé fortement coloré par la matière organique :

- Il est épais plus de 10 cm sur roche dure, 25 cm sur les matériaux meubles.
- Il contient plus de 1% de la matière organique ;
- Sa structure est meuble et non massive ;
- Le taux de saturation est supérieur à 50% ;
- Le rapport C/N est inférieur à 17.

3°. L'horizon umbrique

- Il a les mêmes caractéristiques que l'horizon Mollique en ce qui concerne la couleur, l'épaisseur et la structure, mais son taux de saturation est inférieur à 50% et le rapport C/N reste supérieur à 17.

10.8.2. Horizons diagnostiques fondamentaux de profondeur

Ce sont essentiellement des horizons minéraux qui correspondent soit à un horizon B d'altération (Cambique ou Oxique, soit à un horizon B illuvial enrichi par migration dit horizon argilique).

- Horizon Cambique

C'est un horizon d'altération caractérisé par une structure d'altération incomplète de minéraux primaire et une capacité d'échange inférieure à 16 méq/100 g d'argile.

- Horizon oxique

Caractérisé par une altération poussée et la disparition complète des minéraux primaires sauf le quartz. La capacité d'échange est toujours basse et inférieure à 16 méq/100g d'argile.

La couleur est en générale vive à cause de la teneur élevé en oxydes métalliques libres (oxyde de Fe et d'Al).

Il faut préciser que plus les sols tropicaux sont vieux, plus ils sont moins fertiles.

Jachère : on a de sols zonaux en grande partie dans les zones tropicales, ce qui faisait que nos ancêtres laissent ces sols en jachères pour que les sols vivent en circuit fermé avec la végétation pour redevenir encore fertiles à partir de matières organiques fraiche.

CHAPITRE 11.

ETAT DE LIEU DES RESSOURCES EN SOLS EN REPUBLIQUE DEMOCRATIQUE DU CONGO

11.1. PEDOGENESE DES SOLS DU CONGO

L'étude des sols du Congo a débuté en 1948 dans le cadre de missions pédo-botaniques organisées dans les différentes régions éco-climatiques du pays. Ainsi, en 1960, plus de 15% du territoire national était déjà couvert et consigné dans 28 cartes des sols et de la végétation (Janssens, 1999). Dès lors, les travaux de prospection de terrain, les analyses de laboratoires et leur interprétation ont permis de comprendre la genèse de ces sols et leurs interrelations mutuelles. Egalement, ces travaux ont permis, en plus, d'élaborer un système de classification des sols congolais connue sous le nom de "Système INEAC" (Sys *et al.*, 1961) qui distingue les sols non climatiques et les sols climatiques. Ainsi, les sols non climatiques reposent sur le concept de sols azonaux, développés sous l'influence des facteurs stationnels (roche mère, drainage, hydromorphie), alors que les sols climatiques ou zonaux sont ceux qui se sont individualisés sous l'influence des facteurs climatiques (humidité et température) et la végétation (Janssens, 1999). D'ordinaire, leur genèse est largement dominée par l'altération associée au lessivage, alors que le processus chimique d'altération dominant est l'hydrolyse intense des minéraux qui peut être partielle ou totale selon que le climat est plus ou moins chaud ou humide. L'hydrolyse se traduit par la destruction des minéraux primaires, des argiles de type montmorillonite ou illite et par la formation de la kaolinite. Cette dernière peut, à son tour, donner de la silice éliminée par drainage, et de la gibbsite qui s'accumule dans le profil quand les conditions d'altération deviennent extrêmes. L'ensemble de ces processus d'altération est communément ainsi appelé "**altération ferralitique**" (Janssens, 1999) conduisant à la formation des oxisols ou ferralsols qui dominent ce pays. L'intensité de l'altération ferralitique est d'autant plus prononcé que le climat est chaud et humide : climat équato-tropical (Am)> climat équatorial (Af) > climat tropical (Aw) > climat de régions montagneuses à 6 mois de période humide (Cw) (Janssens, 1999).

Quant au lessivage, il affecte essentiellement les colloïdes et aboutit à l'accumulation des argiles dans les horizons B sous forme de revêtements orientés à la surface des unités structurales et de la macroporosité (Janssens, 1999). L'altération et le lessivage aboutissent à

la séquence suivante qui est caractéristique des sols tropicaux (Sys *et al.*, 1961 et Sys, 1972) :

```
Sols tropicaux récents →→ Sols bruns tropicaux →→ Ferrisols →→ Ferralsols.
```

Hormis les ferralsols, on rencontre également des sols de transition, principalement entre les ferrisols et les sols bruns tropicaux (ferrisols intergrades ou sols bruns tropicaux) et entre les ferrisols et les ferralsols (ferrisols intergades ferralsols) (Janssens, 1999). Le Tableau 18 propose des équivalences entre les principaux systèmes de classification des sols tropicaux. Bien que ce tableau donne des principes généraux, mais il n'autorise pas des transpositions automatiques d'un système à l'autre. Chaque cas doit donc être traité individuellement et confronté aux critères de chaque système séparément (Janssens, 1998).

Tableau 18. Equivalences entre les principaux systèmes de classification des sols tropicaux

Classification Kellog	**Classification française (CPCS)**	**Classification INEAC**	**Soil Taxonomy Classification (USDA)**	**FAO**
Sols ferralitiques lessivés	Sol ferralitique à gibbsite	Ferralsols	Oxisols ou Ultisols(Orthox / Udult)	Ferralsols/ Ferric acrisols
Sols ferralitiques d'altération	Sol ferralitique à kaolinite	Ferralsols	Oxisols ou Ultisols (Orthox / Ustult)	Ferralsols/ Ferric acrisols
Sols ferralitiques humiques	Sols ferralitiques humiques	Ferralsol à horizon sombre	Humox / Humult	
Ferrisols humiques	Ferrisols humiques	Ferrisol à horizon sombre	Humox	
Ferrisols	Ferrisol	Ferrisols	Ustalf	Dystric nitosols
Sols ferrugineux	Sols ferrugineux tropicaux	Xéroferrisols	Ustalf	Ferric luvisols
Sols bruns eutrophes	Sols brun eutrophe	Sols bruns tropicaux	Tropept	Eutric nitosols

11.2. TYPES DES SOLS RENCONTRES EN REPUBLIQUE DEMOCRATIQUE DU CONGO

Différents systèmes de classification ont été utilisés pour classifier les sols de la R. D. Congo. D'entre ces systèmes on peut retenir : le Système INEAC, Système mondial FAO-UNESCO et les autres systèmes de classification (Janssens, 1999).

11.2.1. Système INEAC de classification des sols

Selon Sys (1972), l'altération ferralitique et le lessivage ont affecté à des degrés divers les principales couvertures pédologiques de la R.D. Congo en fonction de la nature de la roche mère et des conditions du climat. Cet auteur a regroupé ces principales couvertures pédologiques issues de ces deux phénomènes d'altération (altération ferralitique et lessivage) en grands ensembles selon le matériau parental comme suit :

A. Matériaux sableux plus ou moins argileux

Les sols formés à partir de matériau parental sableux plus ou moins argileux peuvent être classifié comme suit:

1. Sols développés sur sables de Kalahari, rencontrés sur les plateaux situés à l'Ouest et au Sud du Bandundu et se prolongeant à l'Ouest du Katanga: Ce sont des sols sableux avec moins de 10% d'argile, pauvres en matière organique, à faible CEC et généralement carencés en potassium. Le système INEAC les a classés en arénoferrals qui peuvent évolué localement en intergades humifères ou non humifères vers des podzols.
2. Sols développés sur recouvrements de type Salonga, dans le Nord du Bandundu, les deux Kasaï et le Sud-Est de l'Equateur: Ces sols sont des arénoferrals, avec des teneurs en argile autour de 15%. Ils présentent des caractéristiques agrochimiques proches de ceux rencontrés dans les sables de Kalahari.
3. Sols sur recouvrements de type Yangambi, à l'Ouest de la Province Orientale et sur la majeure partie de l'Equateur en zones non hydromorphes: Ce sont des ferralsols dont la teneur en argile est plus élevée que dans les deux premières formations. Cette teneur en argile est de l'ordre de 25% en surface et peut augmenter en profondeur jusqu'à 40%. La matière organique reste confinée dans les premiers cm (généralement <10), avec des teneurs en F_2O_3 élevées.
4. Recouvrements des Bas-Plateaux rencontrés dans la partie centrale de la Province de l'Equateur, sur les bas-plateaux qui

ceinturent les zones inondées: des ferralsols ayant des propriétés proches de celles des sols développés sur les recouvrements de type Yangambi dominent dans ces matériaux.

B. Roches mésozoïques (ou roches Karroo).

Ces roches proviennent de sédiments lacustres ou lagunaires (de mare, flaque ou étang), probablement en milieu confiné, l'hypothèse confirmée par la présence d'argile de type illite-montmorillonite, associées à de l'analcime et aux carbonates. La pédogénèse dans ces formations a donné une séquence de sols allant des sols tropicaux récents aux ferralsols suivant le schéma:

Sols tropicaux récents ==> sols bruns tropicaux ==> ferrisols intergrades sols bruns tropicaux ==> ferrisols typiques ==> intergrades ferrisols vers ferralsols ==> ferralsols typiques.

On y rencontre les séries suivantes :

1. Sols sur roches mésozoïques s'étendant à l'Est des sables Salonga le long de Lualaba, limitées à l'Est et au Sud sur le soubassement des hauts plateaux ceinturant la Cuvette. Ce sont des ferrisols (Maniema), à CEC supérieure à 10 meq/100 g, à bonne structure et à horizon B2, associés aux ferralsols carencés en K et à CEC nettement plus basse.
2. Sols développés sur les formations du Kwango entrecoupant les recouvrements Kalahari dans le Bandundu et se prolongeant dans le Kasaï-Occidental le long de Sankuru. Ces sols sont des ferrisols, notamment au Kasaï-Occidental, mais également des ferralsols et, localement, quelques sols récents (Kasaï-Occidental) et des sols bruns tropicaux lessivés (Kwango).

C. Roches non différentiées du soubassement

Ces roches se retrouvent autour de la Cuvette centrale, au Nord de l'Equateur et au Katanga en passant par l'Est de la Province Orientale et du Kivu, et se retrouve au Bas-Congo dans les monts Cristal. Les propriétés physico-chimiques (texture, pH, CEC et teneur en Ca et K) des sols qui y sont développés sont fortement influencées par la nature de la roche mère. Leur contenu en matière organique est, par voie de conséquence, fonction de l'altitude. On rencontre dans ces formations une grande variété des sols allant des sols récents aux ferralsols. Ces derniers se trouvent essentiellement dans le Nord de l'Equateur, dans la Province Orientale et au Bas-Congo. Ils sont généralement associés aux arénoferrals et aux ferrisols.

Les ferralsols occupent également une grande partie du Katanga où ils sont localement associés aux arénoferrals ou aux sols tropicaux récents hydromorphes sur alluvions. Dans la province du Kivu, en allant d'Ouest en Est, on rencontre successivement des ferralsols, des ferralsols associés aux ferrisols, des ferrisols humifères ou non selon l'altitude. Des ferrisols sur basalte et des kaolisols à horizon sombre sont localement présents dans cette province. C'est dans ces formations qu'ont été mis en évidence les différents stades de l'altération ferralitique allant des sols tropicaux récents au ferralsols typiques suivant la séquence:

Sols récents tropicaux ==> sols bruns tropicaux ==> ferrisols ==> ferralsols.

D. Sols sur cendres volcaniques

Ces formations se rencontrent dans les régions volcaniques du Kivu où dominent les sols minéraux bruts sur laves qui en résultent. On y rencontre en plus les sols sur alluvions qui sont les terres noires tropicales trouvées essentiellement dans les plaines de la Semliki et de la Ruzizi. Janssens (1999) rapporte une nette dominance des sols ferralitiques (essentiellement sur les recouvrements de type Yangambi et des bas-plateaux ainsi que sur roches non-différenciées du soubassement) suivis, dans l'ordre d'importance, des arénoferrals (sur sables Kalahari et Salonga), des ferrisols sur roches du soubassement et des sols tropicaux récents hydromorphes sur alluvions dans l'Equateur.

11.2.2. Système mondial FAO-UNESCO de classification des sols

La systématique des sols du Congo selon le système international FAO-UNESCO (1977) est donnée par la carte pédologique. On y distingue essentiellement des arénosols sur sables Kalahari dans la majeure partie du Bandundu et à l'Est du Katanga, des ferralsols xanthiques (à taux bas de saturation en base et démunis de réserve en minéraux altérables) sur sables Salonga et recouvrements de type Yangambi dans la zone de la Cuvette. Les ferralsols orthiques (à très basse capacité d'échange cationique) se retrouvent au Nord de l'Equateur, dans la Province Orientale, au Bas-Congo, à l'Ouest du Katanga et dans le District de Tanganyika. Le reste de la province du Katanga est occupé par des ferralsols rhodiques sur une large bande allant du Sud-Nord depuis Lubumbashi.

Par contre, les nitosols dystriques et humiques se rencontrent essentiellement au Kivu dans les matériaux d'altérations du Soubassement et dans les massifs qui longent le lac Tanganyika. On retrouve également ces nitosols dystriques dans les formations d'origine mésozoïques au Bandundu et au Kasaï-Occidental. Sur le plan de la production agricole, ces nitosols sont plus fertiles que les ferralsols. En effet, ils contiennent encore des minéraux altérables et leur CEC est plus élevés. Ils deviennent humifères avec l'altitude suite à l'augmentation de leur teneur en matière organique.

Les gleysols caractérisent les zones les plus basses de la Cuvette qui sont régulièrement inondées. Ils présentent des caractéristiques d'hydromorphie liés au comportement du fer en milieu réducteur en permanence et dans la zone de transition vers les horizons de surface.

Les autres sols sont des extensions très réduites et dépendent surtout des conditions pédogénétiques locales comme les formations volcaniques qui ont donné des andosols (à l'Ouest et au Nord du lac Kivu), alors que les fluvisols et les vertisols sont rencontrés dans les deltas et les plaines alluviales.

Selon Janssens (1999), les sols les plus répandus en République Démocratique du Congo sont, dans l'ordre d'importance, les ferralsols (xanthiques, orthiques et rhodiques), les arénosols (ferralitiques et cambiques), les gleysols et les nitosols (dystriques, humiques et eutriques).

11.2.3. Sols du Congo selon les autres systèmes de classification des sols

Les sols tropicaux ont été décrits par d'autres auteurs et dans d'autres systèmes de classification, notamment le système américain (Soil Taxonomy) selon USDA (1975) cité par Janssens (1998) et la classification française CPCS (Commission de Pédologie et de Cartographie des Sols selon Duchaufour (1968) cité par Janssens (1998)). D'après Kellog (1949) et Young (1976) tous cités par Janssens (1998), on rencontre les sols ferrugineux dans les savanes sèches tandis que les sols ferralitiques caractérisent les savanes humides (sols ferralitiques lessivés à horizon B textural) et les zones sous climats équatoriaux (sols ferralitiques d'altération à horizon B oxique). Les sols ferralitiques peuvent être humifères en altitude (climats Cw) en raison de l'accumulation de la matière organique dans le profil due à l'abaissement de la température.

Duchaufour, (1976) cité par Janssens (1998) propose la séquence d'altération suivante en allant des tropiques à l'équateur:

```
Sols bruns tropicaux →→ sols ferrugineux tropicaux
peu désaturés ou désaturés →→ ferrisols →→ sols
ferralitiques.
```

En résumé, considérant le système de classification FAO-UNESCO (Janssens, 1998) qui est le plus utilisé à travers le monde, la répartition des sols de la R.D. Congo suivant l'ordre de dominance peut être présentée de la manière suivante : plus de 50% des sols de la R.D. Congo sont des ferralsols soit orthiques, xanthiques, rhodiques ou humiques. Les arénosols ferralitiques ou cambiques représentent environ 16% contre 11% pour les Nitosols dystriques, eutriques ou humiques. Ces 3 unités ont en commun des limitations d'ordre chimique avec une faible capacité d'échange cationique (e), une toxicité aluminique plus ou moins prononcée (h ou a) qui s'accompagne, dans ce dernier cas, d'une immobilisation du phosphore (i). Leur capacité de rétention en eau est également faible surtout pour les arénosols. Les gleysols qui représentent 16% ont, en plus, des contraintes liées à l'excès d'eau à certaines périodes de l'année.

11.3. DESCRIPTION DES DIFFERENTS SOLS DOMINANT EN R.D. CONGO

11.3.1. Les Ferralsols

Couvrant 1.245.500 ha, les ferralsols sont des sols acides, caractérisés par une couche de sable recouvrant les matériaux argileux. Ils ont une faible fertilité ; une teneur élevé en sesquioxydes de Fe et d'Al et une faible teneur en matière organique. Leur teneur élevée en sesquioxydes fait qu'ils aient un grand pouvoir fixateur de phosphore. Ce sont des sols qui ont une faible capacité de rétention d'eau et donc très érodibles. On les trouve surtout dans le Sud-ouest du pays et dans la cuvette centrale.

11.3.2. Les Nitisols

Les Nitosols recouvrent 329.000 ha de la superficie totale de la R.D. Congo. Ce sont des sols acides, mais sans problème de toxicité aluminique. Leur CEC est variable (faible à moyenne). Ce sont des sols argileux peu érodibles rencontrés surtout dans le Kivu, dans la Province Orientale, dans le Nord du Bandundu et dans le Bas-Congo.

11.3.3. Les Gleysols

Ce sont des sols hydromorphes qui n'occupent que 117.500 ha de la superficie totale de la R.D. Congo. Leur fertilité est en général bonne bien que fonction de la richesse chimique des matériaux colluviaux des collines environnantes. Ils sont rencontrés dans la cuvette centrale, dans les fonds des vallées du Katanga méridional et par endroits, dans la plaine de la Ruzizi.

11.3.4. Les Vertisols

Occupe une faible proportion de la superficie totale de la R.D. Congo. Ce sont des sols en argile de type montmorillonite. Quoique lourds et difficiles à travailler, ils sont d'une bonne fertilité et on les rencontre dans la vallée de la Ruzizi, autour du lac Edouard et au sud du Katanga. Ils sont parfois salins.

11.3.5. Les Andosols

Ces sols se sont développés à partir des cendres volcaniques. Ils sont d'une grande valeur agricole et sont bien drainés. Leur CEC et leur taux en matière organique sont élevés. Cependant, la forte teneur en matériaux amorphes leur confère un pouvoir fixateur vis-à-vis du phosphore. Ce sont de sols qui couvrent la zone volcanique de l'Est de la R.D. Congo. La figure 37 présente les différents types de sols rencontrés en République Démocratique du Congo.

Figure 37. Distribution des sols en RD Congo selon la classification de la Janssens (1998)

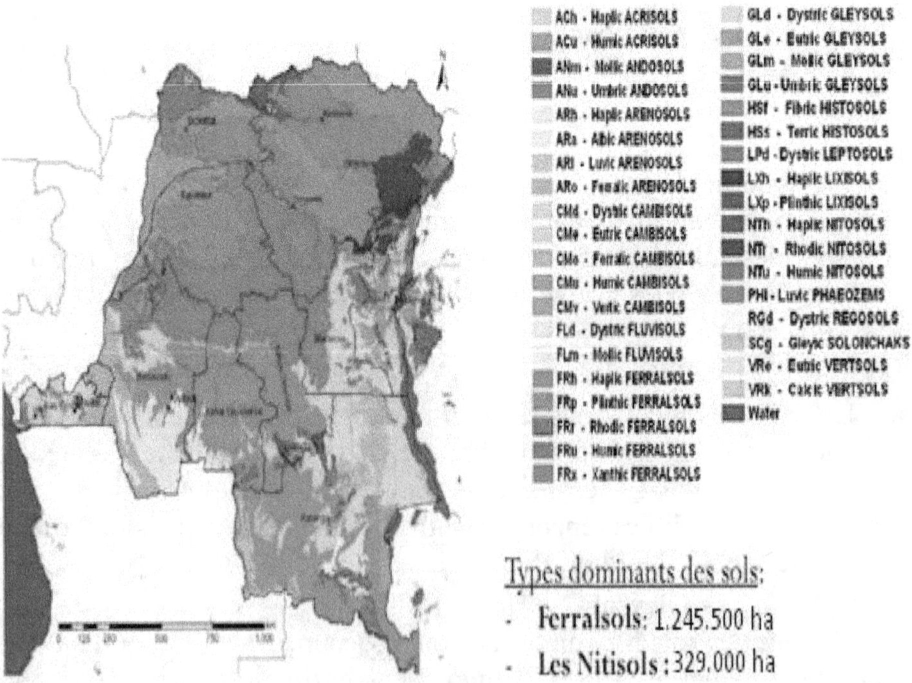

Carte 4: Distribution des types des sols en RD Congo (selon classification FAO)

11.4. FERTILITE ET APTITUDE AGRONOMIQUE DES SOLS DE LA R. D. CONGO

En accord avec Janssens (1998), l'aptitude d'un sol peut être définie par rapport à sa capacité à satisfaire aux besoins d'une spéculation agricole ou para-agricole (élevage, foresterie) donnée, sans dégradation susceptible pour compromettre son utilisation future. Il faudra alors préciser que l'aptitude d'un sol est dépendante des facteurs externes, comme le climat ou les agents polluants, mais également des facteurs propres résultant de ses propriétés (texture, structure, porosité, profondeur, CEC, pH, bases échangeables, matière organique etc). Ces facteurs peuvent être optimaux, moyens ou marginaux. Dans ces deux derniers cas, ils limitent l'aptitude des sols ou les rendent impropres à la spéculation considérée. C'est donc l'ensemble des contraintes tant internes qu'externes qui conditionnent la productivité des terres et, selon leur degré de limitation, permettent de distinguer des sols aptes, modérément aptes ou inaptes à l'agriculture. Ainsi, plusieurs méthodes d'évaluation de l'aptitude des terres, en vue de la détermination des différentes limitations considérées comme les contraintes majeures à la production agricole en R.D. Congo, ont été proposées. D'entre ces méthodes, il convient de citer: la méthode FCC selon Sanchez, l'évaluation de l'aptitude des terres selon Sys et l'inventaire des contraintes de fertilité des sols selon Dent.

11.4.1. Evaluation des contraintes par la méthode FCC selon Sanchez

La méthode de classification de la fertilité des sols ''FCC'' proposée par Sanchez *et al.* (1982) et adopté par la FAO pour l'interprétation de la carte mondiale des sols comprend les 3 niveaux suivants:

1°. Le type de texture des horizons de surface: L = argile < 35% mais n'appartenant pas aux classes de texture sablo-limoneuse ou sablo-argileuse (triangle textural américain); C = argile > 35%; S = sableux.

2°. Le type du substratum: utilisé uniquement s'il y a un changement brutal de la texture ou apparition d'un horizon induré constituant un facteur limitant pour la croissance racinaire: L = argile < 35%; C = argile > 35%; S = sableux.

3°. La nature des contraintes ou marqueurs:

- ✓ g = gley; d = aride; e = basse ou capacité d'échange cationique; a = forte toxicité aluminique; h = toxicité aluminique moyenne; i = forte fixation du phosphore par le fer; x = amorphes; v =

propriétés vertiques; k = moins de 10% de minéraux altérables ou carence en K; b = présence de carbonates libres dans le sol; s = sol salin; n = sols sodiques; c = sol très acide.

✓ Un apostrophe ' = sol graveleux (<35% de graviers) et " = sol très graveleux (>35% de gravier).

La pente en % est indiquée entre parenthèse ou par des lettres a, b ou c. Les classes de fertilité sont données par la combinaison de ces trois niveaux. On aura la classe ''L C geak'' pour désigner un horizon de surface limoneux, reposant sur un horizon de profondeur argileux, présentant un profil gleifié, à basse CEC, avec une forte toxicité aluminique et carencé en potasse. Janssens (1998) a présenté en détails les principales classes de limitations appliquées aux sols de la R.D. Congo selon la méthode FCC proposée par Sanchez (1982).

11.4.2. Evaluation de l'aptitude des terres selon la méthode de Sys

Sys *et al.* (1991) font état de deux approches: l'approche par évaluation des limitations et la méthode paramétrique.

1 Méthode des limitations

L'évaluation de l'aptitude par l'approche des classes de limitations utilise ces méthodes pour déterminer leur potentiel par une échelle relative d'aptitude. Ces limitations expriment l'écart entre le rendement optimal et le rendement observé en raison des contraintes imposées par la dite limitation. Partant de cette approche, deux variantes peuvent être envisagées, soit la méthode simple, soit la méthode basée sur le nombre et l'intensité des contraintes.

A° Méthode simple:

La méthode simple établit d'abord un degré de limitations climatiques en rapport avec la température, les précipitations, l'humidité relative et la radiation. Les limitations sont alors définies par rapport au paramètre le plus contraignant. On évalue ensuite l'impact des propriétés du sol dont on retient les plus limitantes pour définir la classe d'aptitude. Cette méthode définit les niveaux suivants de limitations:

- limitations nulles correspondant à une production optimale;
- faibles limitations (lorsque les écarts de rendement sont inférieurs à 20%);
- limitations modérées (les écarts sont supérieurs mais la production reste rentable);
- limitations sévères (la productivité devient marginale);

- très sévères limitations (rendant la terre inapte à la spéculation considérée).

Ces niveaux permettent de définir les classes d'aptitude ci-dessous:

- Classe S1 : sans ou avec faibles limitations;
- Classe S2 : avec limitations modérés;
- Classe S3 : avec limitations sévères;
- Classes N1 et N2 : pour les limitations très sévères.

B. Méthode du nombre et de l'intensité des limitations:

Cette méthode se base également sur les 4 paramètres climatiques pour lesquels on définit un degré de limitation comme dans la variante précédente. On tient ensuite compte des limitations inhérentes au sol suivant leur ordre d'importante. On définit alors les classes suivantes d'aptitude:

- S1 : sans ou moins de 4 faibles limitations;
- S2 : plus de 4 faibles limitations et/ou plus de 3 limitations modérées;
- S3 : plus de 3 limitations modérées et/ou plus de 2 limitations sévères;
- N1 : sévères limitations pouvant être corrigés;
- N2 : sévères limitations ne pouvant être corrigés.

2 Méthodes paramétriques

Ces méthodes se basent sur la détermination d'un index d'aptitude (ou de fertilité) du sol à partir de paramètres multiplicatifs de productivité, calculés pour les différents facteurs de rendement, liés ou non à ses propriétés. On accorde à chaque paramètre une côte dont la valeur maximale est de 100, la valeur minimale dépendant de l'impact maximal de la limitation. L'indice de productivité est alors donné par le produit des différents paramètres.

En fonction de la valeur calculée de cet indice, on aura les classes d'aptitude suivantes:

- Classe 0 : pas de limitations, I = 95 - 100;
- Classe 1 : faibles limitations, I = 85 - 95;
- Classe 2 : limitations modérées, I = 60 - 85;
- Classe 3 : limitations sévères, I = 40 - 60;
- Classe 4 : limitations très sévères, I = 0 - 40.

Dans cette méthode, on évite, dans la mesure du possible, de prendre en compte deux ou plus de deux paramètres interdépendants comme la texture, la perméabilité, la capacité de rétention en eau et en éléments nutritifs. Dans certaines conditions particulières, certains paramètres peuvent prendre une valeur supérieure à 100. Par ailleurs, la valeur des côtes dépendra de la nature de la spéculation. Ainsi, la côte 100 de la profondeur est fonction de la profondeur d'enracinement de la culture considérée.

L'évaluateur de l'aptitude des terres peut appliquer l'une ou l'autre de ces méthodes aux exigences de chaque culture ou technique culturale. En effet, un sol peut être impropre à la production de maïs, mais se prêter bien à la culture du riz dans des sols hydromorphes. Par ailleurs, les cultures présentent des tolérances différentes vis à vis des principales limitations, notamment la profondeur du sol, l'acidité, l'alcalinité etc.

Sys *et al.* (1991) ont utilisé cette méthode pour évaluer l'aptitude des terres à la riziculture irriguée. C'est aussi par cette méthode que Opdecamp et Museruka (1985) ont déterminé l'aptitude des sols du Kirimiro (Burundi) aux principales cultures vivrières cultivées dans cette région et que Ngongo Luhembwe & Sys (1993) ont évalué le milieu physique de la Cuvette Congolaise. Cependant, on peut également évaluer le potentiel agricole des systèmes intégrés, largement répandus en agriculture traditionnelle, intégrant l'agriculture et élevage ou associant plusieurs cultures sur les mêmes sols et pratiquant des rotations. Ceci appelle donc une approche globale impliquant la capacité d'un sol donné à assurer une productivité "normale" des systèmes culturaux considérés.

11.4.3. Inventaire des contraintes de fertilité des sols selon Dent

Dent (1990) a proposé une méthode combinant 12 catégories de limitations, classées par ordre d'importance, permettant la cartographie des contraintes à l'aptitude des sols au niveau régional, continental et mondial. Ces catégories sont: A (sols de climat trop froid); B (sols de climat trop sec); C (sols sur trop fortes pentes); D (sols trop superficiels); E (sols mal drainés); F (sols à texture grossière); G (sols présentant des fentes de rétraction à certaines périodes de l'année du fait de leurs propriétés vertiques); H (sols à très faible fertilité chimique); I (sols salins / sodiques); J (sols très acides sur matériaux sulfuriques); K (tourbières); L (sols sans limitations). Joly (1991) a évalué et classé l'aptitude des sols du Congo et leurs principales contraintes selon cette méthode et les résultats y relatifs sont présentés dans le tableau 18.

Tableau 19. Contraintes affectant les sols de la R.D. Congo selon la méthode Dent (Joly, 1997)

Nature de la contrainte	Zones touchées en km²	% d'occupation
Déserts froids (A)	0	0.0
Déserts chauds (B)	0	0.0
Sols sur fortes pentes (C)	47079	2.0
Sols superficiels (D)	5381	0.2
Sols gleyfiés (E)	380345	16.3
Sols à texture grossière (F)	614881	26.3
Sols vertiques (G)	6584	0.3
Sols infertiles (H)	904402	38.7
Sols salins (I)	1751	0.0
Sols acides (sulfates) (J)	0	0.0
Sols organiques (K)	11530	0.5
Contraintes diverses (MSC)	41745	1.8
Sols sans contraintes (L)	325021	13.9
Total	2338721	100.0

Ce tableau montre que les contraintes affectant le plus les sols de la R. D. Congo sont, dans l'ordre d'importance, la faible fertilité liée à la faible capacité d'échange cationique, aux carences minérales et aux toxicités diverses, une texture trop grossière et l'hydromorphie. Les autres contraintes (sols salins, vertiques, superficiels) sont d'extension réduite alors que les sols sur pentes fortes sont limités aux régions montagneuses et ne représentent que 2 % de l'ensemble des sols congolais.

11.5. CONTRAINTES GENERALES DES SOLS

Autant le climat du Congo semble généralement clément et agressif, autant ses sols ont un potentiel de production agricole faible. Cependant, ils prêtent bien à l'intensification de l'agriculture (Janssens, 1998). La figure 38 donne les principales limitations de fertilité en % de la superficie totale du pays.

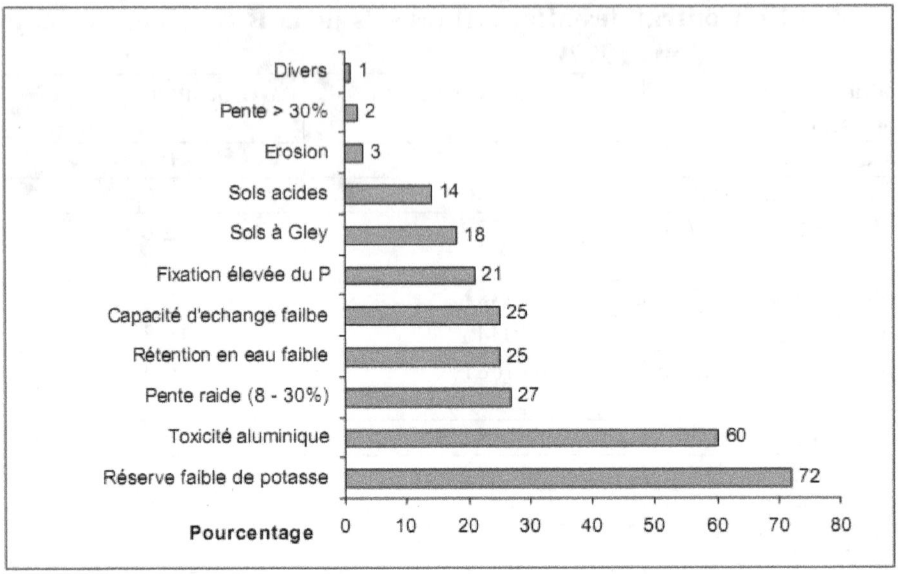

Figure 38. Limitations de fertilité des sols de la RD Congo (% /superficie totale)

Cette Figure 38 montre que la plupart des sols du Congo présentent une ou plusieurs limitations à la fois, en général plus de deux. Rares sont les sols ne présentant pas de limitation de fertilité. Le potassium est déficient dans 72% des cas, alors que la toxicité aluminique représente une contrainte majeure dans 60% des sols. Près d'un quart des sols ont une trop faible capacité de rétention en eau, et/ou une capacité d'échange cationique trop faible, et/ou une haute capacité de fixation du phosphore. Seuls 14% des sols, soit 325 000 km^2, ne présentent pas de limitations particulières et sont de bon niveau de fertilité. Ces bonnes terres se retrouvent surtout dans les alluvions récentes de quelques vallées au Katanga, Kivu, au Bas-Congo, Bandundu et les deux Kasaï ainsi que dans les matériaux volcaniques à l'Est de la R. D. Congo principalement au Kivu.

Même pour ces sols considérés comme bons, l'azote constitue souvent un facteur limitant après leur mise en valeur (Janssens, 1998).

Selon Janssens (1998) plus de 80% des sols de la R. D. Congo accusent une capacité d'échange cationique et un taux de saturation en bases très bas, une toxicité aluminique moyenne à forte et des carences plus ou moins prononcés en K et P. La correction de ces limitations devrait faire appel à la matière organique en grande quantité et de manière soutenue dans le temps. En effet, l'humus est un excellent colloïde électronégatif qui peu contribuer à relever la CEC. Son bon pouvoir tampon constitue une solution alternative au chaulage pour atténuer les effets de la toxicité aluminique, en raison d'accessibilité difficile à la chaux et le danger de surchaulage (Janssens, 1998). D'autre part, la matière organique, utilisée sous forme de paillis constitue une excellente méthode de protection des sols contre l'érosion. Ceci a été clairement établi par plusieurs auteurs (Wischmeier et Smith (1978); Roose (1977). Rishirumuhirwa (1994) a montré que l'on peut se contenter de paillage en bandes couvrant 35 à 45% sous cultures sur des pentes allant de 10 à 25%, tout en réduisant les pertes en terre de 30 fois comparativement aux terrains non protégés. Il faut donc optimiser la production de biomasse dans les exploitations agricoles, autant que possible, et l'affecter au mieux dans un but de protection des sols et de correction de leurs propriétés agrochimiques médiocres. Pourtant, les quantités à apporter sont toujours importantes, d'autant plus que la minéralisation de la matière organique est très rapide en climats chauds et humides. Cette minéralisation présente par contre l'avantage de libérer progressivement les nutriments et de corriger les carences des sols en NPK. Pour y parvenir, plusieurs voies peuvent être envisagées dans le cadre d'une approche intégrée de la nutrition des plantes (IPNS). L'agroforesterie, intégrant les arbres et les haies vives dans les systèmes culturaux, constitue une des voies à privilégier.

Ainsi, la matière organique joue également un rôle important dans la gestion des sols sableux dans lesquels elle améliore à la fois la CEC et la capacité de rétention en eau. La fertilisation minérale (engrais NPK) devra également tenir compte des risques de lixiviation principalement pour l'azote mais également pour la potasse.

De tout ce qui précède, il ressort que la plupart des sols de la RD Congo ont une faible fertilité naturelle. Après l'inventaire des ordres de différents sols dominants, les ferralsols constituent le groupe le plus important des sols congolais (RD Congo) (79%). Pourtant, ils sont acides, pauvres en matières organiques, en phosphore assimilable. D'ordinaire, on enregistre une dégradation aussi bien chimique que physique (due à l'érosion hydrique particulièrement dans les régions d'altitude faiblesse d'encadrement des producteurs) entrainant par voie de conséquence la dégradation des propriétés biologiques des sols de la R. D. Congo. En plus, le faible encadrement des producteurs dans cette zone a conduit à une faible utilisation des innovations dans de domaine de la GIFS (faible taux d'adoption et utilisation), également à cause de l'accès difficile aux intrants agricoles dont les engrais inorganiques. Ceci dû à un niveau d'utilisation très faible des engrais minéraux par les agriculteurs et l'insuffisance de personnel qualifié dans le domaine de sol ainsi que la vétusté de matériels appropriés et même l'absence des équipements actuels dans les petits laboratoires nationaux de sols, les rendant de ce fait peu fonctionnels (Gichuru *et al.*., 2003). D'où la nécessité d'initier une bonne gestion de ces sols pour soutenir l'agriculture d'une façon durable (**voir cours de fertilisation en 1er Grade**).

BIBLIOGRAPHIE

Buckles, Daniel, Bernard Triomphe et Gustave Sain. 1998. Cover Crops in Hillside Agriculture, Farmer Innovation with *Mucuna*. Centre de recherche en développement international, Ottawa, Canada. 230 pp.

Elevitch, C. et K. Wilkinson. 1999. Nitrogen Fixing Tree Start-Up Guide. Agroforester. P.O. Box 428 Holualoa, HI 96725. http://www.agroforester.com

Lindsay, W.L. et H.F. Stephenson. 1959. Nature of the reactions of monocalcium phosphate monohydrate in soils: I. The solution that reacts with the soil. Soil Science Society of America Proceedings. 23:12-18.

McLean, E.O. 1971. Potentially beneficial effects from liming: chemical and physical. Soil & Crop Science Society of Florida Proceedings. 31:189-196.

Norman, M.J.T. 1979. Annual cropping system in the tropics: An introduction. University Presses of Florida. Gainesville, FL

Sanchez, Pedro A. et Terry J. Logan. 1992. Myths and science about the chemistry and fertility of soils in the tropics. *In* R. Lal et P. A. Sanchez. Myths and science of soils of the tropics. Soil Science Society of America special Publication no. 29.

Soares, Wilson, V. Edson Lobato, Enrique Gonzalez et George C. Naderman, Jr. 1975. Liming soils of the Bazilian Cerrado. *In* Elemer Bornemisza et Alfredo Alvarado (Dir.) Soil Management in Tropical America. Actes d'un séminaire tenu à CIAT, Cali, Colombie, du 10 au 14 février 1974. Soil Sci. Dept., NC State Univ., Raleigh, NC.

Thomas, Grant W. et William L. Hargrove. 1984. The chemistry of soil acidity. Soil Acidity and Liming. Agronomy Monograph # 12 (2e édition). American Society of Agronomy, Madison, WI. pp 3-56.

Structural and chemical heterogeneity of illite-smectites from Upper Jurassic mudstones of East Greenland related to volcanic and weathered parent rocks

Victor A. Drits, Boris A. Sakharov, Lidia G. Dainyak, Alfred L. Salyn, Holger Lindgreen Published Online: 2015-03-28 | DOI: https://doi.org/10.2138/am-2002-11-1209; American Mineralogist, Journal of Earth and Planetary Materials

Abrams, M.J., Goetz, A.F. H., and Lang, H., 1983, New techniques for clay mineral identification by remote sensing: American Association of Petroleum Geologists Bulletin, v. 67, no. 3, p. 410.

Adams, J.M., and Evans, S., 1979, Determination of the cation-exchange capacity (layer charge) of small quantities of clay minerals by nephelometry: Clays and Clay Minerals, v.27,no. 2, p. 137-139.

Attia, G.M., 1995, The first usage of an ultrasonic technique for identification of clay minerals, in Churchman, G.J., Fitzpatrick, R.W., and Eggleton, R.A. (eds) Clays; controlling the environment, CSIRO Publishing, East Melbourne, Victoria, Australia, p. 311-316.

Bain, D.C., and Smith, B.F.L., 1987, Chemical analysis, in Wilson, M. . (ed.) A handbook of determinative methods in clay mineralogy, Chapman and Hall, New York, NY, p.248-274.

Barshad, Isaac, 1960, X-ray analysis of soil colloids by a modified salted paste method, in Swineford, A. (ed.), Clays and clay minerals, Internat. Earth Science Ser. Mon. 5 of Pergamon Press, New York, p. 350-364.

Borchardt, G.A., 1977, Montmorillonite and other smectite minerals, in Dixon, J.B., Weed, S.B., Kittrick, J.A., Milford, M.H., and White, J.L. (eds.), Minerals in soil environments, Soil Sci. Soc. Am., Madison, Wis., p. 293-330.

Borggaard, O.K., 1982, Selective extraction of amorphous iron oxides by EDTA from selected silicates and mixtures of amorphous and crystalline iron oxides: Clay Minerals, v. 17, no. 3, p. 365-368.

Bottrell, M.C., Schneck, W.M., and Hopen, T.J., 1989, Identification of commercial clays in asbestos-containing building materials using polarized light microscopy and microchemical tests: Abstracts with Programs - Geological Society of America, v. 21, no. 3, p. 5.

Brown, George (ed.), 1961, The x-ray identification and crystal structures of clay minerals, Miner. Soc. (Clay Miner. Group), London, 544 p.

Brusewitz, A.M., 1975, In the Li-test for distinction between smectites, montmorillonite may lose vacant sites and as a consequence the characteristic irreversible collapse: International Clay Conference; Abstracts, Univ. Nac. Auton. Mex., Inst. Geol., Mexico, p. 30-32.

Buatier, Martine, Honnorez, Jose, and Ehret, Gabrielle, 1989, Fe-smectite-glauconite transition in hydrothermal green clays from the

Galapagos spreading center: Clays and Clay Minerals, v. 37, no. 6, p. 532-541.

Burst, J.F., Jr., 1959, Postdiagenetic clay mineral environmental relationships in the Gulf Coast Eocene: International Series of Monographs on Earth Sciences, v. 2, Pergamon Press, Oxford, p. 327-341.

Caillere, Simonne, and Henin, S., 1951, The properties and identification of saponite (bowlingite): Clay Minerals Bulletin, v. 1, no. 5, p. 138-144.

Canan, Birsen, 2000, Dielectric permittivity of clay-water mixture; frequency dependency and volumetric mixing model, in Powers, M.H., Ibrahim, Abou-Bakr, and Cramer, Lynn (eds.) Proceedings of the symposium on the Application of geophysics to engineering and environmental problems, Arlington, VA, p. 523-532.

Carstea, D.D., Harward, M.E., and Knox, E.G., 1970, Comparison of iron and aluminum hydroxy interlayers in montmorillonite and vermiculite; II, Dissolution: Proceedings - Soil Science Society of America, v. 34, no. 3, p. 522-526.

Chester, R., and Elderfield, H., 1971, An infra-red study of clay minerals; 1, The identification of montmorillonite-type clays in marine sediments: Chemical Geology, v. 7, no. 2, p. 97-105.

Delvaux, B., Mestdagh, M.M., Vielvoye, L., and Herbillon, A.J., 1989, XRD, IR and ESR study of experimental alteration of Al-nontronite into mixed-layer kaolinite/smectite: Clay Minerals, v. 24, no. 4, p. 617-630.

DeRudder, R.D.; Beck, C.W., 1963, Stevensite and talc-Hydrothermal alteration products of wollastonite: Procedings of the 11th National Conference Clays and Clay Minerals, 11th, Ottawa, p. 188-199.

Eggleton, R.A., 1988, The application of micro-beam methods to iron minerals in soils, in Stucki, J.W., Goodman, B.A., and Schwertmann, U. (eds.), Iron in soils and clay minerals, NATO ASI Series. Series C: Mathematical and Physical Sciences, v.: 217, p. 165-201.

El-Barawy, K.A., Girgis, B.S., and Felix, N.S., 1986, Thermal treatment of some pure smectites: Thermochimica Acta, v. 98, p. 181-189.

Elm'chaouri, A., and Simonot-Grange, M.H., 1990, Hydration thermodynamic functions of hectorite and nontronite from experimental isotherms and the Polanyi-Dubinin method: Sciences Geologiques. Memoire, v. 87, p. 35-43.

Fertl, W.H., and Chilingarian, G.V., 1984, Subsurface clay mineral identification and cation exchange capacity estimates in shale/sand strata based on geophysical well logs: The 27th International Geological Congress, v. 27, no. 7, p. 38.

Franco, M.A., Gessa, C., and Cariati, F., 1978, Identification of tetramethylammonium ion in methylated NH (sub 4) - bentonite: Clays and Clay Minerals, v. 26, no. 1, p. 73-75.

Greene-Kelly, R., 1953, The identification of montmorillonoids in clays: Journal of Soil Science, v. 4, no. 2, p. 233-237.

Gu, Baohua, and Doner, H.E., 1992, The microstructure of dilute clay and humic acid suspensions revealed by freeze-fracture electron microscopy: Clays and Clay Minerals, v. 40, no. 2, p. 246-250.

Harding, D.J., 1989, Comparison of the capabilities of the Japanese Earth resources optical sensor and the Landsat thematic mapper for lithologic mapping: Proceedings of the Thematic Conference on Geologic Remote Sensing, v. 7, p. 485-486.

Herman, R.G., Bogdan, C.E., and Sommer, A.J., 1985, Laser Raman microprobe study of the identification and thermal transformations of some carbonate and aluminosilicate minerals: Materials Science Research, v. 19, p. 113-130.

Huang Shiming, 1984, Identification of expansive soils by specific surface area values: National Conference Publication - Institution of Engineers, Australia, v. 84/3, p. 1-3.

Huck, F.O., Jobson, D.J., Park, S.K., Wall, S.D., Arvidson, R.E., Patterson, W.R., Benton, W.D., 1977, Spectrophotometric and color estimates of the Viking lander sites: Journal of Geophysical Research, v. 82, no.28, p. 4401-4411.

Hutchinson, P.J., 1994, Late Cretaceous (Austin Group) volcanic deposits as a hydrocarbon trap: American Association of Petroleum Geologists Bulletin, v. 78, no. 9, p. 1461.

Jackson, M.L., and Lim, C.H., 1980, Mineral preparations for incisive X-ray diffraction identification: Program and Abstracts - Annual Clay Minerals Conference, v. 29, p. 53.

Kirkman, J.H., 1974, Dimethyl sulphoxide treatment of standard clay minerals and clay fractions of selected New Zealand soils: New Zealand Journal of Science, v. 17, no. 4, p. 503-509.

Kloprogge, J.T., Jansen, J.B.H., and Geus, J.W., 1990, Characterization of synthetic Na-beidellite: Clays and Clay Minerals, v. 38, no. 4, p. 409-414.

Konta, Jiri, 1961, Imbibometry, a new method for the investigation of clays: American Mineralogist, v. 46, no. 3-4, p. 289-303.

Konta, Jiri, 1963, Identification of clay minerals and the study of argillaceous rocks by the imbibometric method: Clays and clay minerals (Natl. Conf. Clays & Clay Minerals, 10th, Pr.), p. 42-58.

Kruse, F.A., and Hauff, P.L., 1990, Remote sensing clay mineral investigations for geologic applications using visible/infrared

imaging spectroscopy, in Farmer, V.C., Tardy, Y. (eds.), Sciences Geologiques. Memoire, v. 89, p. 43-51.
Kudlac, J.J., 1972, Tri- and diethanolamine clay complexes and their use in clay mineral identification: Doctoral Dissertation, University of Pittsburgh, Pittsburgh, PA, 115 p.
MacEwan, DM.C., 1944, Identification of the montmorillonite group of minerals by x-rays: Nature, v. 154, no. 3914, p. 577-578.
MacEwan, D.M.C, 1961, Montmorillonite minerals, Chapter 4: The X-ray identification and crystal structures of clay minerals, 2d edition, Mineralogical Society, London, p. 142-207.
Malla, P.B., and Douglas, L.A., 1987, Problems in identification of montmorillonite and beidellite: Clays and Clay Minerals, v. 35, no. 3, p. 232-236.
Marcel V. HOMÈS, 1953, L'alimentation Minérales des plantes et le problème des engrais chimiques. Editions Sciences et Lettres, Liège, 142p.
Martin Vivaldi, J.L., and Rodriguez G.M., 1961, Some problems in the identification of clay minerals in mixtures by x-ray diffraction; II, Chlorite, swelling chlorite and montmorillonite: Clay Minerals Bulletin, v. 4, no. 26, p. 293-298.
McDole, R.E., Lewis, G.C., and Fosberg, M.A., 1973, Identification of paleosols and the Fort Hall Geosol in southeastern Idaho loess deposits: Proceedings - Soil Science Society of America, v. 37, no. 4, p. 611-616.
Mering, J., and Oberlin, A., 1971, The Smectites, in Electron-optical investigation of clays, Mineralogical Society Monograph v. 3, Mineralogical Society, London, United Kingdom, p. 193-229.
Merry, N., and Pontual, S., 1999, Rapid alteration mapping using field portable infrared spectrometers, PACRIM '99 congress; proceedings, Australasian Institute of Mining and Metallurgy, Parkville, Victoria, v. 4-99, p. 693-698.
Meunier, A., and Velde, B., 1989, Solid solutions in I/S mixed-layer minerals and illite: American Mineralogist, v. 74, no. 9-10, p. 1106-1112.
Mitra, R.P., 1959, Some recent developments in the field of fundamental clay research: Journal of the Indian Society of Soil Science, v. 7, no. 4, p. 207-211.
Moore, D.M., and Reynolds, R.C., 1997, X-ray diffraction and the identification and analysis of clay minerals: 2nd edition, Oxford University Press, New York, NY, 378 p.
Muramoto, F.S.; Elders, W.A., 1984, Identification of zones of progressive hydrothermal metamorphism from wireline logs and their correlation to reservoir temperatures in the Salton Sea and

Westmorland geothermal systems, Imperial Valley, California, in Rigsby, C.A. (ed.), The Imperial Basin; tectonics, sedimentation and thermal aspects, Field Trip Guidebook - Pacific Section, Society of Economic Paleontologists and Mineralogists, v. 40, p. 87-95.

Muravyov, V.I., 1970, On the identification of montmorillonite minerals in the presence of amorphous materials: Sedimentology, v. 15, no. 1-2, p. 199-203.

Nadeau, P.H., and Tait, J.M., 1987, Transmission electron microscopy, in Wilson, M. . (ed.) A handbook of determinative methods in clay mineralogy, Chapman and Hall, New York, NY, p. 209-247.

Odom, I.E., and Elzea, J.M., 1991, Environmental aspects of silica minerals in clays and sediments: Program and Abstracts - Annual Clay Minerals Conference, v. 28, p. 123.

Oinuma, Kaorum, and Hayashi, Hisato, 1965, Infrared study of mixed-layer clay minerals: American Mineralogist, v. 50, no. 9, p. 1213-1227.

Petruk, W., 1976, Amorphous "minerals" from the Peace River oolitic iron deposit, Alberta: Program with Abstracts - Geological Association of Canada; Mineralogical Association of Canada; Canadian Geophysical Union, Joint Annual Meeting, Geological Association of Canada, Waterloo, ON, v. 1, p. 64

Rajeswara R.A.V., and Ali, A., 1962, Mineral assay of some Andhra Pradesh clays by staining tests and petrographic examination: Journal of the Indian Society of Soil Science, v. 10, no. 1, p. 51-60.

Ramachandran, V.S., and Ahmad, F.V., 1968, Simple test for clay identification: Clayworker, v. 77, no. 916, p. 32-34.

Ray, I., and Bahl, D.P., 1984, A simple and rapid method of identification of clay minerals in the field: Indian Minerals, v. 38, no. 2, p. 43-45. Volume: 38

Rowan, L.C., 1983, Identification of altered minerals by using airborne spectral reflectance: . S. Geological Survey Professional Paper 1375, p. 259-260.

Rowan, L.C.; Goetz, L.F.H., Crowley, J.K., and Kingston, M.J., 1983, Identification of hydrothermal mineralization in Baja California, Mexico, from orbit, using the Shuttle multispectral infrared radiometer, in Buettner, M. (ed.), Digest; Remote sensing; extending Man's horizon; Vol. I, Inst. Electr. and Electron. Eng., Piscataway, NJ, p. 3.1-3.9.

Russell, J.D., 1979, An infrared spectroscopic study of the interaction of nontronite and ferruginous montmorillonites with alkali metal hydroxides: Clay Minerals, v. 14, no. 2, p. 127-138.

Sahu, G.C., Nanda, S.S.K., and Panda, N., 1986, Identification characteristics and transformation of clay minerals in coastal saline soils of Orissa: Journal of the Indian Society of Soil Science, v. 34, no. 3, p. 585-592.

Schnitzer, M., Kodama, H., Schulten, H.R., 1994, Mineral effects on the pyrolysis-field ionization mass spectrometry of fulvic acid: Soil Science Society of America Journal, v. 58, no. 4, p. 1100-1107.

Schultz, L., 1969, Lithium and potassium absorption, dehydration temperature, and structural water content of aluminous smectites: Clays and Clay Minerals, v. 17, p. 115-149.

Sehgal, J.L., and Coninck, F., 1971, Identification of 14Aa and 7Aa Clay Minerals in Punjab Soils: Journal of the Indian Society of Soil Science, v. 19, no. 2, p. 159-166.

Sjoblom, R., Kalbantner, P., Bjurstrom, H., and Pusch, Roland, 1998, Application of the general microstructural model to erosion phenomena; mechanisms for the chemical-hydrodynamic conversion of bentonite to a pumpable slurry in conjunction with retrieval: Engineering Geology, v. 54, no. 1-2, p. 109-116.

Smith, B.F.L., and Mitchell, B.D., 1987, Characterization of poorly ordered minerals by selective chemical methods, in Wilson, M.J. (ed.), A handbook of determinative methods in clay mineralogy, Chapman and Hall, New York, NY, p. 275-294.

Starkey, H.C., and Mountjoy, Wayne, 1973, Identification of a lithium-bearing smectite from Spor Mountain, Utah: Journal of Research of the U. S. Geological Survey, v. 1, no. 4, p. 415-419.

Takeoka, Kiyoshi, 1967, Identification of clay minerals by infrared absorption spectra: Science and Engineering Review of Doshisha University, v. 8, no. 2, p. 78-89.

Tamura, Tsuneo, 1957, Identification of the 14 A clay mineral component: American Mineralogist, v. 42, no. 1-2, p. 107-110.

Thompson, D.A., and Reynolds, W.R., 1975, Identification and origin of secondary sulfates in the Mississippi medicine earths: Abstracts with Programs - Geological Society of America, v. 7, no. 4, p. 545.

Tyulenev, A.Y., 1978, The ability of correlation analysis to reveal weathered mantle ores: Transactions (Doklady) of the U.S.S.R. Academy of Sciences: Earth Science, v. 24, no. 1-6, p. 136-138.

Violante, A., and Huang, P.M., 1994, Identification of pseudoboehmite in mixtures with phyllosilicates: Clay Minerals, v. 29, no. 3, p. 351-351.

Walker, G.F., 1949, Distinction of vermiculite, chlorite and montmorillonite in clays: Nature, v. 164, no. 4170, p. 577-578.

Wang, Alian, Haskin, L.A., and Jolliff, B.L., 1998 Characterization of mineral products of oxidation and hydration by laser Raman spectroscopy; implications for in situ petrologic investigation on the surface of Mars: Abstracts of Papers Submitted to the 29th Lunar and Planetary Science Conference, v. 29, p. 62.

Wilson, M.J., and Cradwick, P.D., 1972, Occurrence of interstratified kaolinite-montmorillonite in some Scottish soils: Clay Minerals, v. 9, no. 4, p. 435-437.

Wilson, M.J., 1987, X-ray powder diffraction methods, in Wilson, M.J. (ed.) A handbook of determinative methods in clay mineralogy, Chapman and Hall, New York, NY, p. 26-98.

Wolf, K.H., 1959, Bentonite: Journal of the Alberta Society of Petroleum Geologists, v. 7, no. 1, p. 13-15.

Yamada, Hirohisa, Yoshioka, Katsuaki, Tamura, Kenji, Fujii, Kazuko, and Nakazawa, Hiromoto, 1998, Reaction sequence of sodium montmorillonite under hydrothermal conditions: Clay Science, v. 10, no. 5, p. 385-394.

MUYAYABANTU MUPALA Georges, 2017. Culture du Maïs sur les oxisols en République Démocratique du Congo, L'Harmattan, Paris, 236p.

Annexes

ANNEXE 1 : **Les axes de développement agricole**

République Démocratique du Congo

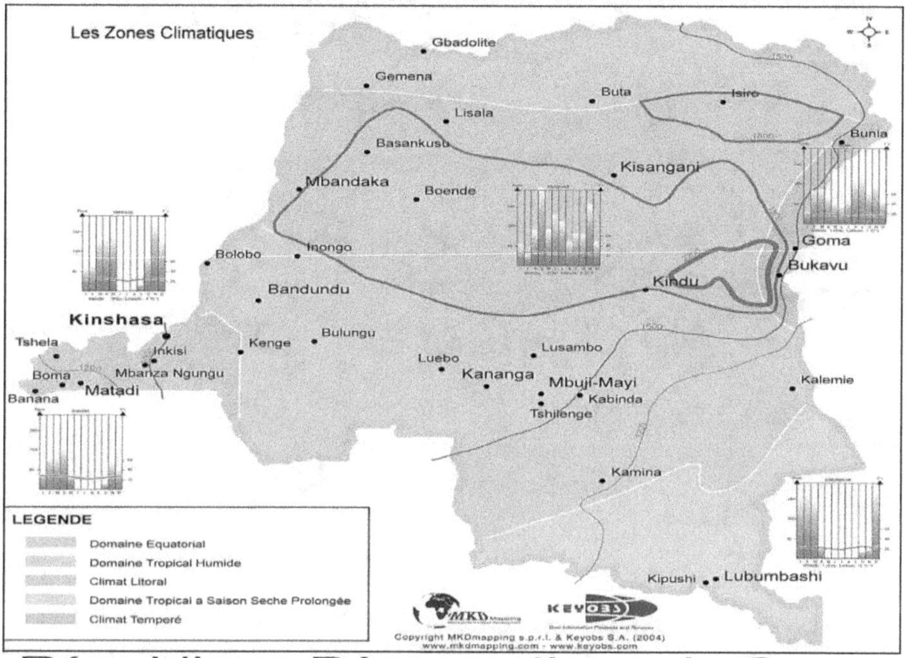

République Démocratique du Congo

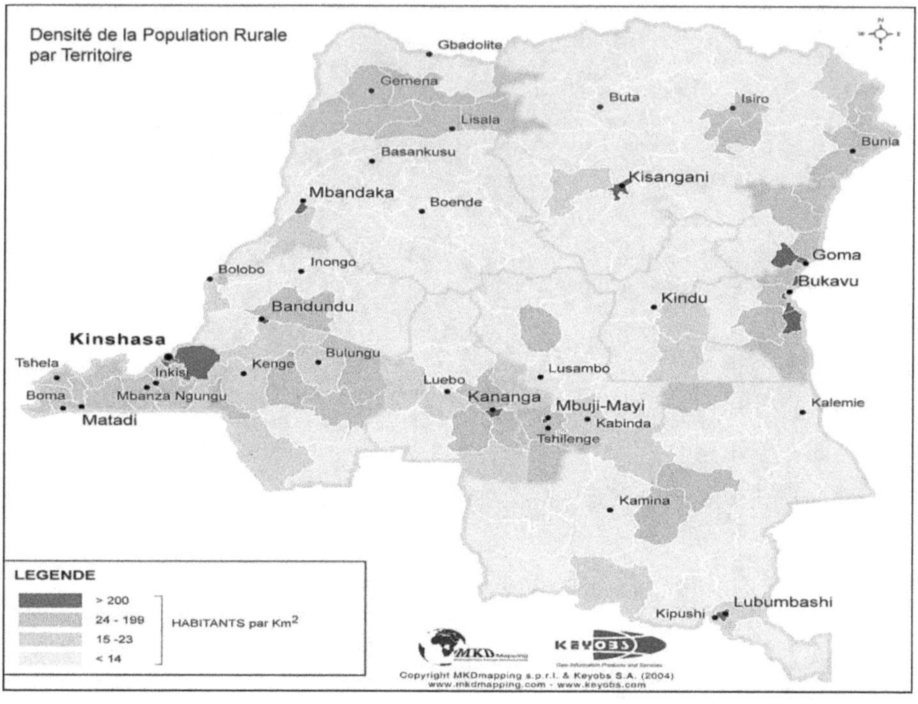

République Démocratique du Congo

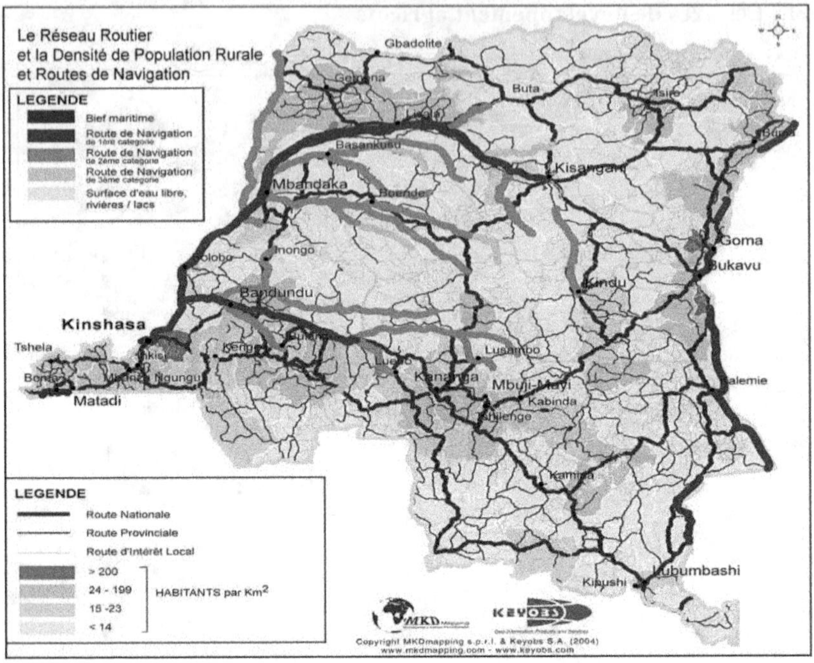

République Démocratique du Congo

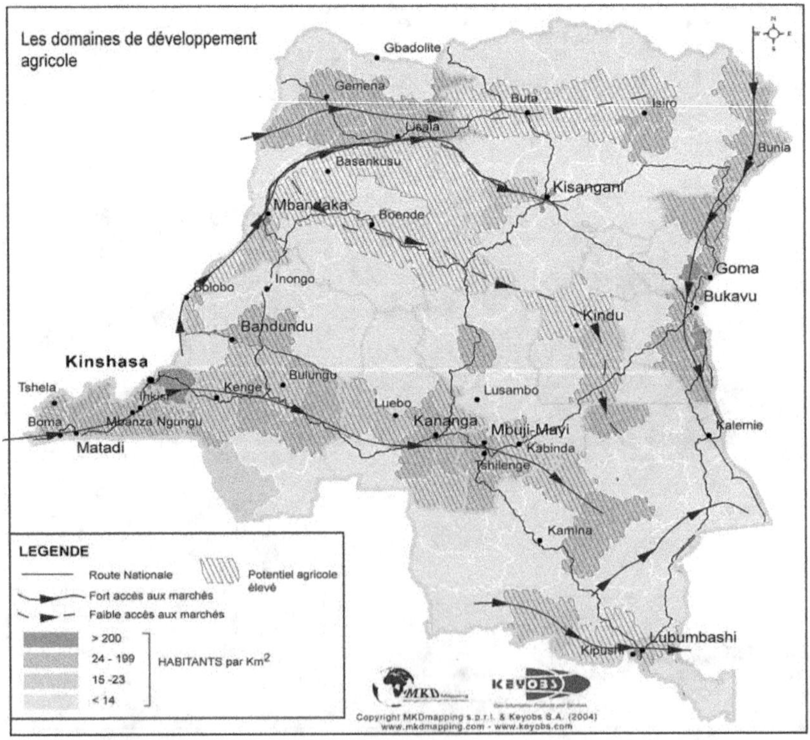

ANNEXE 2 : Les domaines de développement agricole avec chacune des spéculations prédominantes en République Démocratique du Congo.

Nord-Ubangi
Bas-Uele
Haut-Uele
Sud-Ubang
Mongala
Ituri
Equateur
Tshopo
Tshuapa
Nord-Kivu
Mai-Ndombe
Sankuru
Maniema
Sud-Kivu
Kinshasa
Kwilu
Kasai
Kongo Central
Lomami
Kasai Central
Kasai Oriental
Tanganyika
Kwango
Haut-Lomami
Lualaba
Haut-Katanga
Bassin de production de Riz
terres noires tropicales
N

TABLE DES MATIERES

Structures éditoriales du groupe L'Harmattan

L'Harmattan Italie
Via degli Artisti, 15
10124 Torino
harmattan.italia@gmail.com

L'Harmattan Hongrie
Kossuth l. u. 14-16.
1053 Budapest
harmattan@harmattan.hu

L'Harmattan Sénégal
10 VDN en face Mermoz
BP 45034 Dakar-Fann
senharmattan@gmail.com

L'Harmattan Cameroun
TSINGA/FECAFOOT
BP 11486 Yaoundé
inkoukam@gmail.com

L'Harmattan Burkina Faso
Achille Somé – tengnule@hotmail.fr

L'Harmattan Guinée
Almamya, rue KA 028 OKB Agency
BP 3470 Conakry
harmattanguinee@yahoo.fr

L'Harmattan RDC
185, avenue Nyangwe
Commune de Lingwala – Kinshasa
matangilamusadila@yahoo.fr

L'Harmattan Congo
67, boulevard Denis-Sassou-N'Guesso
BP 2874 Brazzaville
harmattan.congo@yahoo.fr

L'Harmattan Mali
Sirakoro-Meguetana V31
Bamako
syllaka@yahoo.fr

L'Harmattan Togo
Djidjole – Lomé
Maison Amela
face EPP BATOME
ddamela@aol.com

L'Harmattan Côte d'Ivoire
Résidence Karl – Cité des Arts
Abidjan-Cocody
03 BP 1588 Abidjan
espace_harmattan.ci@hotmail.fr

L'Harmattan Algérie
22, rue Moulay-Mohamed
31000 Oran
info2@harmattan-algerie.com

L'Harmattan Maroc
5, rue Ferrane-Kouicha, Talaâ-Elkbira
Chrableyine, Fès-Médine
30000 Fès
harmattan.maroc@gmail.com

Nos librairies en France

Librairie internationale
16, rue des Écoles – 75005 Paris
librairie.internationale@harmattan.fr
01 40 46 79 11
www.librairieharmattan.com

Lib. sciences humaines & histoire
21, rue des Écoles – 75005 paris
librairie.sh@harmattan.fr
01 46 34 13 71
www.librairieharmattansh.com

Librairie l'Espace Harmattan
21 bis, rue des Écoles – 75005 paris
librairie.espace@harmattan.fr
01 43 29 49 42

Lib. Méditerranée & Moyen-Orient
7, rue des Carmes – 75005 Paris
librairie.mediterranee@harmattan.fr
01 43 29 71 15

Librairie Le Lucernaire
53, rue Notre-Dame-des-Champs – 75006 Paris
librairie@lucernaire.fr
01 42 22 67 13

www.ingramcontent.com/pod-product-compliance
Lightning Source LLC
LaVergne TN
LVHW010950061026
849535LV00006B/1652